"十四五"职业教育国家规划教材

新形态立体化精品系列教材

计算机组装与维护立体化教程

|微课版|第4版|

赖作华 边振兴◎主编

人民邮电出版社
北京

图书在版编目（CIP）数据

计算机组装与维护立体化教程 ： 微课版 / 赖作华，边振兴主编. -- 4版. -- 北京 : 人民邮电出版社，2025. -- (新形态立体化精品系列教材). -- ISBN 978-7-115-67190-5

Ⅰ. TP30

中国国家版本馆CIP数据核字第2025UH5336号

内容提要

本书主要讲解计算机基础知识、选配计算机硬件、组装计算机、设置BIOS和硬盘分区、安装操作系统和常用软件、构建虚拟计算机配装平台、备份与优化操作系统、维护计算机、诊断与排除计算机故障等知识。本书最后还安排了综合实训，进一步提高学生对计算机组装与维护知识的应用能力。

本书采用项目式分任务进行讲解，大部分任务由任务目标、相关知识和任务实施3部分组成。每个项目还配有实训、课后练习和技能提升板块。本书注重学生动手能力的培养，将实际场景引入课堂教学，让学生提前进入工作角色。

本书可作为职业院校计算机应用技术相关专业的教材，也可作为计算机初学者的上机辅导书和计算机培训班的教材，还适合办公人员以及对计算机感兴趣的广大读者阅读。

◆ 主　　编　赖作华　边振兴

责任编辑　马小霞

责任印制　王　郁　焦志炜

◆ 人民邮电出版社出版发行　　北京市丰台区成寿寺路11号

邮编　100164　　电子邮件　315@ptpress.com.cn

网址　https://www.ptpress.com.cn

三河市君旺印务有限公司印刷

◆ 开本：787×1092　1/16

印张：14.75　　2025年7月第4版

字数：356千字　　2025年7月河北第1次印刷

定价：59.80元

读者服务热线：(010)81055256　印装质量热线：(010)81055316

反盗版热线：(010)81055315

前　言

本书第1版上市以来得到了广大读者的认可，很多读者在使用本书的同时，给我们提出了宝贵的建议。

党的二十大报告指出："教育、科技、人才是全面建设社会主义现代化国家的基础性、战略性支撑。"为了进一步提升学生的专业技能与实践能力，也让本书更好地服务于广大老师和学生，我们对本书第3版进行了修订和改版。改版后，本书拥有"内容更新""技术更新""实用性更强"等优点。同时本书在教学方法、教学内容和教学资源3个方面具有自己的特色，可以适应现代教学需要。

教学方法

本书按照"情景导入→课堂知识→项目实训→课后练习→技能提升"5段教学法，将职业场景、软件知识、行业知识有机整合，各个环节环环相扣，浑然一体。

- **情景导入：**本书围绕日常办公中的场景展开，以主人公的实习情景为例引入项目的教学主题，从而让学生了解相关知识在实际工作中的应用。本书设置的主人公如下。

  米拉：职场新人，昵称小米。

  洪钧威：人称老洪，米拉的领导，职场的引路人。
- **课堂知识：**具体讲解与项目相关的知识点，并尽可能通过实例介绍相关知识。在讲解过程中，穿插"知识补充"和"操作提示"小栏目，以提升学生的软件操作技能，拓宽学生的知识面。
- **项目实训：**结合课堂知识以及实际工作需要设置项目实训。实训注重培养学生的自我总结和学习能力，因此只提供操作思路及步骤提示，要求学生独立完成操作。
- **课后练习：**结合项目内容设置难度适中的练习题和上机操作题，让学生强化和巩固所学知识。
- **技能提升：**以项目讲解的知识为主导，帮助有需要的学生深入学习相关的知识。

教学内容

本书的教学目标是循序渐进地帮助学生掌握组装与维护计算机的方法，并能使用计算机完成工作和学习中的各种任务。本书共10个项目，可分为以下5个方面的内容。

- **项目一、项目二：**主要讲解计算机的基础知识，包括认识常用计算机、熟悉计算机硬件、熟悉计算机软件、选配计算机硬件等。
- **项目三～项目五：**主要讲解组装与配置计算机的相关知识，包括装机准备、组装计算机、设置UEFI BIOS、硬盘分区、安装Windows操作系统、安装驱动程序、安装与卸载常用软件等操作。
- **项目六、项目七：**主要讲解构建计算机配装平台和优化计算机的相关知识，包括创建和配置虚拟机、在VM中安装统信UOS、利用Ghost备份操作系统、备份与还原注册表、优化操作系统等操作。

- **项目八、项目九：** 主要讲解维护计算机的相关知识，包括日常维护计算机、维护计算机安全、了解计算机故障、排除计算机故障等知识。
- **项目十：** 利用4个实训帮助学生巩固所学知识。

教学资源

本书的教学资源如下。

- **模拟试题库：** 包含丰富的关于计算机组装与维护的相关试题，包括选择题、填空题、判断题、简答题和上机题等多种题型，读者可自动组合出不同的试卷进行测试。
- **PPT课件和教学教案：** 包括PPT课件和Word格式的教学教案，以便老师顺利开展教学工作。
- **拓展资源：** 包含教学演示动画、组装计算机的高清彩色图片等。

特别提醒：上述教学资源可访问人邮教育社区（www.ryjiaoyu.com）搜索书名进行下载。

本书涉及的所有案例、实训、重要知识点都提供了二维码，读者只需要用手机扫描二维码即可查看对应的操作演示及知识点讲解等。

本书由赖作华、边振兴主编，虽然编者在编写本书的过程中倾注了大量心血，但书中难免存在疏漏之处，请广大读者不吝赐教。

编　者

2024年12月

目 录

项目一

了解计算机……1
任务一 认识常用计算机……1
一、任务目标……2
二、相关知识……2
（一）台式机……2
（二）笔记本计算机……3
（三）平板电脑……5
任务二 熟悉计算机硬件……6
一、任务目标……6
二、相关知识……6
（一）主机……7
（二）外部设备……9
（三）扩展设备……10
任务三 熟悉计算机软件……11
一、任务目标……11
二、相关知识……12
（一）Windows系列操作系统软件……12
（二）国产操作系统软件……12
（三）应用软件……14
实训一 开关计算机……15
实训二 查看计算机硬件组成及连接……16
课后练习……17
技能提升……17
AI加油站……19

项目二

选配计算机硬件……21
任务一 认识和选购主板……21
一、任务目标……22
二、相关知识……22
（一）认识主板……22
（二）主要性能指标……29
（三）选购注意事项……31
（四）国产主板的发展现状……31
任务二 认识和选购CPU……32
一、任务目标……32
二、相关知识……32
（一）主要功能……32
（二）主要性能指标……33
（三）选购注意事项……37
（四）国产CPU的发展现状……38
任务三 认识和选购内存……38
一、任务目标……38
二、相关知识……38
（一）认识内存……38
（二）主要性能指标……39
（三）选购注意事项……40
（四）国产内存的发展现状……41
任务四 认识和选购硬盘……41
一、任务目标……42
二、相关知识……42
（一）认识硬盘……42
（二）主要性能指标……43
（三）选购注意事项……44
（四）国产硬盘的发展现状……44
任务五 认识和选购固态盘……44
一、任务目标……44
二、相关知识……44
（一）认识固态盘……44
（二）主要性能指标……45
（三）选购注意事项……47
（四）国产固态盘的发展现状……48
任务六 认识和选购显卡……48
一、任务目标……48
二、相关知识……48
（一）认识显卡……48
（二）主要性能指标……50
（三）选购注意事项……51
（四）国产显卡的发展现状……52
任务七 认识和选购显示器……52
一、任务目标……52
二、相关知识……53
（一）认识显示器……53

（二）主要性能指标 ……54
（三）选购注意事项 ……55
（四）国产显示器的发展现状 ……55
任务八　认识和选购机箱及电源 ……56
一、任务目标……56
二、相关知识……56
（一）认识和选购机箱 ……56
（二）认识和选购电源 ……60
（三）国产机箱和电源的发展现状 ……62
任务九　认识和选购鼠标及键盘 ……62
一、任务目标……62
二、相关知识……62
（一）认识和选购鼠标 ……62
（二）认识和选购键盘 ……64
（三）国产鼠标和键盘的发展现状 ……66
任务十　认识和选购扩展设备……66
一、任务目标……67
二、相关知识……67
（一）认识和选购音箱 ……67
（二）认识和选购耳机 ……68
（三）认识和选购移动存储设备 ……70
（四）认识和选购多功能一体机 ……71
（五）认识和选购摄像头 ……74
（六）认识和选购投影仪 ……75
（七）认识和选购路由器 ……77
（八）国产计算机扩展设备的发展现状……78
实训一　设计计算机组装方案……79
实训二　网上模拟装配计算机……80
课后练习……81
技能提升……81
AI加油站 ……83

项目三

组装计算机……86
任务一　装机准备……86
一、任务目标 ……86
二、相关知识 ……87
（一）熟悉准备工作的主要内容 ……87
（二）认识组装工具 ……87
三、任务实施 ……88
（一）准备工具和工作台 ……88
（二）准备硬件 ……89
任务二　组装计算机……89
一、任务目标 ……89
二、相关知识 ……90
（一）了解组装流程 ……90
（二）组装计算机的注意事项 ……90
三、任务实施 ……90
（一）安装CPU……91
（二）安装CPU散热器支架……92
（三）安装固态盘 ……93
（四）安装内存 ……93
（五）安装CPU散热器……94
（六）拆卸机箱并安装电源 ……95
（七）安装主板 ……96
（八）安装硬盘 ……97
（九）连接机箱内部的线缆 ……98
（十）连接计算机外部设备 ……100
实训　拆卸计算机……101
课后练习……102
技能提升……102
AI加油站 ……105

项目四

设置BIOS和硬盘分区 ……108
任务一　设置UEFI BIOS……108
一、任务目标 ……109
二、相关知识 ……109
（一）BIOS的基本功能组成 ……109
（二）BIOS的基本操作 ……110
（三）UEFI BIOS中的主要设置项 ……110
三、任务实施 ……112
（一）设置计算机启动顺序 ……112
（二）设置BIOS管理员密码 ……112
（三）设置断电恢复的状态 ……113
（四）升级BIOS以兼容最新硬件 ……114
任务二　硬盘分区……115
一、任务目标……115
二、相关知识……115
（一）分区的原因 ……115
（二）分区的原则 ……116
（三）分区的类型 ……116
（四）传统的MBR分区格式……116
（五）GPT分区格式……117
三、任务实施 ……117
（一）制作U盘启动盘……117
（二）使用DiskGenius为500GB的固态盘分区……118
（三）使用DiskGenius为1TB的硬盘分区……120
实训一　用U盘启动计算机并进行分区和格式化……122

实训二　在BIOS中设置中文界面和U盘启动······123
课后练习······123
技能提升······124
AI加油站······126

项目五

安装操作系统和常用软件······128
任务一　安装Windows操作系统······128
一、任务目标······129
二、相关知识······129
（一）选择安装方式······129
（二）Windows 11操作系统对硬件配置的要求······129
（三）局域网······129
三、任务实施······130
（一）下载Windows 11操作系统安装程序······130
（二）使用U盘安装Windows 11操作系统······131
（三）激活Windows 11操作系统······136
（四）配置有线网络······137
（五）配置无线网络······139
任务二　安装驱动程序······140
一、任务目标······140
二、相关知识······140
（一）通过网络下载驱动程序······140
（二）选择驱动程序的版本······140
三、任务实施······141
（一）通过软件安装驱动程序······141
（二）安装网上下载的驱动程序······142
任务三　安装与卸载常用软件······142
一、任务目标······143
二、相关知识······143
（一）获取和安装软件的方式······143
（二）软件的版本······143
三、任务实施······143
（一）安装软件······143
（二）卸载软件······144
实训一　安装银河麒麟操作系统······145
实训二　安装Windows 11和银河麒麟双操作系统······146
课后练习······147
技能提升······148
AI加油站······150

项目六

构建虚拟计算机配装平台······152
任务一　创建和配置虚拟机······152
一、任务目标······153
二、相关知识······153
（一）VM的基本概念······153
（二）VM支持的操作系统······153
（三）VM热键······153
（四）设置虚拟机······154
三、任务实施······154
（一）创建虚拟机······154
（二）设置虚拟机······156
任务二　在VM中安装统信UOS······159
一、任务目标······159
二、相关知识······160
三、任务实施······160
实训　利用VM安装Windows 11操作系统······161
课后练习······162
技能提升······162
AI加油站······163

项目七

备份与优化操作系统······164
任务一　利用Ghost备份操作系统······164
一、任务目标······165
二、相关知识······165
三、任务实施······165
（一）制作Ghost镜像文件······165
（二）还原操作系统······167
任务二　备份与还原注册表······168
一、任务目标······168
二、相关知识······168
三、任务实施······169
（一）备份注册表······169
（二）还原注册表······170
任务三　优化操作系统······170
一、任务目标······170
二、相关知识······170
三、任务实施······171
（一）清理垃圾文件······171
（二）设置内核······171
（三）优化系统启动项······172
（四）加快系统关机速度······173

（五）优化系统服务……173
实训一　在操作系统中备份与还原……174
实训二　通过360安全卫士优化操作系统……175
课后练习……175
技能提升……176
AI加油站……177

项目八

维护计算机……178
任务一　日常维护计算机……178
一、任务目标……179
二、相关知识……179
（一）维护计算机的目的……179
（二）计算机对工作环境的要求……179
（三）计算机的摆放位置……179
（四）维护软件的相关事项……180
三、任务实施……181
（一）维护CPU……181
（二）维护主板……182
（三）维护硬盘和固态盘……182
（四）维护显卡和显示器……183
（五）维护机箱和电源……183
（六）维护鼠标……183
（七）维护键盘……184
（八）维护家庭无线局域网……184
（九）维护家庭NAS……185
任务二　维护计算机安全……186
一、任务目标……186
二、相关知识……186
（一）计算机病毒侵入的表现……186
（二）计算机病毒的防治方法……187
（三）查杀计算机病毒……187
（四）操作系统漏洞……188
（五）认识黑客……188
（六）预防木马程序攻击的方法……188
（七）计算机安全使用准则……189
三、任务实施……189
（一）查杀计算机病毒……189
（二）使用软件修复系统漏洞……191
（三）使用软件防御黑客攻击……192
（四）操作系统登录加密……193
（五）文件加密……194
（六）隐藏硬盘驱动器……195
实训一　清理计算机的灰尘……196
实训二　使用360安全卫士维护计算机……197
课后练习……198
技能提升……198
AI加油站……200

项目九

诊断与排除计算机故障……201
任务一　了解计算机故障……201
一、任务目标……202
二、相关知识……202
（一）计算机故障产生的原因……202
（二）确认计算机故障……205
（三）死机故障……207
（四）蓝屏故障……209
（五）自动重启故障……210
三、任务实施——通过最小化计算机检测故障……211
任务二　排除计算机故障……211
一、任务目标……212
二、相关知识……212
（一）排除计算机故障的基本原则……212
（二）排除计算机故障的步骤……212
（三）排除计算机故障的注意事项……212
（四）测试网络故障的流程……213
三、任务实施……214
（一）排除操作系统故障……214
（二）排除CPU故障……216
（三）排除主板故障……217
（四）排除内存故障……218
（五）排除硬盘故障……218
（六）排除显卡故障……219
（七）排除鼠标故障……219
（八）排除键盘故障……220
（九）排除网络故障……220
实训　检测计算机硬件设备……222
课后练习……223
技能提升……223
AI加油站……224

项目十

综合实训……225
实训一　模拟设计不同用途的计算机配置……225
实训二　拆卸并组装计算机……226
实训三　配置计算机……226
实训四　安全维护计算机……228

项目一
了解计算机

情景导入

米拉即将大学毕业，最近在一家公司的行政部门实习，主要负责公司的部分行政办公文档的制作和计算机的日常维护工作。这天，米拉好奇地看着工作台上刚到的崭新计算机，行政部主管老洪便非常自豪地告诉她，这台计算机的所有零部件都是国产的。作为一名职场新人，米拉深知了解和认识计算机对未来的工作将大有裨益。于是，在米拉的请求下，老洪便开始介绍计算机的相关知识。

学习目标

- 熟悉常用计算机
- 熟悉计算机硬件
- 熟悉计算机软件

能力目标

- 通过拆卸一台计算机来进一步认识计算机中的各种硬件
- 进一步掌握计算机的各种软、硬件的基础知识

素养目标

- 培养职业道德，树立对未来的职业愿景

任务一　认识常用计算机

自1946年第一台计算机问世以来，计算机先后经历了电子管、晶体管、中小规模集成电路，以及大规模和超大规模集成电路4个发展时代。现在，计算机作为办公和家庭的必备用品，早已和

人们的生活紧密相连。

一、任务目标

通过本任务的学习，读者可以熟悉计算机的各种类型，以及各种类型计算机的特征。

二、相关知识

现在通常所说的计算机主要是指个人计算机（Personal Computer，PC），俗称电脑。市面上常用的计算机主要有台式机、笔记本计算机和平板电脑3种类型，下面分别介绍相关知识。

（一）台式机

台式机也称为台式电脑，是一种各功能部件相对独立的计算机。相较于其他类型的计算机，其体积较大，一般需要放置在桌子或专门的工作台上，因此命名为台式机。多数家用和办公用的计算机都是台式机，图1-1所示为国产的台式机。

图 1-1　国产台式机

1. 台式机的特性

台式机具有以下特性。

- **散热性：** 台式机的机箱具有空间大和通风条件好的特点，因此具有良好的散热性，这是笔记本计算机所不具备的。
- **扩展性：** 台式机主板上的各类扩展槽较多，非常方便用户对硬件进行升级。
- **保护性：** 台式机能够全面保护硬件，减少灰尘的侵害，而且具有一定的防水性。
- **明确性：** 台式机机箱的前置面板集成了开关键和重启键，以及USB（Universal Serial Bus，通用串行总线）和音频接口，方便用户使用。

2. 台式机的类型

台式机通常又分为品牌机和兼容机两种类型。品牌机是指有注册商标的整台计算机，是专业的计算机生产公司将计算机配件组装好后进行整体销售，并提供技术支持及售后服务的计算机。兼容机则是指根据用户要求选择配件，由用户或第三方计算机公司组装而成的计算机，具有较高的性价比。下面对这两种计算机进行比较。

- **兼容性与稳定性：** 每一台品牌机出厂前都经过了严格测试（通过严格且规范的工序和手段

进行检测），因此其稳定性和兼容性更有保障，很少出现硬件不兼容的现象。而兼容机是在成百上千种配件中选取其中的几个组成的，难以保证其兼容性。所以在兼容性与稳定性方面，品牌机更具优势。

- **产品搭配灵活性：** 产品搭配灵活性是指配件选择的自由程度，这方面兼容机具有品牌机不可比拟的优势。如果用户对装机有特殊要求，如根据专业应用需要突出计算机某一方面的性能，可以自行选件或在经销商的帮助下，根据自己的喜好和要求来选择硬件并组装。而品牌机的生产数量往往都是数以万计的，品牌机生产商难以因为个别用户的要求专门为其变更配置生产一台“定制”的品牌机。
- **价格：** 在价格上，同等配置的兼容机往往要比品牌机更便宜，这主要是因为品牌机的价格一般包含软件的捆绑费用和厂商的售后服务费用。另外，购买兼容机一般还可以“砍价”，比购买品牌机更实惠。
- **售后服务：** 部分用户最关心的往往不是产品的性能，而是产品的售后服务。品牌机的服务质量毋庸置疑，一般厂商都提供1年上门维修、3年质保的服务，并且有免费技术支持电话，以及12／24小时紧急上门服务。而兼容机往往不提供整机保修服务，用户遇到问题只能找对应硬件的厂家进行售后处理，通常也不能享受上门服务。

3. 台式机的扩展类型

随着科学技术的发展，台式机也发展出不同的类型，常见的包括一体机和迷你台式机等。

- **一体机：** 一体机是由一台显示器、一个键盘和一个鼠标组成的具备高度集成特点的台式机。一体机的主板通常与显示器集成在一起，只要将键盘和鼠标连接到显示器上，就能使用一体机。一体机比传统台式机更小巧，可节省较多的桌面空间，且其简约、时尚的外观设计，更符合现代人的审美要求。市面上的一体机以品牌机为主，图1-2所示为某品牌的一体机。
- **迷你台式机：** 迷你台式机也称为迷你主机、准系统等，其本质是缩小的台式机主机（任务二将详细讲解）。为迷你台式机连接上显示器、鼠标、键盘就能够得到一台可以正常使用的台式机，其主要特点是体积小、方便携带、空间占用少。市面上的迷你台式机同样以品牌机为主，图1-3所示为某品牌的迷你台式机。

图 1-2　一体机

图 1-3　迷你台式机

（二）笔记本计算机

笔记本计算机（NoteBook Computer，NoteBook）也称笔记本计算机、手提电脑或膝上计算机，是一种体积小、便于携带的个人计算机，通常重1~3kg。根据市场定位，笔记本计算机可以分为游戏本、轻薄本、二合一笔记本、AI笔记本、商务办公本、影音娱乐本、校园学生本和创意设计PC等类型。

- **游戏本：**游戏本是主打游戏性能的笔记本计算机。游戏本通常拥有与台式机相媲美的强悍性能，但比台式机更便携，外观比台式机更美观，价格也比台式机（甚至其他一些类型的笔记本计算机）高。图1-4所示为某品牌的游戏本。
- **轻薄本：**轻薄本的主要特点为外观时尚、轻薄、性能出色，无论是办公学习，还是影音娱乐都能使用户拥有良好的体验，使用更便捷。图1-5所示为某品牌的轻薄本。
- **二合一笔记本：**二合一笔记本具有传统笔记本计算机与平板电脑二者的综合功能，可以当作平板电脑或笔记本计算机使用。图1-6所示为某品牌的二合一笔记本。

图 1-4　游戏本

图 1-5　轻薄本

- **AI笔记本：**AI笔记本是随着人工智能（Artificial Intelligence，AI）技术的快速发展和普及而出现的一种笔记本计算机类型。AI笔记本的CPU（Central Processing Unit，中央处理器）、显卡等硬件往往搭载了专门的AI运算单元，在系统和软件上也对AI进行了适配，更适合需要进行大规模数据训练的AI开发场景。图1-7所示为某品牌的AI笔记本。

图 1-6　二合一笔记本

图 1-7　AI 笔记本

- **商务办公本：**顾名思义，商务办公本是专门为商务应用设计的笔记本计算机，特点为移动性强、电池续航时间长、商务软件多。图1-8所示为某品牌的商务办公本。
- **影音娱乐本：**影音娱乐本有较强的图形图像处理能力和多媒体应用能力，多拥有较为强劲的独立显卡和声卡（均支持高清），并有较大的屏幕，为娱乐消遣型产品。图1-9所示为某品牌的影音娱乐本。

图 1-8　商务办公本

图 1-9　影音娱乐本

- **校园学生本：**校园学生本的性能与普通台式机相差不大，适合学生使用，几乎拥有笔记本计算机的所有功能，各方面性能比较均衡，且价格较低。图1-10所示为某品牌的校园学生本。
- **创意设计PC：**创意设计PC（Creator PC）是intel（英特尔）发布的一种全新笔记本计算机类型，针对的是平面设计、影视剪辑等相关从业人员。其配置了高分辨率、高色准、高色域、高色深的屏幕，以及高速数据接口，可满足创意设计人员通过外部传输设备快速传输大型文件的需求。图1-11所示为某品牌的创意设计PC。

图 1-10　校园学生本

图 1-11　创意设计 PC

（三）平板电脑

平板电脑（Tablet Personal Computer）是一款无须翻盖、没有键盘、功能完整的计算机。其构成组件与笔记本计算机基本相同，以触摸屏作为基本的输入设备，允许用户通过触控笔或手指来进行作业。

1. 平板电脑的特点

平板电脑具有以下特点。

- **便携：**比笔记本计算机体积更小，且更轻。
- **功能强大：**具备手写识别输入功能，以及语音识别和手势识别功能。
- **特有的操作系统：**不仅具有计算机操作系统的功能，而且计算机操作系统中的应用程序几乎都可以在平板电脑上运行。
- **灵活多样的输入方式：**通过触摸屏直接进行输入操作，也可以通过外接键盘、手写笔、语音识别等方式进行输入。

2. 平板电脑的类型

目前市场上通常按照用途和功能特点将平板电脑分为以下5种类型。

- **通话平板：**通话平板是一种具备通话功能、支持移动通信网络，并能够通过插入电话卡实现拨打电话、发送短信等功能的平板电脑，这种平板电脑的功能基本等同于智能手机，只是屏幕比智能手机大，如图1-12所示。
- **娱乐平板：**娱乐平板是平板电脑的主流类型，面向普通用户群体。娱乐平板没有特定的用途，主要用于休闲娱乐，其硬件配置能够满足用户的基本需求。
- **二合一平板：**二合一平板是一种兼具笔记本计算机功能的平板电脑，预留了适配键盘的接口，通过外接键盘可以变成笔记本计算机形态。二合一平板的本质是平板电脑，其硬件配置一般无法和笔记本计算机相比，所以，二合一平板的优势在于娱乐性和便携性高，其余各方面一般均落后于二合一笔记本。
- **商务平板：**商务平板是为了提升办公效率，专门为商务人士设计的便携且兼顾商务办公的平板电脑，通常预置了商务应用，并配置有手写笔。
- **学生平板：**学生平板主要是为学习而设计的，内置丰富的学习资源和教育应用程序，还具有家长控制、学习进度跟踪等特殊功能。学生平板主要面向学生群体，通常会采用更耐用的材料和更严格的生产工艺，也具有更强的安全性能，如数据加密、防病毒等，以保护学生的个人信息和学习数据，如图1-13所示。

图 1-12　通话平板

图 1-13　学生平板

任务二　熟悉计算机硬件

广义上的计算机是由硬件系统和软件系统两部分组成的，硬件系统是软件系统工作的基础，而软件系统又控制着硬件系统的运行，两者相辅相成，缺一不可。

一、任务目标

本任务将通过具体的图片来介绍计算机的各种硬件。首先介绍主机以及其中的各种硬件，然后介绍外部设备，最后介绍各种扩展设备。通过本任务的学习，读者可以熟悉计算机的各种硬件设备。

二、相关知识

从外观上看，计算机的硬件包括主机、外部设备和扩展设备3个部分。主机是指机箱及其中的各种硬件，外部设备是指显示器、鼠标和键盘，扩展设备是指声卡、音箱、移动硬盘等。

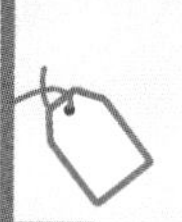

知识补充

冯·诺依曼结构的计算机硬件系统

计算机的硬件系统以冯·诺依曼设计的计算机体系结构为基础，按照这个体系进行划分，计算机的硬件主要包括输入设备、输出设备、运算器、控制器和存储器。

（一）主机

扫一扫

高清大图

主机是机箱以及安装在机箱内的计算机硬件的集合，主要由CPU（包括CPU和CPU散热器）、主板、内存、显卡、硬盘（或固态盘，有时两种都有，且有多块）、主机电源和机箱等部件组成，如图1-14所示。

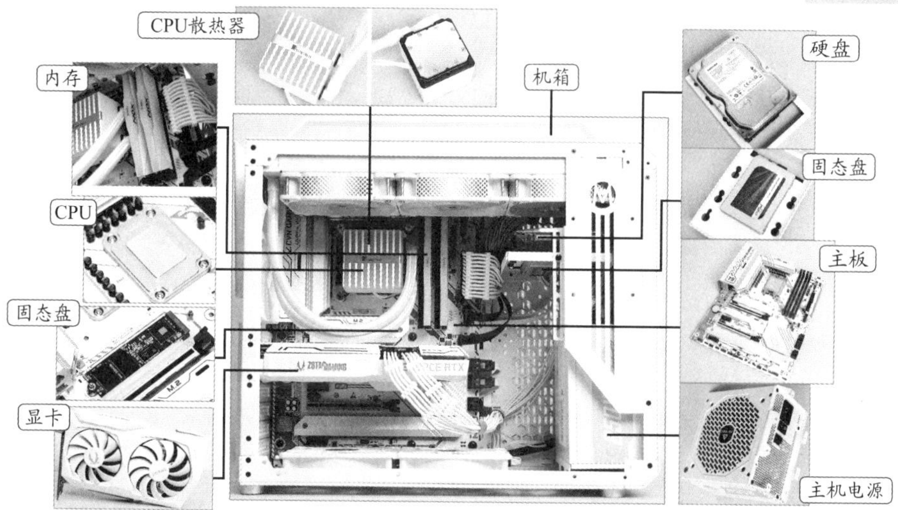

图1-14　主机

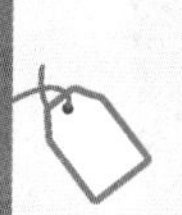

知识补充

主机机箱上的按钮和指示灯

不同主机机箱上的按钮和指示灯的形状及位置可能不同。复位按钮一般有“Reset”字样，电源开关一般有⏻标记或“Power”字样，电源指示灯在开机后一直显示为绿色，硬盘工作指示灯只有在对硬盘进行读写操作时才会亮起。

- **CPU：** CPU是计算机的核心部分，负责解释指令的功能、控制各类指令的执行过程，以及完成各种算术运算和逻辑运算。图1-15所示为AMD（超威）的Ryzen 7 CPU和intel的Core i9 CPU。

知识补充

CPU 散热器

CPU 在工作时会产生大量的热量，为了保证计算机正常工作，需要为 CPU 安装散热器。通常正品盒装的 CPU 会配置风冷散热器，而散片 CPU 需要单独购买散热器。图 1-16 所示为一款 CPU 散热器。

图 1-15　CPU

图 1-16　CPU 散热器

- **主板：**从外观上看，主板是一块方形的电路板，其上布满各种电子元器件、电子线路、插座、插槽和各种外部接口。它可以为计算机的所有部件提供插槽和接口，并通过其中的线路统一协调所有部件的工作，如图1-17所示。

知识补充　　**主板上集成的硬件**

随着主板制板技术的发展，主板上已经能够集成很多计算机硬件，如CPU、显卡、声卡和网卡等，这些硬件以芯片的形式集成到主板上。

- **内存：**内存（见图1-18）是计算机的内部存储器，也叫主存储器，是计算机用来临时存放数据的地方，也是CPU处理数据的中转站。内存的容量和存取速度直接影响CPU处理数据的速度。

图 1-17　主板

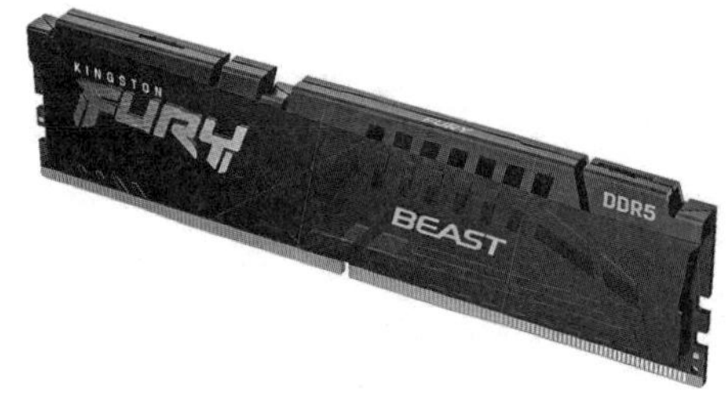

图 1-18　内存

- **显卡：**显卡又称为显示适配器或图形加速卡，其功能主要是将计算机中的数字信号转换成显示器能够识别的信号（模拟信号或数字信号），并对其进行处理和输出，还可分担CPU的图形处理工作。图1-19所示为某计算机配置的显卡，该显卡的外面覆盖了一层散热器，散热器通常由散热鳍片、热管和散热风扇组成。
- **硬盘：**硬盘是计算机中容量最大的存储设备，通常用于存放永久性数据和程序，如图1-20所示。另外，还有一种由闪存芯片或其他非易失存储器件构成的硬盘——固态盘（Solid State Disk，SSD），如图1-21所示。

图 1-19　显卡

图 1-20　硬盘

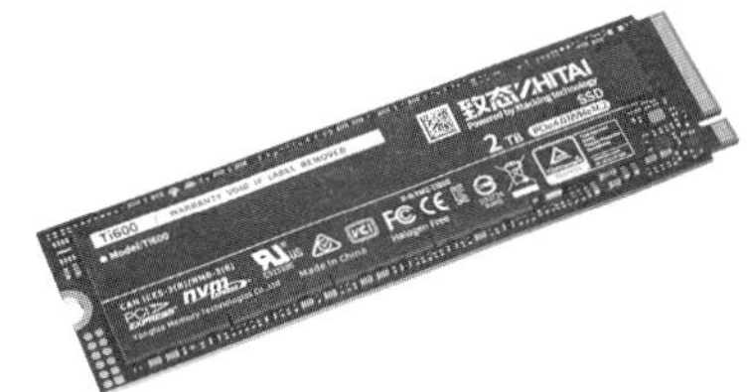

图 1-21　固态盘

- **主机电源：**主机电源（见图1-22）也称电源供应器，它通过不同的接口为主板、硬盘和光驱等计算机部件的正常运行提供所需动力。
- **机箱：**机箱是安装和放置各种计算机部件的装置，它能够将主机部件整合在一起，并起到防止部件损坏的作用，如图1-23所示。机箱的好坏直接影响主机部件的正常工作，且机箱能屏蔽主机内的电磁辐射，对使用者起到了一定的保护作用。

图 1-22　主机电源

图 1-23　机箱

（二）外部设备

对于普通计算机用户来说，计算机的组成其实只有两部分——计算机主机和外部设备。这里的外部设备是指显示器、鼠标和键盘这3个硬件，外部设备加上计算机主机，就可以进行绝大部分的计算机操作。所以，要组装计算机，除主机外，还需要选购显示器、鼠标和键盘。

- **显示器：**显示器是计算机的主要输出设备，它的作用是将显卡输出的信号（模拟信号或数字信号）以肉眼可见的形式表现出来。目前主要使用的显示器是液晶显示器（Liquid Crystal Display，LCD），如图1-24所示。
- **鼠标：**鼠标是计算机的主要输入设备之一，是随着图形操作界面产生的，因为其外形与老鼠类似，所以称为鼠标，如图1-25所示。
- **键盘：**键盘是计算机的另一种主要输入设备，是用户和计算机进行交互的工具，如图1-26所示。通过键盘，用户可直接向计算机输入各种字符和命令，从而简化计算机操作。即使不用鼠标，只用键盘也能完成计算机的基本操作。

图 1-24　液晶显示器

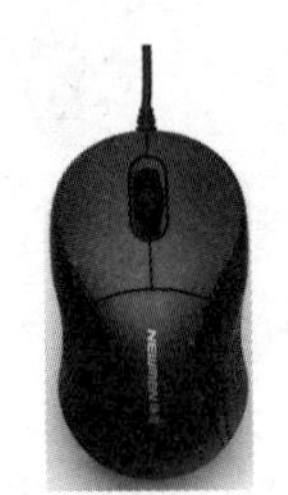

图 1-25　鼠标

图 1-26　键盘

（三）扩展设备

扩展设备对于计算机来说属于可选装硬件，也就是说，不安装这些硬件，也不会影响计算机的正常工作，但安装和连接扩展设备可以提升计算机某些方面的性能。扩展设备都是通过主机上的接口（主板或机箱上的接口）连接到计算机的。在常见的扩展设备中，某些类型的声卡和网卡也可以直接安装到主机的主板上。

- **声卡：**声卡在计算机中用于处理声音的数字信号，并输出到音箱或其他的声音输出设备。现在的声卡已经以芯片的形式集成到主板中（也称为集成声卡），并且具有很高的性能。对音效有特殊要求的用户可购买需要单独安装或外接的声卡。图1-27所示为视频直播中常用的USB外接声卡。
- **网卡：**网卡也称为网络适配器，其功能是连接计算机和网络。同声卡一样，网卡通常集成在主板上，只有在网络端口不够用或需要连接无线网络的情况下，才会安装或外接网卡。图1-28所示为常见的USB外接无线网卡。
- **音箱：**音箱可直接连接到声卡的音频输出接口，并将声卡传输的音频信号输出为人们可以听到的声音，如图1-29所示。

图 1-27　USB 外接声卡

图 1-28　USB 外接无线网卡

图 1-29　音箱

- **数码摄像头：**数码摄像头也是一种常见的计算机扩展设备，主要功能是为计算机提供实时的视频图像，实现视频信息交流，如图1-30所示。
- **U盘：**U盘的全称为USB闪存盘，是一种使用USB接口的微型大容量移动存储设备，能够与计算机实现即插即用，如图1-31所示。
- **移动硬盘：**移动硬盘是一种采用硬盘作为存储介质，可以即插即用的移动存储设备，如图1-32所示。

- **耳机：** 耳机是一种将音频输出为声音的扩展设备，适合个人使用，如图1-33所示。

图 1-30　数码摄像头

图 1-31　U 盘

图 1-32　移动硬盘

图 1-33　耳机

- **路由器：** 路由器是一种连接网络的计算机扩展设备，如图1-34所示。
- **投影仪：** 投影仪又称投影机，是一种可以将图像或视频投射到幕布上的设备，可以通过专业的接口与计算机相连并播放相应的视频信号，它也是一种负责输出的计算机扩展设备，如图1-35所示。
- **多功能一体机：** 多功能一体机的主要功能是打印，并至少同时具备复印、扫描或传真功能中的任何一种，是一种重要且常用的计算机输出和输入设备，如图1-36所示。
- **数位板：** 又名绘图板、绘画板、手绘板等，支持手写输入，通常由一块板子和一支压感笔组成，常用于游戏制作和图像手绘等领域。

图 1-34　路由器

图 1-35　投影仪

图 1-36　多功能一体机

任务三　熟悉计算机软件

软件是指计算机系统包含的各种程序及其文档，用于控制计算机所有硬件的工作。软件系统的作用主要是管理和维护计算机的正常运行，以充分发挥计算机的性能。

一、任务目标

本任务将通过具体的图片介绍计算机中各种类型的软件。首先介绍系统软件，然后分类介绍各种应用软件。通过本任务的学习，读者可以熟悉计算机的各种软件，为以后安装操作系统和各种应用软件打下坚实的基础。

二、相关知识

按功能的不同，软件通常可分为系统软件和应用软件两种。系统软件位于计算机系统中最靠近硬件的层次，为其上层的软件提供支持，并且与具体的应用领域无关，如操作系统、编译程序等。系统软件中常用的主要有Windows系列操作系统软件和国产操作系统软件。应用软件是用于满足用户的特定需求而非解决计算机本身问题的软件，如压缩解压缩软件（WinRAR）、视频编辑软件（剪映）等。

（一）Windows系列操作系统软件

微软（Microsoft）公司的Windows系列系统软件是目前广泛使用的操作系统，采用图形化的操作界面，支持网络连接和多媒体播放、多用户和多任务操作，兼容多种硬件设备和应用程序。目前，市场上主流的Windows系列系统软件是Windows 10和Windows 11，图1-37所示为Windows 10操作系统的界面，图1-38所示为Windows 11操作系统的界面。

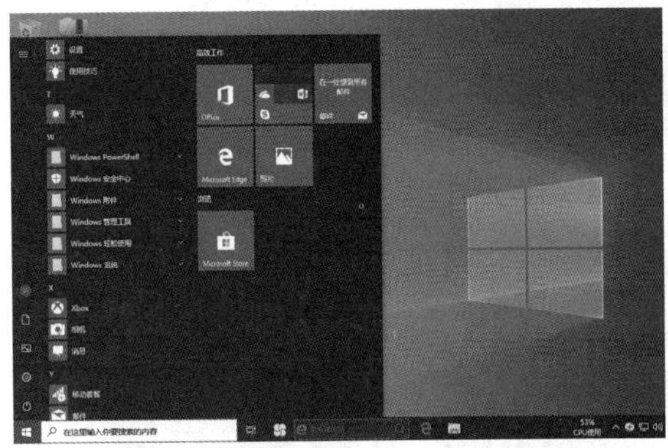

图 1-37　Windows 10 操作系统的界面

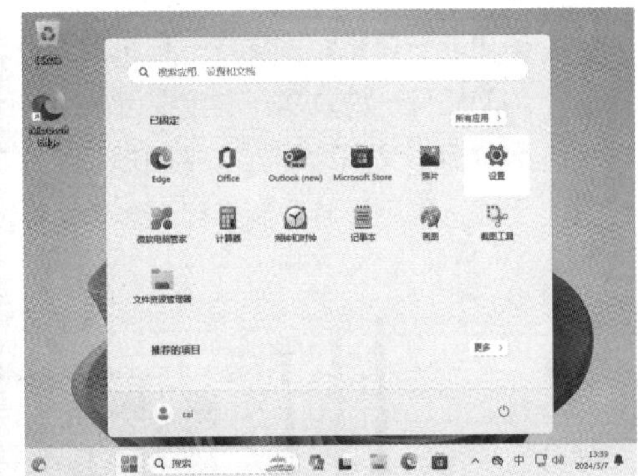

图 1-38　Windows 11 操作系统的界面

知识补充

操作系统的位数

Windows 操作系统的位数与 CPU 的位数相关。操作系统只是硬件和应用软件中间的一个平台，32 位操作系统针对 32 位的 CPU 设计，64 位操作系统针对 64 位的 CPU 设计。64 位的操作系统只能安装于 64 位 CPU 的计算机中；而 32 位的操作系统既能安装在 32 位 CPU 的计算机上，又能安装在 64 位 CPU 的计算机上。

（二）国产操作系统软件

随着互联网信息技术和移动通信技术的快速发展和普及，国产操作系统也得到了较快的发展。国产操作系统主要是以Linux为基础进行二次开发的操作系统，其目标是打破国外操作系统的垄断，代表系统有银河麒麟、统信UOS、红旗Linux、中兴新支点、鸿蒙（HarmonyOS）等。目前，国产操作系统在易用性、价格等方面已经具备自己的优势，在天问一号、嫦娥五号等“大国重器”中也出现了国产操作系统的身影。国产操作系统在航空航天、发电配电、高铁飞机制造等重要领域广泛应用，在不久的将来，会逐步实现操作系统的国产化替代。

- **银河麒麟：**银河麒麟最初是在“863计划”（即国家高技术研究发展计划，该计划于1986年3月启动，是跟踪发展中国高技术研究、力争在世界高技术领域占据一席之地的战略性科技发展计划）和国家核高基（即核心电子器件、高端通用芯片及基础软件产品的简称）科技重大专项支持下，由国防科技大学研发的操作系统。银河麒麟操作系统具有高安全性、高可靠性、高可用性、跨平台等特点，且支持国产龙芯、飞腾和鲲鹏等CPU，图1-39所示为银河麒麟操作系统的界面。

图1-39　银河麒麟操作系统的界面

- **统信UOS：**统信UOS是由统信开发的一款基于Linux内核的中文国产操作系统，支持运行WPS Office、搜狗输入法等流行应用软件，同样支持龙芯、飞腾、申威、鲲鹏、兆芯等国产CPU。图1-40所示为统信UOS的界面。
- **红旗Linux：**红旗Linux操作系统起源于2000年，是我国自主研发的操作系统，具有完全的知识产权，在安全性和可控性方面具有一定的优势，能够满足国内各个行业对操作系统安全性的严格要求。
- **中兴新支点：**中兴新支点操作系统是一款基于Linux稳定内核的国产操作系统，不仅支持多种国产CPU，还能安装在台式机、笔记本计算机和医疗设备等多种终端设备上。此外，该操作系统还兼容Windows系列操作系统的日常办公软件，具有很高的实用性，图1-41所示为中兴新支点操作系统的界面。

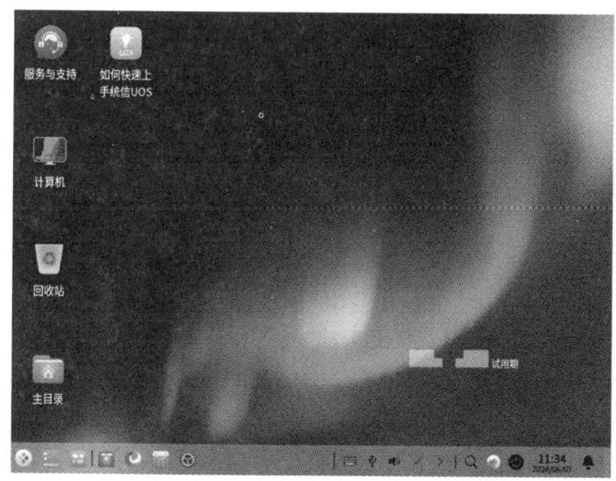

图 1-40　统信 UOS 的界面

图 1-41　中兴新支点操作系统的界面

- **鸿蒙：**鸿蒙是华为推出的一款面向全场景的分布式计算机桌面操作系统，传统的桌面操作系统仅限于在计算机上进行操作，而鸿蒙将桌面操作系统扩展到了手机、平板以及其他设备上，实现了移动设备和桌面设备的融合。

知识补充

其他操作系统软件

市场上还存在 UNIX、macOS 等系统软件，它们也有各自的应用领域。图 1-42 所示为 macOS 的界面。

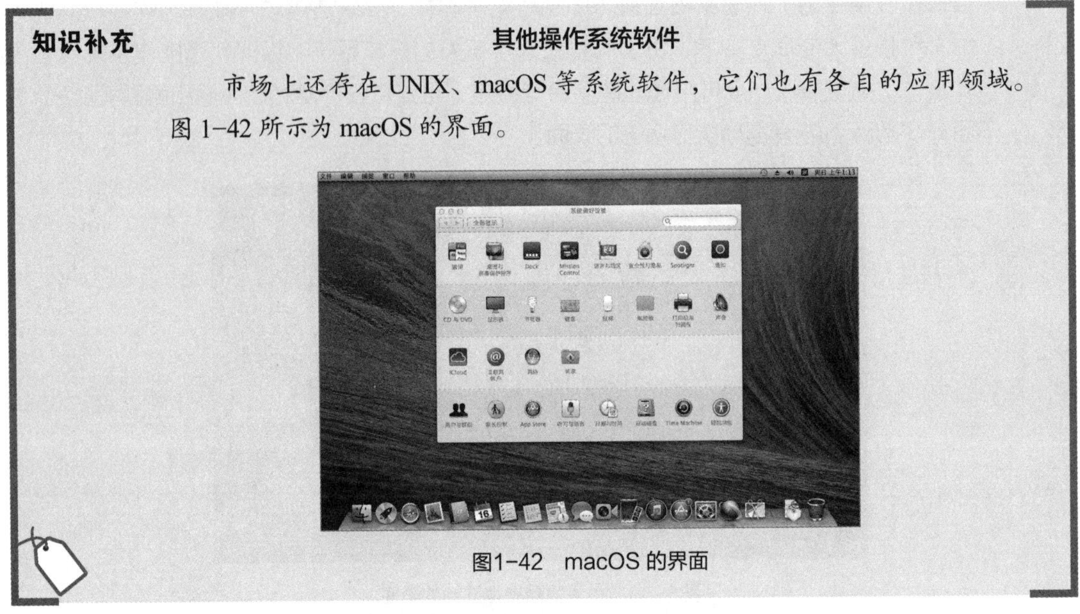

图1-42　macOS 的界面

（三）应用软件

应用软件通常可以分为以下类型，其中，每个大类还可分为很多小类，装机时，用户可以根据需要进行选择。

- **系统工具软件：**系统工具软件是为操作系统提供辅助工具的软件，又分为硬件检测、备份还原、硬盘工具、U盘工具和压缩解压等小类。
- **网络软件：**网络软件是为网络提供各种各样的辅助工具并增强网络功能的软件，又分为浏览器、网络加速、下载工具、电子邮件和网管软件等小类。
- **安全软件：**安全软件是进行安全防护的软件，又分为杀毒软件、系统安全、加密解密和数据恢复等小类。图1-43所示为以上3种应用软件的分类情况。

系统工具软件	硬件检测	优化软件	万能驱动	压缩解压	U盘工具	备份还原	刻录软件	硬盘工具	DLL文件
	应用工具	卸载软件	定时关机	手机助手	刷机工具				
网络软件	浏览器	IE浏览器	浏览辅助	网购工具	网络加速	下载工具	网络硬盘	电子邮件	FTP软件
	网管软件	资源搜索	浏览器PK						
安全软件	杀毒软件	木马专杀	系统安全	防火墙	远程控制	监控软件	加密解密	数据恢复	

图 1-43　系统工具软件、网络软件和安全软件的分类情况

- **聊天软件：**聊天软件是进行信息传输的软件，又分为即时通信和网络电话两个小类。
- **输入法：**输入法是用于向计算机输入信息的软件，又分为拼音输入、五笔输入、中文输入、外语输入、手写输入和打字练习等小类。
- **行业软件：**行业软件是为各种行业设计的符合相应行业要求的软件，又分为财务软件、

ERP（Enterprise Resource Planning，企业资源计划）系统、CAD（Computer-aided Design，计算机辅助设计）软件、超市管理、打印软件和教务系统等小类。

- **应用软件：** 应用软件是日常办公或生活中使用的软件，又分为办公软件、翻译软件、桌面软件、抢票软件、二维码和计算器等小类。
- **编程开发软件：** 编程开发软件是用于编写、测试、调试和维护计算机程序的应用软件，又分为网站制作、软件制作、数据库、Java软件、PHP下载和.net开发等小类。图1-44所示为以上3种应用软件的分类情况。

行业软件	财务软件	POS收银	进销存	CRM系统	ERP系统	CAD软件	抽奖软件	网页物效	超市管理
	餐饮管理	酒店管理	旅游管理	车辆管理	物来管理	会员管理	客服系统	医院管理	房产中介
	仓储物流	图书管理	美容美发	印刷排版	打印软件	服装软件	商业贸易	合同管理	教务系统
	工程建筑	OA协同							
应用软件	办公软件	翻译软件	股票软件	证券软件	记账理财	记事本	桌面软件	起名软件	抢票软件
	个人简历	二维码	衣食住行	计算器	工具书				
编程开发软件	网站制作	网站源码	软件制作	数据库	编程工具	测试编译	加壳脱壳	C语言	Java软件
	PHP下载	.net开发							

图 1-44　行业软件、应用软件和编程开发软件的分类情况

- **媒体软件：** 媒体软件是用来编辑和处理媒体文件的软件，又分为直播软件、视频播放、视频格式、音频处理、视频编辑、PDF软件和录屏软件等小类。
- **图像设计软件：** 图像设计软件是专门用于编辑和处理图形图像的软件，又分为看图软件、平面设计、图片处理、电子相册、图片格式、动画制作、装修设计和三维设计等小类。图1-45所示为媒体软件和图像设计软件的分类情况。

媒体软件	网络电视	直播软件	视频播放	视频格式	音乐播放	音频转换	音频处理	视频编辑	网络电台
	K歌软件	阅读软件	PDF软件	文字处理	录屏软件				
图像设计软件	看图软件	截图软件	平面设计	图片处理	照片处理	证照制作	电子相册	图片格式	动画制作
	K歌软件	阅读软件	三维设计						

图 1-45　媒体软件和图像设计软件的分类情况

实训一　开关计算机

【实训要求】

按照正确的开机步骤启动计算机，然后按照正确的关机步骤关闭计算机。通过本实训，读者应掌握启动和关闭计算机的操作步骤。

【实训思路】

启动计算机包括连接电源、启动电源两个主要步骤，关闭计算机包括关闭操作系统和断开电源两个主要步骤。本实训的操作思路如图1-46所示。

【步骤提示】

（1）将插线板的插头插入交流电插座中。

（2）将主机电源线插头插入插线板中，用同样的方法插好显示器电源线插头，打开插线板上的电源开关。

（3）在主机箱后的电源处找到开关，按下开关为主机通电。

（4）找到显示器的电源开关，按下开关接通电源。

图1-46　开关计算机的操作思路

（5）按下机箱上的电源开关，启动计算机。

（6）计算机开始对硬件进行检测，并显示检测结果，然后进入操作系统。

（7）单击桌面下方的“开始”按钮，在打开的“开始”菜单中单击“电源”按钮，在弹出的菜单中选择“关机”命令，退出操作系统，并关闭计算机。

（8）按下显示器的电源开关，然后关闭机箱后的电源开关，最后按下插线板的电源按钮，断开电源。

实训二　查看计算机硬件组成及连接

微课视频
查看计算机硬件
组成及连接

【实训要求】

打开计算机的机箱查看其内部结构，分辨计算机的硬件，了解线路的连接。

【实训思路】

本实训的内容主要包括拆卸连线、打开机箱和查看硬件，操作思路如图1-47所示。

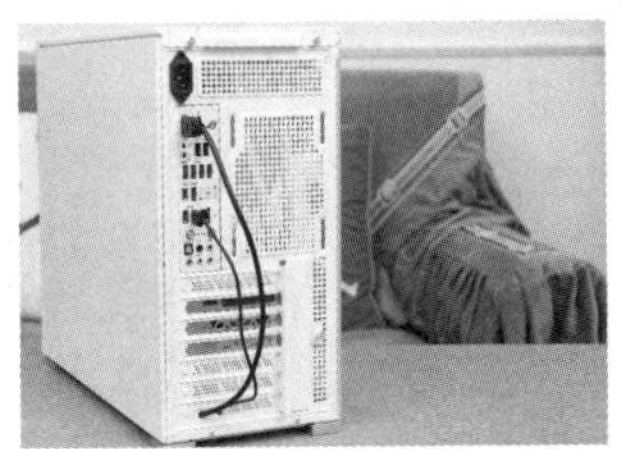

图1-47　查看计算机硬件组成及连接的操作思路

【步骤提示】

（1）关闭主机电源开关，拔出机箱电源线插头，将显示器的电源线拔出。

（2）先将显示器数据线插头两侧的螺钉固定把手拧松，再将数据线插头向外拔出。

（3）将鼠标连接线插头从机箱后的接口上拔出，并使用同样的方法将键盘连接线插头拔出。

（4）如果计算机连接了使用USB接口的设备，如打印机、摄像头、扫描仪等，也需拔出其USB连接线。

（5）将音箱的音频连接线从机箱后的音频输出插孔上拔出；如果连接到了网络，还需要将网线插头拔出，完成计算机外部连接的拆卸工作。

（6）用十字螺丝刀拧下机箱的固定螺钉（或松开快拆卡扣），取下机箱盖。

（7）观察机箱内部的各种硬件以及它们的连接情况。在机箱内部的上方，靠近后侧的是主机电源，其通过后面的4颗螺钉固定在机箱上。主机电源分出的电源线分别连接到各个硬件的电源接口。

（8）在主机电源对面通常安装的是硬盘，通过数据线与主板连接，通过电源线与电源连接。

（9）机箱内部最大的一个硬件是主板，从外观上看，主板是一块方形的电路板，上面有CPU、显卡、固态盘和内存等计算机硬件，以及主机电源线和机箱面板按钮连线等。

课后练习

（1）切断计算机电源，将计算机的机箱盖打开，了解CPU、显卡、内存、硬盘、主机电源等设备的安装位置，观察其中各种线路的连接规律，最后将机箱盖重新安装到机箱上。

（2）启动计算机，通过“开始”菜单了解计算机中安装的应用软件有哪些。试着单击其中的某个软件，观察打开窗口的结构。

（3）列举出计算机的主要硬件，并简述其功能。

（4）在图1-48中指出各个计算机硬件的名称。

图 1-48　计算机硬件

技能提升

1. 了解计算机的发展史

计算机发展到现在不过70多年的时间，但其发展速度非常惊人，下面简单介绍计算机的发展历史，以及未来计算机的发展方向。

- 第一台通用电子计算机称为“ENIAC”，是1946年2月14日由美国宾夕法尼亚大学研制成功的。第一代计算机以电子管作为基本电子元件，用磁鼓作为主存储器，因此这一时期称为“电子管时代”。这一代的计算机体积大，耗电量大，价格昂贵，运行速度较慢，并且可靠性较差，只应用于科研和军事等少数几个领域。

- 1954年，美国贝尔实验室研发出了世界上第一台晶体管计算机，晶体管代替电子管成为计算机的基本电子元件，因此该时期称为计算机的“晶体管时代”。晶体管计算机的功耗、体积、重量都大大降低，且运算速度、性能得到提高。
- 1962年，美国空军和得克萨斯仪器公司共同研制出了第一台由中小规模集成电路组成的计算机，集成电路正式代替晶体管成为计算机的基本电子元件，这个时期称为“集成电路时代”。这一代的计算机采用集成度较高、功能较强的中小规模集成电路，体积减小，功耗进一步降低，运算速度更快，可靠性也有显著提高，价格进一步下降，产品走向通用化、系统化、标准化。
- 1970年以后，随着科学技术的飞速发展，各种先进的生产技术广泛应用于计算机制造，这使电子元器件的集成度进一步提高。计算机开始使用大规模和超大规模集成电路，这使得计算机的体积减小，功耗和价格进一步降低，微型计算机诞生，为计算机的普及以及网络化创造了条件。现在日常使用的所有计算机都属于微型计算机。
- 未来计算机主要以微型化、网络化、智能化和巨型化为发展方向。另外，量子计算机和光计算机也是未来计算机的发展方向。

2. 国产计算机及硬件的主流品牌

以下为国产计算机及硬件的主流品牌。

- **台式机：**联想、神舟、清华同方、海尔、雷霆世纪和七彩虹等。
- **CPU：**龙芯、兆芯、飞腾、海光、鲲鹏、申威等。
- **主板：**七彩虹、昂达、梅捷等。
- **内存：**金百达、金泰克、联想、影驰和光威等。
- **显卡：**七彩虹、影驰、索泰、铭瑄等。
- **固态盘：**致钛、金泰克、影驰、台电、七彩虹、铭瑄和光威等。
- **显示器：**创维、TCL、惠科（HKC）、长虹、熊猫和AOC等。
- **鼠标：**联想、双飞燕、多彩、新贵和紫光电子等。
- **键盘：**ikbc、达尔优、双飞燕、小米、新贵、富勒、多彩和力胜等。

3. DIY

DIY是Do It Yourself的缩写，又译为“自己动手做”，DIY原本是一个名词短语，往往用作形容词，意指“自助的”。组装计算机是每一个喜欢计算机的人都希望学会的一项技能，通常也把组装计算机的过程称为DIY，DIY可以说是从组装计算机开始的，逐渐形成了DIY精神。在DIY的概念形成之后，渐渐兴起了许多与其相关的周边产业，越来越多的人开始思考如何让DIY融入生活。DIY计算机可以为用户省去一些费用，并帮助用户进一步了解计算机的组成，使其真正认识并深入了解计算机。

4. 主机电源开关上的两个符号

现在大部分计算机都有电源开关，只有打开电源开关才能为主机供电。开关上的“○”表示关闭，“｜”表示打开。

AI加油站

人工智能与计算机的关系

人工智能（Artificial Intelligence，AI）与计算机的关系是技术演进中的共生共荣史，两者的相互促进构成了现代信息革命的核心脉络。从真空管到量子位，计算机的每次迭代都为AI解锁新的可能奠定了基础，而AI的进化又持续突破计算机的设计边界，这种螺旋上升关系推动着智能计算时代的到来。

（1）硬件奠基阶段（1940—1970年）

计算机的诞生为AI提供了物理载体。早期计算机每秒5000次运算的能力，支撑了图灵测试（1950年）的提出和符号主义AI的探索。存储技术的突破（从磁芯存储器到半导体）使得麦卡锡创造表处理程序（List Processor，LISP）（1958年）成为可能，奠定了AI编程基础。

（2）算力突破阶段（1980—1990年）

个人计算机的普及使算力资源变得更容易获取，不再局限于少数人或机构，同时，以AI医疗诊断系统为代表的计算机AI专家系统开始在实际应用中发挥作用。在之后的1997 年，IBM公司的AI计算机深蓝凭借每秒2亿次的强大计算能力，在国际象棋领域实现AI首次战胜人类冠军，这一里程碑事件有力地印证了算力在AI发展进程中的决定性作用。与此同时，在摩尔定律的持续有效推动下，计算机硬件性能不断提升，为神经网络的复苏悄然埋下了伏笔。

（3）数据驱动阶段（2000—2010年）

互联网的蓬勃发展催生了大数据时代，面对海量数据的处理需求，计算机集群和分布式计算技术（如MapReduce框架）提供了有效的解决方案。与此同时，一种专门为加速图形渲染和处理设计的电子芯片图形处理器（Graphics Processing Unit，GPU）凭借其强大的并行计算能力，为深度学习算法提供了充足的算力支持。这一技术突破在2012年得到验证：AlexNet模型在ImageNet图像识别竞赛中，将错误率大幅降低了10个百分点，标志着AI进入了一个全新的发展阶段。

（4）架构革新阶段（2010年至今）

2016年，以TPU为代表的专用AI芯片诞生，打破了传统计算机芯片的冯·诺依曼架构限制。这类专用AI芯片采用存算一体的设计，解决了传统计算机芯片在处理数据时的计算和存储分开，数据来回传输很耗时的问题。2017年，这类AI芯片被应用到计算机系统中，能够轻松将采用深度学习架构的Transformer模型的数据处理速度提升100倍。

2019年，谷歌推出了名为Sycamore的量子计算机，其数据处理芯片具有9个量子位，科学家们正试着用这种计算机来解决AI优化的难题，也为AI发展探索新的出路。因为在进行AI优化时，现有计算机通常会遇到计算量太大、效率不高这些问题。而量子计算机则可以利用量子比特的特殊性质，寻找更高效的解决办法。当然，量子计算机的应用现在还处于摸索阶段。

（5）生态重构阶段（当下与未来发展）

当下，AI 正从多方面反向重塑计算机体系，正在形成AI与计算机技术双向驱动的革新格局。

在硬件革新上，intel的Loihi神经形态芯片是个典型例子，它模仿人脑突触的运作模式，让计算机处理信息更智能。另外，采用光信号传输的光子计算技术打破了传统电子芯片的速度限制，有望显著提升计算速度。在软件创新层面，以TVM为代表的AI编译工具重新构建了软硬件协同工作的方式，优化计算机运行效率。例如，2023 年，拥有1750亿参数的GPT-4模型问世，对数据中心的算力和散热提出了极高要求。为保证设备稳定运行，数据中心需要重新构建计算机系统的生态，从传统的风冷架构转向液冷架构，以应对GPT-4运行时产生的大量热量。

项目二
选配计算机硬件

情景导入

米拉坐在办公桌前，笔记本上密密麻麻地记录着计算机的基础知识。老洪微笑着告诉米拉，计算机中的硬件就像人身体的各种器官，它们共同协作才能让计算机成功运行。例如，主板就像是人的骨架，它为其他硬件提供了支撑和连接；CPU则像是大脑，负责处理和控制各种复杂的运算和操作；而内存就像是人的短期记忆，存储着当前正在使用的信息，供CPU快速访问。在组装计算机前，需要熟悉和掌握计算机中各种硬件的外观样式、性能指标和选购技巧，这样才能确保选购到符合要求的硬件。于是，米拉又开始向老洪请教选配计算机硬件的相关知识。

学习目标

- 认识计算机中的各种硬件设备
- 了解国产计算机硬件的发展现状
- 熟悉相关硬件的性能指标
- 熟悉相关硬件的选购技巧

能力目标

- 掌握选购计算机主要硬件的方法
- 掌握分辨产品真伪的方法
- 掌握设计选购方案的方法

素养目标

- 树立“技能至上”的理念，努力提升自己的职业技能

任务一　认识和选购主板

主板的主要功能是为计算机中的其他硬件提供插槽和接口，计算机中的硬件通过主板直接或间接地组成了一个工作平台，只有通过这个平台，用户才能进行计算机的相关操作。

一、任务目标

本任务将认识主板的类型、结构和主要性能指标，了解选购主板的相关注意事项。通过本任务的学习，读者可以迅速了解并掌握选购主板的方法。

二、相关知识

从外观上看，主板是计算机中最复杂的设备，而且几乎所有的计算机硬件都通过主板连接，所以主板是机箱中最重要的一块电路板。

（一）认识主板

主板（Mainboard）也称为母板（Motherboard）或系统板（Systemboard），其外观如图2-1所示。主板上安装了计算机的主要电路系统，包括各种芯片、各种控制开关接口、各种直流电源供电接插件、各种插槽等元件，很多重要元件上面都安装了散热片。

图2-1 主板的外观

1. 类型

扫一扫
高清大图

主板的类型很多，分类方法也不同，可以按照CPU插槽、支持平台类型、控制芯片组、功能、印制电路板的工艺等进行分类。以常用主板的板型分类，主要有ATX、M-ATX、E-ATX和Mini-ITX这4种类型。

- **ATX（标准型）：** 目前主流的主板板型，也称大板或标准板。如果用量化的数据来表示，以背部I/O接口那一侧为长，另一侧为宽，那么ATX板型的尺寸为305mm×244mm。其特点是插槽较多，扩展性强。图2-2所示为一款标准的ATX板型的主板，其拥有7个扩展插槽，而所占用的槽位为8个。
- **M-ATX（紧凑型）：** ATX主板的简化版本，即常说的“小板”，特点是扩展槽较少，PCI插槽在3个或3个以下，市场占有率极高。图2-3所示为一款标准的M-ATX板型的主板。标准M-ATX板型的主板的尺寸为244mm×244mm，常见的还有244mm×185mm、226mm×211mm、23mm×205mm、244mm×211mm等。

图2-2　ATX板型的主板

图2-3　M-ATX板型的主板

- **E-ATX（加强型）：** 随着多通道内存模式的发展，一些主板需要配备3通道6个内存插槽，或配备4通道8个内存插槽，这对宽度最大为244mm的ATX板型的主板来说都很吃力，所以需要增加ATX板型主板的宽度，因此产生了加强型ATX板型——E-ATX。图2-4所示为一款标准的E-ATX板型的主板。E-ATX板型主板的长度多为305mm（甚至更长），而宽度则有多种尺寸，多用于服务器或工作站计算机。
- **Mini-ITX（迷你型）：** 这种板型依旧是基于ATX架构规范设计的，主要支持用于小空间的计算机，如用在汽车、机顶盒和网络设备中。图2-5所示为一款标准的Mini-ITX板型的主板。Mini-ITX板型的主板尺寸为170mm×170mm（在ATX架构下几乎已经做到最小），由于面积所限，其只配备了1个扩展插槽，占据两个槽位，另外，还提供了两个内存插槽，这3点是Mini-ITX板型的主板最明显的特征。Mini-ITX板型的主板最多支持双通道内存和单显卡运行。

图 2-4　E-ATX 板型的主板

图 2-5　Mini-ITX 板型的主板

2. 芯片

主板上的重要芯片包括BIOS芯片、芯片组、集成声卡芯片和集成网卡芯片、I/O监控芯片等。

- **BIOS芯片：** BIOS（Basic Input/Output System，基本输入输出系统）芯片是一块矩形的存储器，里面存有与主板搭配的基本输入输出系统程序，能够让主板识别各种硬件，还可以设置引导系统的设备和调整CPU外频等。BIOS芯片是可以写入程序的，这方便了用户更新BIOS的版本。

图2-6所示为主板上的BIOS芯片。

- **芯片组：** 芯片组（Chipset）是主板的核心组成部分，通常由南桥（Southbridge）芯片和北桥（Northbridge）芯片组成。现在大部分主板都将南北桥芯片封装到一起，形成一个芯片组，称为主芯片组。北桥芯片是主板芯片组中起主导作用的、最重要的组成部分，也称为主桥，过去主板芯片的命名通常以北桥芯片为主。北桥芯片主要负责处理CPU、内存和显卡三者间的数据交流，南桥芯片则负责硬盘等存储设备和PCI总线之间的数据流通。图2-7所示为封装的芯片组（这里拆卸了芯片组上面的散热片，图2-1中的芯片组未拆卸散热片）。

图2-6　主板上的BIOS芯片

图2-7　封装的芯片组

知识补充　　**以芯片组命名主板**

很多时候，主板也是以芯片组的名称命名的，如Z790主板就是使用Z790芯片组的主板。

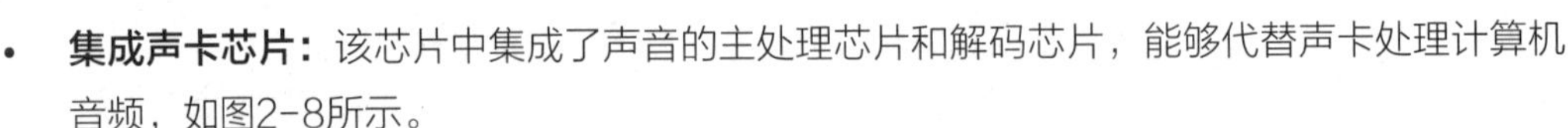

- **集成声卡芯片：** 该芯片中集成了声音的主处理芯片和解码芯片，能够代替声卡处理计算机音频，如图2-8所示。
- **集成网卡芯片：** 该芯片整合了网络功能，不占用独立网卡的PCI插槽或USB接口，具有良好的兼容性和稳定性，如图2-9所示。
- **I/O监控芯片：** I/O监控芯片的主要功能是对硬件进行监控，能够将硬件的健康状况、风扇转速、CPU核心电压等情况反映在BIOS信息中，如图2-10所示。

图2-8　集成声卡芯片

图2-9　集成网卡芯片

图2-10　I/O监控芯片

知识补充　　**纽扣电池**

纽扣电池的主要作用是在计算机关机时保持BIOS设置不丢失，当电池电力不足时，BIOS中的设置会自动还原为出厂设置。

3. 扩展槽

扩展槽是主板上用于固定扩展卡并将其连接到系统总线上的插槽。主板上常见的扩展槽主要有以下这些。

- **PCI-Express插槽：**PCI-Express（PCI-E）插槽通常可以插入显卡、网卡、硬盘扩展卡等设备，目前主板上常见的PCI-E协议大多是PCI-E4.0和PCI-E5.0，前者最大传输速率为16GT/s，后者为32GT/s。从通道宽度来看，目前PCI-E的规格包括×1、×4、×8和×16这4种。其中，×16代表16条PCI总线，PCI总线可以直接协同工作，×16代表16条PCI总线可以同时传输数据。PCI-E协议的版本越高，通道宽度越大，其总带宽也就更高。图2-11所示为主板上的PCI-E插槽，现在有些PCI-E插槽还配备了散热片，其主要功能是保护设备连接处并加快热量散发。一般来讲，可以通过主板背面的PCI-E插槽的引脚长短来判断其规格，如图2-12所示。通道宽度不同，PCI-E插槽的物理长度也不同，×8和×16通常为全长，×1和×4则相应缩短。用户应该将硬件插入对应长度的插槽中，如显卡往往插在×16插槽。

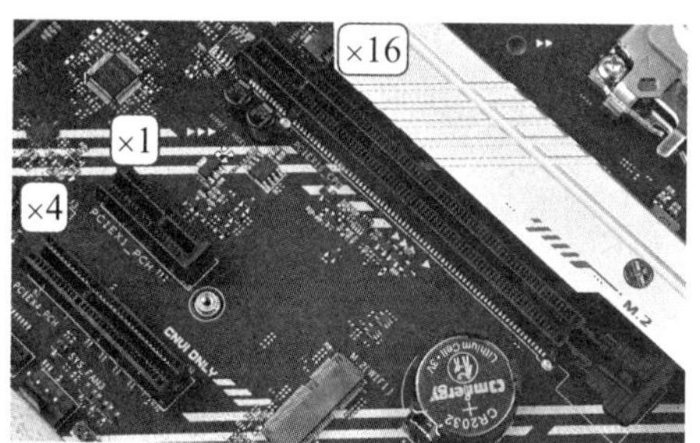

图2-11　主板上的PCI-E插槽

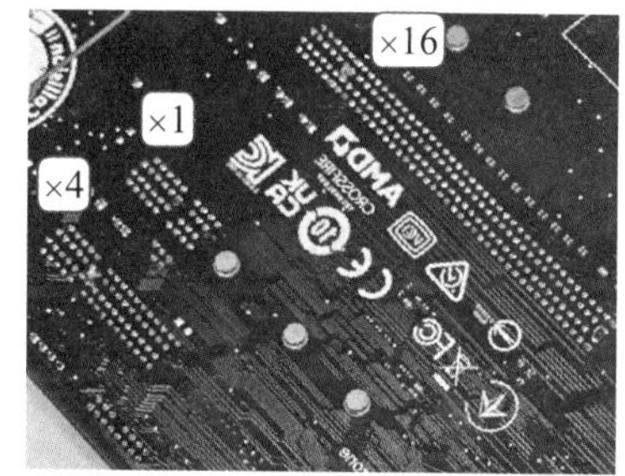

图2-12　主板背面的PCI-E插槽的引脚

- **SATA插槽：**SATA（Serial ATA）插槽又称为串行插槽，SATA以连续串行的方式传输数据，减少了插槽的针脚数目，主要用于连接硬盘和固态盘等设备，能够在计算机运行过程中进行拔插。图2-13所示为目前主流的SATA 3.0插槽，目前大多数硬盘和一些固态盘都使用这个插槽，其能够与USB设备一起通过主芯片组与CPU通信，带宽为6Gbit/s（bit代表位，折算成传输速率大约为750MB/s，B代表字节）。
- **M.2插槽（NGFF插槽）：**M.2插槽是比较热门的一种存储设备插槽，其带宽高（支持NVMe协议，运行在PCI总线上，最大传输速率与PCI-E协议相同），传输数据的速度快，且占用空间小，主要用于连接固态盘，如图2-14所示。

图2-13　SATA 3.0插槽

图2-14　M.2插槽

- **CPU插槽：** CPU插槽是专门用于安装和固定CPU的扩展槽，根据主板支持的CPU不同而有所差异，主要表现在CPU背面各电子元件的布局不同。CPU插槽通常由固定挡板、固定杆（1~2根）和CPU插座3部分组成。在安装CPU前，需要用固定杆将固定挡板打开，将CPU放置在CPU插座上后，合上固定挡板，并用固定杆固定CPU，然后安装CPU的散热片或散热风扇。另外，CPU插槽的型号与后面介绍的CPU插槽类型相对应。例如，LGA 1700插槽的CPU需要安装在具有LGA 1700 CPU插槽的主板上。图2-15所示为Intel LGA 1700 CPU插槽处于关闭和打开的两种状态。

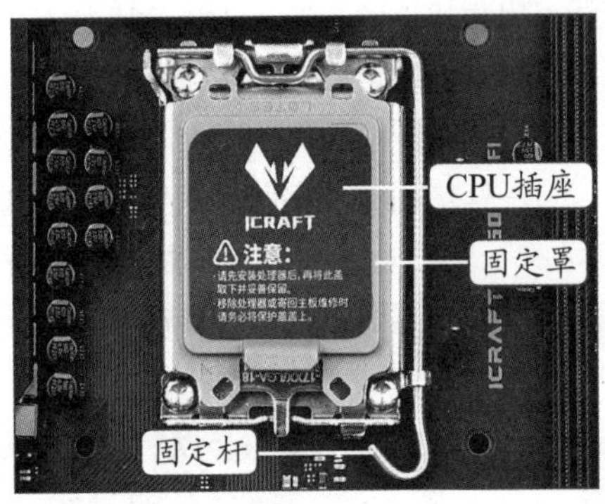

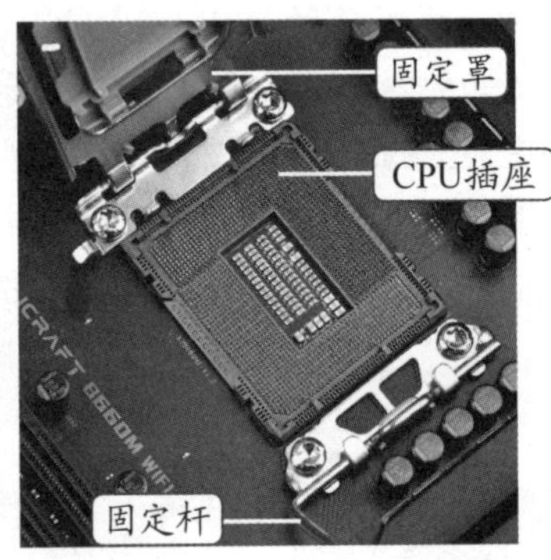

图 2-15　CPU 插槽

- **内存插槽（DIMM插槽）：** 内存插槽（见图2-16）是主板上用来安装内存的地方。主板芯片组不同，其支持的内存类型也不同，不同的内存插槽在引脚数量、额定电压和性能方面有很大的区别，其目前主要支持的协议为DDR4和DDR5。
- **主电源插槽：** 主电源插槽的功能是为主板提供电能，将电源的供电插头插入主电源插槽，即可为主板上的设备提供正常运行所需的电能。主电源插槽目前大都是通用的20+4PIN供电，通常位于主板长边，如图2-17所示。

图 2-16　内存插槽

图 2-17　主电源插槽

通过标注电压分辨内存插槽的类型

在主板的内存插槽附近通常会标注内存的工作电压，这有助于用户区分内存插槽的类型。一般来讲，1.35V 对应 DDR3L 插槽，1.5V 对应 DDR3 插槽，1.2V 对应 DDR4 插槽，1.1V 对应 DDR5 插槽。

- **辅助电源插槽：** 辅助电源插槽的功能是为CPU提供辅助电源，因此也称为CPU供电插槽。目前的CPU供电都是由8PIN插槽提供的，也可能会采用比较老的4PIN接口，这两种接口是兼容的。图2-18所示为主板上的两种辅助电源插槽。

- **CPU散热器供电插槽：**CPU散热器供电插槽的主要功能是为CPU散热风扇提供电能，有些主板只有在CPU散热风扇的供电插头插入该插槽后才允许启动计算机。一般来讲，主板上的这个插槽会被标记为CPU_FAN，如图2-19所示。为了保证供电效果，CPU散热器供电插槽通常会设置在CPU插槽附近，且可能有两个，并分别被标记为CPU_FAN1和CPU_FAN2。
- **机箱风扇供电插槽：**这种插槽的功能是为机箱上的散热风扇提供电能，通常在主板上，这种插槽会被标记为CHA_FAN或者SYS_FAN，如图2-20所示。

图 2-18　辅助电源插槽

图 2-19　CPU 散热器供电插槽

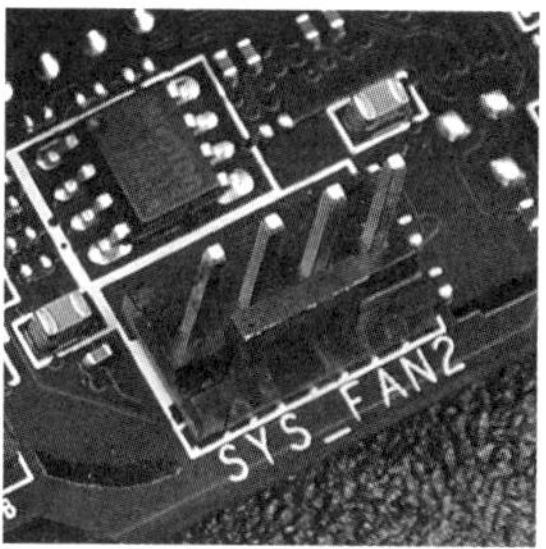

图 2-20　机箱风扇供电插槽

- **水冷供电插槽：**水冷供电插槽的主要功能是为水冷散热器的水泵提供电能，通常会设置在主板上，并被标记为CPU_PUMP、CPU_OPT、AIO_PUMP或者PUMP_FAN。图2-21所示的AIO_PUMP就是一个水冷供电插槽。另外，水冷散热器所需的电能也可以通过CPU散热器供电插槽提供。
- **USB插槽：**USB插槽的主要功能是为机箱上的USB接口提供数据连接，目前主板上常见的USB插槽主要有3.2、3.0和2.0这3种规格。USB 3.0和USB 3.2插槽共有19个针脚，左下角有一个缺针，上方中部有防呆缺口。还有一种USB 3.2 Type-C插槽，这种插槽不是针脚式，能快速给移动设备充电，如图2-22所示。USB 2.0插槽只有9个针脚，右下方的针脚缺失，如图2-23所示。

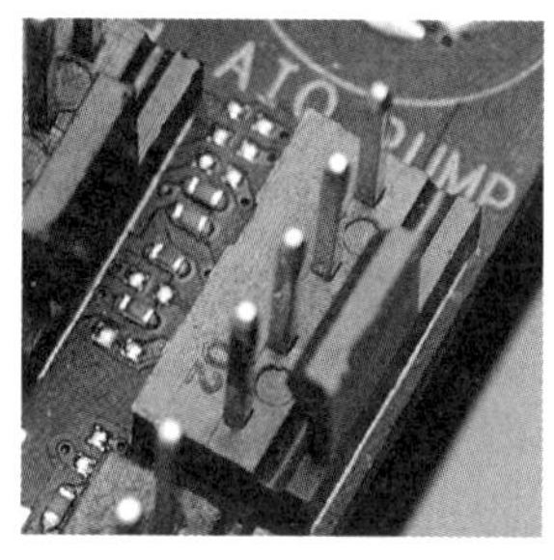

图 2-21　水冷供电插槽

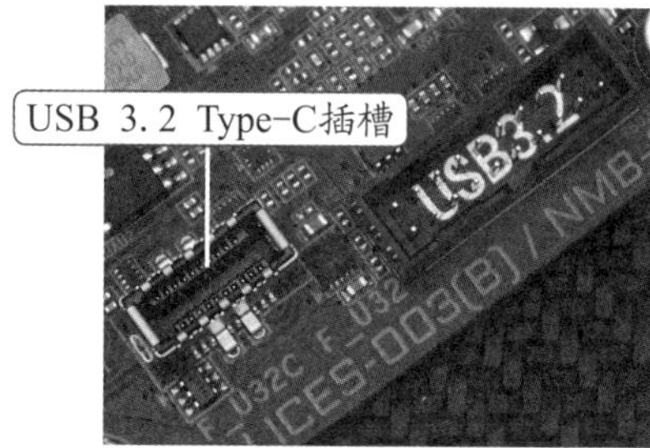

图 2-22　USB 3.2 插槽

图 2-23　USB 2.0 插槽

- **机箱前置音频插槽：**许多机箱的前面板都会有耳机和麦克风的接口，使用起来非常方便，它在主板上有对应的跳线插槽。这种插槽有9个针脚，上排右二针脚缺失，一般标记有AUD相关字样，位于主板集成声卡芯片附近，如图2-24所示。
- **主板跳线插槽：**主板跳线插槽的主要用途是为机箱面板的指示灯和按钮提供控制连接，一般是双行针脚，如图2-25所示。主板跳线插槽主要有电源开关插槽（PWR-SW，两个针脚，通常无正负之分）、复位开关插槽（RESET，两个针脚，通常无正负之分）、电源指示灯插槽（PWR-LED，两个针脚，通常为左正右负）、硬盘指示灯插槽（HDD-LED，两个针脚，通常为左正右负）、扬声器插槽（SPEAKER，4个针脚，通常为左正右负）。

知识补充　　**主板上的其他插槽**

主板上可能还有其他的插槽，如灯光供电插槽、雷电（Thunderbolt）扩展插槽等，这些插槽通常在特定的主板上出现。图2-26所示的插槽是为主板灯光提供电能的灯光供电插槽，包括1个5V的3PIN ARGB插槽和1个12V的4PIN RGB插槽。

图2-24　机箱前置音频插槽

图2-25　主板跳线插槽

图2-26　灯光供电插槽

4. 对外接口

主板的对外接口（见图2-27）也是主板非常重要的组成部分，它通常位于主板的侧面，通过对外接口可以将计算机的扩展设备和周边设备与主机连接起来。对外接口越多，可以连接的设备也就越多。

- **USB接口：**USB接口的用途非常广泛，可以连接USB键盘、鼠标、U盘、移动硬盘、声卡、网卡、耳机、音响、扩展坞等。USB协议的版本很多，常见的有2.0、3.0、3.1、3.2、4.0等，协议数字越大，最大传输速率越高。

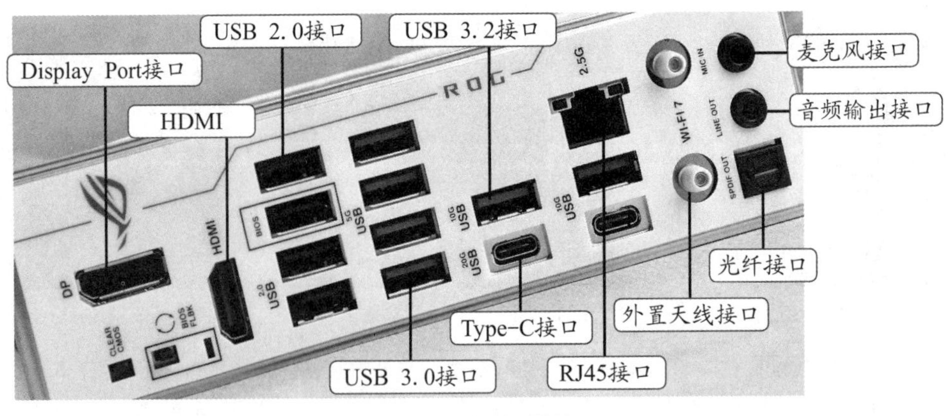

图2-27　主板的对外接口

- **显示输出接口：**主板提供的显示输出接口主要有Display Port（DP）接口和HDMI（High Definition Multimedia Interface，高清晰度多媒体接口），其作用是输出CPU中集成的显卡处理好的视频数字信号。

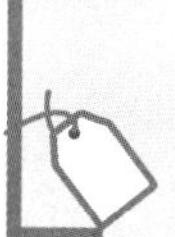

知识补充

USB接口的类型

USB接口有多种物理外形。USB Type-A接口是常见的方形接口；USB Type-B接口在家用计算机中较为少见；USB Type-C接口为椭圆形，正反都可以插入，其支持的协议版本往往较高。

- **RJ45接口：** RJ45接口也就是网络接口，俗称水晶头接口，主要用来连接网线。有的主板为了体现使用的是板载千兆网卡，会将RJ45接口设置为蓝色或红色。
- **外置天线接口：** 这种接口是专门为了连接无线天线而设计的，外置天线接口在连接好无线天线后，可以通过主板预装的无线模块支持Wi-Fi和蓝牙。
- **光纤接口：** 光纤接口是光纤输出端口，通常标记为SPDIF OUT，可以将音频信号以光信号的形式传输到声卡等设备中。
- **麦克风接口：** 麦克风接口用于音频输入，通常标记为MIC IN。
- **音频输出接口：** 音频输出接口是音箱或耳机接口，通常为浅绿色，并标记为LINE OUT。

知识补充

其他对外接口和对外按钮

有些主板的对外接口还保留有双色PS/2接口（键盘为紫色接口，鼠标为绿色接口），标记有键鼠Logo的是键鼠两用接口。有些主板还会将对外按钮与对外接口配置在一起，例如，CLEAR CMOS按钮（将CMOS存储器中的设置还原为出厂设置）和BIOS Flash Back按钮（用于更新BIOS程序）等。

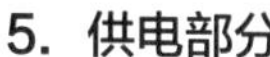

5. 供电部分

主板的供电部分主要是指CPU的供电部分，是整块主板中最为重要的供电单元。供电部分通常位于离CPU最近的地方，由电容、电感和控制芯片等元件组成，如图2-28所示。为了保证系统稳定工作，通常会为供电部分安装散热片。

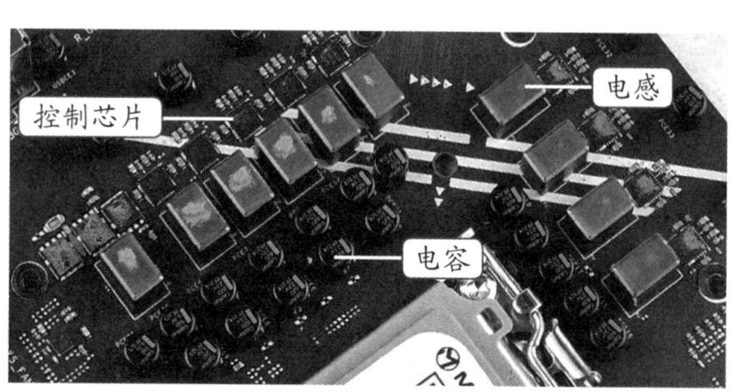

图2-28　供电部分

（二）主要性能指标

选购主板时需要认真查看主板的性能指标，主要有以下5个方面。

1. 芯片

主板芯片是衡量主板性能的主要指标之一，包含以下4个方面的内容。

- **芯片厂商：** 主要有Intel和AMD。
- **芯片组结构：** 通常都是南北桥合一的芯片组。
- **芯片组型号：** 不同型号的芯片组性能不同，价格也不同，目前芯片组的主要型号如图2-29所示。

intel （Z790 Z690 Z590 Z490 Z390 Z370 B760 B660 B560 B460 B365 B360 H610 H510 H410 H370 H310 Intel其他）

AMD （X670 X570 X470 X399 X370 B650 B550 B450 B350 A520 A620 A320 AMD其他

图 2-29 目前芯片组的主要型号

- **集成芯片：** 主板可以集成声卡和网卡等芯片。

2. 对CPU的支持

CPU越好，计算机的性能就越好，但CPU的性能也受到主板的限制，这主要体现在以下3个方面。

- **CPU平台：** 主要有Intel、AMD和龙芯。
- **CPU插槽：** CPU插槽决定了主板能安装的CPU。
- **CPU供电：** CPU的性能与其功耗呈正相关，只有在主板能够保证CPU的供电充足且稳定的情况下，CPU才能发挥出正常的性能，否则将会降频运行甚至直接死机。

3. 内存规格

内存规格也是影响主板的主要性能指标之一，包括以下4个方面。

- **最大内存容量：** 主板支持的内存容量越大，能够安装的内存就越大。
- **内存类型：** 现在的内存类型主要有DDR4和DDR5两种，绝大部分主板只能支持其中一种。
- **内存插槽：** 插槽越多，可以安装的内存越多。
- **内存通道：** 通道技术其实是一种内存控制和管理技术，理论上能够使两个同等规格的内存提供的带宽增加一倍，目前主要有双通道、三通道和四通道3种模式。

4. 扩展插槽

扩展插槽的数量也会影响主板的性能，包括以下两方面。

- **PCI-E插槽：** 插槽越多，支持的协议版本越高，通道宽度越大，能够安装的硬件就越多，传输速度也就越快。
- **SATA插槽：** 插槽越多，能够安装的SATA设备越多。

5. 其他性能指标

除了以上主要性能指标外，还有以下性能指标在选购主板时也需要注意。

- **对外接口：** 对外接口越多，支持的协议版本越高，能够连接的扩展设备也就越多，传输速度越快。
- **主板板型：** 主板板型决定了安装设备的多少和机箱的大小，以及计算机升级的可能性。
- **电源管理：** 主板对电源进行管理的目的是节约电能，保证计算机正常工作，因此，具有电源管理功能的主板比普通主板性能更好。
- **BIOS性能：** 现在大多数主板的BIOS芯片都采用Flash ROM，其是否方便升级及是否具有较好的防病毒功能是主板的重要性能指标之一。
- **多显卡技术：** 多显卡技术也称为显卡交火，通俗地说，就是让两块或者多块显卡协同工作，通常需要主板芯片组、显示芯片以及驱动程序的支持。NVIDIA的多显卡技术叫作SLI，AMD的多显卡技术叫作CrossFire。

（三）选购注意事项

主板的性能好坏关系着计算机能否稳定地工作，主板在计算机中的作用相当重要，因此，选购主板时绝不能马虎，需要注意以下事项。

1. 考虑用途

选购主板时首先应考虑用途，同时注意主板的扩充性和稳定性。例如，游戏爱好者或图形图像设计人员可选择价格较高的高性能主板；如果计算机主要用于文档编辑、编程设计、上网、打字、看电影等，则可选择性价比较高的主板。

2. 鉴别真伪

现在的假冒电子产品很多，下面介绍一些鉴别主板真伪的方法。

- **查看芯片组表面的标识：**正品芯片组表面的标识清晰、整齐、印刷规范，假冒的主板一般由旧货打磨而成，字体模糊，甚至还有歪斜现象。如果芯片组上安装有散热片，则需要拆卸散热片后仔细查看。假冒的主板为了节约成本，通常不会安装散热片。
- **查看电容：**正品主板为了保证产品质量，一般采用知名品牌的同规格大容量电容；假冒主板采用的是杂牌的小容量电容器，且往往将多种品牌、规格的电容混用。
- **查看产品标识：**主板上的产品标识一般粘贴在PCI插槽上，正品主板标识印刷清晰，有厂商名称的缩写和序列号等内容；而假冒主板的产品标识印刷一般较为模糊。
- **查看布线：**正品主板上的布线都经过专门设计，一般比较均匀、美观，不会出现一个地方密集，另一个地方稀疏的情况，而假冒的主板则布线凌乱。
- **查看焊接工艺：**正品主板焊接到位，不会有虚焊或焊锡过于饱满的情况，贴片电容是机械化自动焊接的，比较整齐。假冒的主板会出现焊接不到位、贴片电容排列不整齐等情况。

3. 选购主流品牌

主板的品牌很多，按照市场认可度，通常分为以下3种类别。

- **高认可度品牌：**主要包括华硕（ASUS）、微星（MSI）等。这些品牌的特点是研发能力强、推出新品速度快、产品线齐全、高端产品质量过硬，以及市场认可度高。
- **较高认可度品牌：**主要包括七彩虹（Colorful）和铭瑄（MAXSUN）等。虽然这些品牌在某些方面略逊于高认可度品牌，但都具备相当的实力，也有各自的特色。
- **一般认可度品牌：**主要包括华擎（ASROCK）和翔升（ASL）等。其特点是有一定的制造能力，并能在保证产品稳定运行的前提下尽量降低价格。

（四）国产主板的发展现状

国产主板的发展呈现出积极的态势，并在多个方面取得了显著的进步。在市场竞争方面，以七彩虹、昂达等品牌为代表的国产主板已经崭露头角，在市场中占据一定的份额，并且保持着稳定的发展态势，而且这些品牌的主板不仅在国内市场有广泛的影响力，还在国际市场上获得了认可。此外，国产主板在定制化服务方面也表现出色。国产主板厂商可根据客户需求定制不同规格和功能的主板，以满足不同行业和应用场景的需求。这种定制化服务使得国产主板在市场上具有更强的竞争力。

未来，自主创新和掌握核心技术将成为国产化主板发展的重要趋势。同时，国产主板将更加注重环保和节能设计，以实现更低的能耗和更高的能效。此外，国产主板还将更加注重与物联网设备的连接和智能化应用，以推动制造业的智能化转型。

任务二　认识和选购CPU

CPU既是计算机的指令中枢，又是系统的最高执行单位，认识和选购CPU是组装计算机的重要环节。

一、任务目标

本任务将介绍CPU的主要功能及主要性能指标，并介绍选购CPU的方法。通过本任务的学习，读者可以全面了解CPU，并学会如何选购CPU。

二、相关知识

下面分别介绍CPU的主要功能、主要性能指标和选购注意事项等。

（一）主要功能

CPU就像人的大脑一样，是整个计算机系统的指挥中心。它的主要功能是负责执行系统指令、数据存储、逻辑运算、传输并控制输入输出操作指令。图2-30所示为AMD和Intel CPU的外观。CPU从外观上主要分为正面和背面两个部分，由于CPU的正面刻有各种产品指标，所以也称为指标面；CPU的背面主要是与主板上的CPU插槽接触的触点，所以也称为安装面。

图 2-30　AMD 和 intel CPU 的外观

- **防误插缺口：**防误插缺口是CPU边上的半圆形缺口，它的功能是防止在安装CPU时，由于方向错误造成损坏。
- **防误插标记：**防误插标记是CPU一个角上的小三角形标记，功能与防误插缺口一样，在CPU的两面通常都有防误插标记。
- **产品二维码：**CPU上的产品二维码是Datamatrix二维码，它是一种矩阵式二维条码，可以直接印刷在实体上，主要用于CPU的防伪和产品统筹。

（二）主要性能指标

CPU的性能直接反映计算机的性能，CPU的性能指标既是选择CPU的理论依据，又是深入学习计算机的关键，下面介绍CPU的主要性能指标。

1. 生产厂商

CPU的生产厂商主要有intel、AMD和龙芯。

- **intel：**intel是目前全球最大的半导体芯片制造商，从1968年成立至今已有50多年的历史，目前主要有赛扬（CELERON）、奔腾（PENTIUM）、酷睿（CORE），以及手机、平板电脑和服务器使用的至强（Xeon）等系列的CPU产品。图2-31所示的CPU的处理器号为intel CORE i5-14400，其中的intel是公司名称；CORE i5代表CPU系列；14400中的14代表该系列CPU的代别，4代表CPU的等级，00代表产品细分量。
- **AMD：**AMD成立于1969年，目前是全球第二大微处理器芯片供应商，多年来，AMD公司一直是intel公司的强劲对手。AMD目前的主要产品有速龙（Athlon），锐龙（Ryzen）3、5、7、9、Threadripper以及服务器使用的霄龙（EPYC Processor）等。图2-32所示为AMD公司生产的CPU，其处理器号为AMD Ryzen 5 7500F,其中的AMD是公司名称；Ryzen 5代表CPU系列；7代表CPU的代别，500代表CPU的等级，F是后缀，表示该CPU是无内置核显的产品。

图 2-31　intel CORE i5-14400

图 2-32　AMD Ryzen 5 7500F

- **龙芯：**龙芯是我国拥有自主知识产权的通用高性能微处理芯片生产厂商。龙芯自2001年以来，研发出了面向嵌入式、专用应用、工控、个人计算机、服务器等领域的多款CPU。目前，用于个人计算机领域的CPU产品主要有龙芯3A5000和龙芯3A6000两款，如图2-33所示。其中，龙芯3A6000是龙芯第四代微架构首款处理器，采用自主龙芯指令集（LoongArch™），基于全新研制的LA664处理器核，相比龙芯3A5000，其单核定/浮点性能分别提升60%和90%，多核定/浮点性能分别提升100%和90%。龙芯3A6000处理器 SPEC CPU 2006 Base的单线程定/浮点分值分别达到43.1/54.6分，达到国际市场主流水平。

图2-33　龙芯3A5000和龙芯3A6000 CPU

2. 频率

CPU频率是指CPU的时钟频率，简单来说，就是CPU运算时的工作频率（1s内产生的同步脉冲数）。CPU的频率代表CPU的实际运算速度，单位有Hz、kHz、MHz、GHz。理论上，CPU的频率越高，CPU的运算速度就越快，CPU的性能也就越高。CPU实际运行的频率与CPU的外频和倍频有关，其计算公式为：实际频率（主频）= 外频 × 倍频。

- **外频：**外频是指CPU与主板之间同步运行的速度，即CPU的基准频率。
- **倍频：**倍频是指CPU运行频率与系统外频之间的差距参数，也称为倍频系数。在相同的外频条件下，倍频越高，CPU的频率越高。
- **动态加速技术：**动态加速技术是一种用来提升CPU频率的智能技术，是指当启动一个程序后，处理器会自动提升到合适的频率，而原来的运行速度将会提升10%～20%，以保证程序流畅运行。具备动态加速技术的CPU会在运算过程中自动判断是否需要提升频率，提升频率可以提升单核/双核的运算能力，尤其适合那些不能充分利用多核心，必须依靠高频才能提升运算效率的软件。intel CPU的动态加速技术称为睿频（Turbo Boost），AMD CPU的动态加速技术称为精准加速频率（Pricision Boost）。现在市面上的CPU动态加速频率从4.0GHz到5.1GHz不等。

3. 内核

CPU的核心又称为内核，是CPU最重要的组成部分。CPU中心隆起部分的芯片就是核心，是由单晶硅以一定的生产工艺制造出来的，负责进行计算、接收/存储命令和处理数据，所以核心的产品规格会影响CPU的性能。8核CPU是指具有8个核心的CPU，体现CPU性能且与核心相关的指标主要有以下4个。

- **核心数量：**现在的CPU有多个核心，包括2个、3个、4个、6个、8个、10个、16个、24个、32个和64个等，64核CPU是指具有64个核心的CPU，核心数的增加归功于CPU多核心技术的发展。多核心是指基于一个半导体的一个CPU拥有多个相同功能的处理器核心，即将多个物理处理器核心整合到一个处理器芯片中。核心数量并不能决定CPU的性能，多核心CPU的性能优势主要体现在多任务的并行处理（即同一时间处理两个或多个任务的能力）上，但这个优势需要优化软件才能体现。例如，如果某软件支持多任务处理技术，双核心CPU的两个核心（假设频率都是2.0GHz）就可以在处理一个任务时同时工作，一个核心只需处理一半任务就可以完成工作，其工作效率等同于一个4.0GHz单核心CPU的工作效率。

- **线程：**线程是指CPU运行过程中程序的调度单位，使用多线程技术的单核CPU可以把工作进程中的其他部分与密集计算机的部分分开执行，从而最大限度地提高CPU运算部件的利用率。线程越多，CPU的性能越高，主流CPU的线程包括双线程、4线程、8线程、12线程、16线程、24线程和32线程等。
- **核心代号：**核心代号也可以看成CPU的产品代号，即使是同一系列的CPU，其核心代号也可能不同。例如，目前intel CPU的核心代号有Raptor Lake、Alder Lake、Rocket Lake、Cascade Lake、Comet Lake、Coffee Lake等，AMD CPU的核心代号有Zen 4、Zen 3、Zen 32、Zen+、Zen等。
- **热设计功耗：**热设计功耗（Thermal Design Power，TDP）是指CPU在满负荷（CPU利用率为理论设计的100%）时可能会达到的最高散热热量。散热器必须保证在TDP最大时，CPU的温度仍然在设计范围之内。随着多核心技术的发展，理论上，在同样的核心数量下，TDP越小，CPU性能越好。目前主流CPU的TDP值有15W、35W、45W、65W和95W等。

4. 缓存

缓存是指可进行高速数据交换的存储器，它先于内存与CPU进行数据交换，存取速度极快，所以又称为高速缓存。缓存的结构和大小对CPU运行速度的影响非常大，CPU缓存的运行频率极高，一般和处理器同频运作，工作效率远远高于系统内存和硬盘。

CPU缓存一般分为L1、L2和L3。当CPU要读取数据时，首先从L1缓存中查找，没有找到再从L2缓存中查找，若还是没有找到，则从L3缓存或内存中查找。一般来说，每级缓存的命中率大概为80%，也就是说，全部数据的80%都可以在L1缓存中找到，由此可见，L1缓存是整个CPU缓存架构中最为重要的部分。

- **L1缓存：**L1缓存也叫一级缓存，位于CPU内核的旁边，是与CPU结合最为紧密的CPU缓存，也是历史上最早出现的CPU缓存。由于提高一级缓存容量的技术难度和成本较高，且带来的性能提升不明显，性价比很低，因此一级缓存是所有缓存中容量最小的。
- **L2缓存：**L2缓存也叫二级缓存，主要用来存放计算机运行时操作系统的指令、程序数据和地址指针等。L2缓存的容量越大，系统的运行速度越快，因此intel与AMD公司都在尽最大可能地提高L2缓存的容量，并使其与CPU在相同频率下工作。
- **L3缓存：**L3缓存也叫三级缓存，分为早期的外置和现在的内置两种类型。其实际作用是进一步降低内存延迟，同时提升大数据量计算时处理器的性能。降低内存延迟和提升大数据量计算能力对运行大型场景文件很有帮助。

知识补充

L1、L2、L3 缓存的性能比较

在理论上，3 种缓存对 CPU 性能的影响力是 L1>L2>L3，但由于 L1 缓存的容量在现有技术条件下已经无法增加，因此 L2 和 L3 缓存才是提升 CPU 性能表现的关键。在 CPU 核心数不变的情况下，增加 L2 或 L3 缓存的容量能使 CPU 性能大幅度提高。选购 CPU 时，标准的高速缓存通常是指 CPU 具有的最高级缓存的容量，如某款 CPU 的高速缓存为 16MB，就是指该 CPU 的 L3 缓存容量为 16MB。

5. 集成显卡

集成显卡（也称为核芯显卡）技术是新一代的智能图形核心技术，它把显示芯片整合在智能CPU当中，依托CPU强大的运算能力和智能能效调节设计，在更低功耗下实现出色的图形处理性能。在CPU中整合显卡大大缩短了处理核心、图形核心、内存及内存控制器间数据的周转时间，有效提升了处理效能，并大幅降低了芯片组的整体功耗，还有助于缩小核心组件的尺寸。通常情况下，intel的集成显卡会在独立显卡工作时自动停止工作；在Windows 7及更高版本的操作系统中，如果安装了合适型号的AMD独立显卡，AMD的APU经过设置后，可以实现处理器显卡与独立显卡的"混合交火"（即计算机进行自动分工，"小事"让能力弱的集成显卡处理，"大事"让能力强的独立显卡处理）。目前可以根据后缀判断CPU是否具备集成显卡，intel中无后缀，以及后缀为C、R和G的CPU，AMD中后缀为G的CPU都具备集成显卡（7代锐龙无后缀型号也具备集成显卡）。

6. 插槽类型

CPU需要通过固定标准的插槽与主板连接后才能工作，经过多年的发展，CPU采用的插槽经历了引脚式、卡式、触点式、针脚式等多个阶段。目前CPU插槽以触点式和针脚式为主，主板上有相应的插槽底座。CPU插槽类型不同，其插孔数、体积、形状也不同，所以需要严格对应。

- **intel：** intel CPU插槽包括LGA 1700、LGA 1200、LGA 2066、LGA 1151等类型。图2-34所示为使用不同类型插槽的intel CPU。
- **AMD：** AMD CPU的插槽包括Socket AM5、Socket AM4、Socket AM3等类型，其中，Socket AM5是触点式。图2-35所示为使用不同类型插槽的AMD CPU。

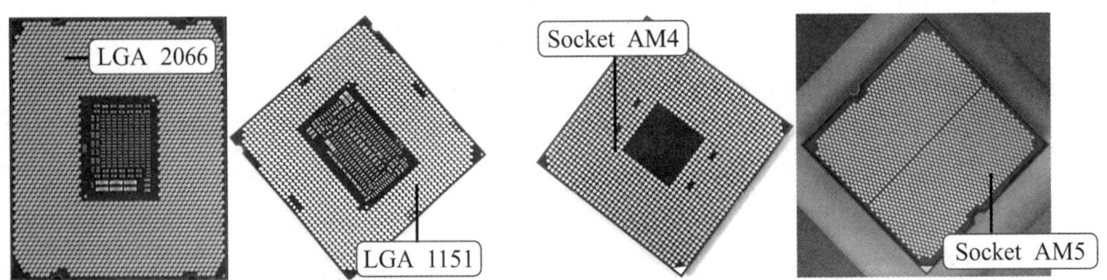

图2-34　intel CPU的不同插槽　　图2-35　AMD CPU的不同插槽

7. 内存控制器与虚拟化技术

内存控制器（Memory Controller）是计算机系统内部控制内存，以及内存与CPU之间数据交换的重要组件。虚拟化技术（Virtualization Technology，VT）是指将计算机软件环境划分为多个独立分区，每个分区均可以按照需要模拟计算机的一项技术。内存控制器和虚拟化技术都会影响CPU的性能。

- **内存控制器：** 决定了计算机系统的内存性能，包括计算机系统所能使用的最大内存容量、内存BANK数、内存类型和数据存取速度、内存颗粒数据深度和数据宽度等，可对计算机系统的整体性能产生较大影响。所以，CPU支持的内存类型也应该作为CPU的性能指标之一。
- **虚拟化技术：** 虚拟化方式有传统的纯软件虚拟化方式（无须CPU支持）和硬件辅助虚拟化方式（需要CPU支持）两种。纯软件虚拟化方式会使系统运行速度变慢，所以，在基于虚拟化技术的应用场景中，那些支持虚拟化技术的CPU相比不支持虚拟化技术的CPU，会表现出更高的效率。目前CPU产品的虚拟化技术主要有intel VT-x、intel VT和AMD VT这3种。

（三）选购注意事项

在选购CPU时，除了需要考虑CPU的性能，也需要从用途和质保等方面来综合考虑，还要识别CPU的真伪，以获得性价比高的CPU。

1. 选购原则

选购CPU时，需要考虑CPU的性能及购买用途等因素，具体选购原则如下。

（1）对计算机性能要求不高的用户，可以选择上市时间较长，或国产较新的CPU产品，如intel 10代以前的CORE i3或CORE i5系列，或者AMD的APU或速龙系列，也可以选择龙芯3A5000或龙芯3A6000。

（2）对计算机性能有一定要求的用户，可以选择主流的CPU产品，如intel的12代、13代CORE i5或CORE i7系列，或者AMD的Ryzen 5或Ryzen 5系列。

（3）游戏玩家、图形图像设计人员可以选择性能较高的主流CPU产品，如intel的13代、14代CORE i7或CORE i9系列，以及AMD的Ryzen 7系列。

（4）对计算机性能要求高的用户可以选择最先进的CPU产品，如intel的14代CORE i7或CORE i9系列、AMD的Ryzen 9系列。

2. 识别真伪

不同厂商生产的CPU的防伪设置不同，但基本类似。下面以intel生产的CPU为例，介绍验证其真伪的方法。

- **网站验证：**访问intel的产品验证网站进行验证。
- **微信验证：**在手机微信中查找“英特尔中国”，关注“英特尔中国”微信公众号，然后选择“微服务”菜单里的“盒装处理器验证”选项，手动输入CPU的产品序列号进行验证。
- **验证产品序列号：**正品CPU的产品序列号通常印在包装盒的产品标签上，该序列号应该与盒内保修卡上的序列号一致，如图2-36所示。
- **查看封口标签：**正品CPU包装盒的封口标签仅在包装盒的一侧，标签为透明色，文字为白色，颜色深且清晰，如图2-37所示。

图2-36　intel CPU的产品序列号

图2-37　intel CPU的封口标签

- **验证风扇部件号：**正品盒装CPU通常配备了散热风扇，使用风扇的激光防伪标签上的风扇部件号也能验证CPU的真伪。

- **验证产品批次号：** 正品盒装CPU的产品标签上还有产品的批次号，通常以FPO或Batch开头，CPU产品正面的标签最下面也会用激光印制编号，如果该编号与标签上印的批次号一致，则CPU是正品。
- **软件验证：** 市面上有很多用于验证CPU产品真伪的专业产品信息检测软件，如验证intel的CPU产品真伪的Intel Processor Identification Utility。使用这类软件可以确认CPU产品的基本信息以验证其真伪。

（四）国产CPU的发展现状

自2002年龙芯计划启动以来，国产CPU一直备受瞩目。如今，国内已有多家企业推出自主研发的CPU产品。以龙芯目前新推出的龙芯3A6000CPU为例，其性能与intel和AMD新推出的CPU仍然有较大的差距。面对巨大的差距，国产CPU制造商应该更加注重基础研究和技术创新。同时需要加强与操作系统、软件等上下游产业链的合作，以构建更加完善的生态系统。国产CPU的发展之路漫长且充满挑战，但只要我们坚持不懈，勇于创新，相信总有一天，我们能够在这场马拉松中取得优异的成绩。

任务三 认识和选购内存

内存（Memory）又称为主存或内存储器，用于暂时存放CPU的运算数据，以及CPU与硬盘等外部存储器交换的数据，内存的大小是决定计算机运行速度的重要因素之一。

一、任务目标

本任务将认识内存的结构与类型，了解内存的主要性能指标和选购内存的注意事项。通过本任务的学习，读者可以全面了解内存，并学会如何选购内存。

二、相关知识

下面介绍内存的结构、类型、性能指标、选购注意事项等。

（一）认识内存

认识内存需要先了解内存的外观结构和主要类型。

1. 结构

内存主要由芯片、散热片、金手指、卡槽和缺口等部分组成，下面以目前主流的DDR5内存为例进行介绍，如图2-38所示。

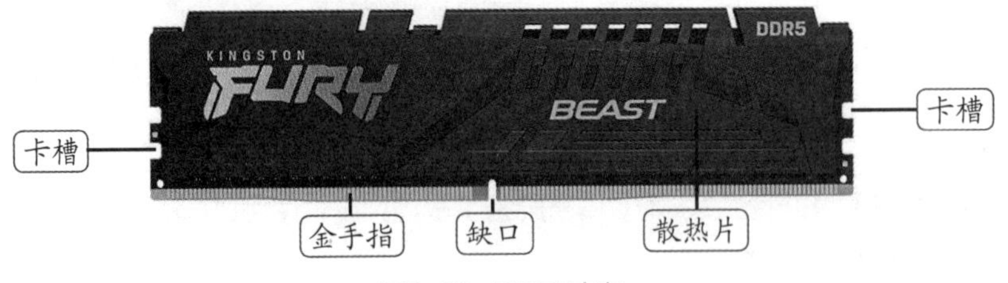

图2-38 DDR5内存

- **芯片和散热片：**芯片（闪存颗粒）用来临时存储数据，是内存最重要的部件；散热片安装在芯片外面，用来降低内存的工作温度，提高其工作性能，如图2-39所示。
- **金手指：**连接内存与主板的“桥梁”，目前很多DDR5内存的金手指采用曲线设计，接触更稳定，拔插更方便。从图2-40可以看出，DDR5内存的金手指中间部分比两边要宽一些，呈现出曲线形状。
- **卡槽：**与主板上内存插槽上的塑料夹角相配合，用于将内存固定在内存插槽中。
- **缺口：**与内存插槽中的防凸起设计配对，用于防止内存插反。

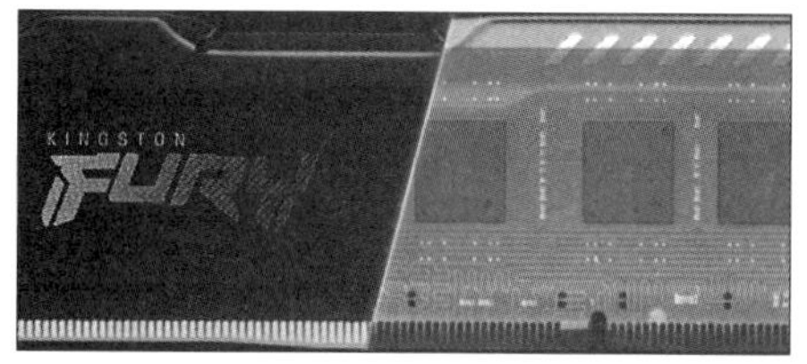

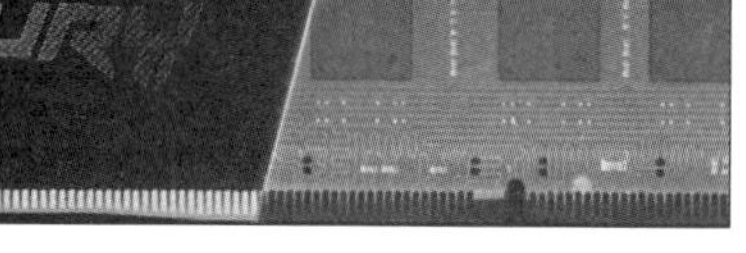

图2-39　内存的芯片和散热片

图2-40　内存的金手指

2. 类型

DDR的全称是DDR SDRAM（Double Data Rate SDRAM，双倍速率SDRAM），也就是双倍速率同步动态随机存储器。DDR内存是目前主流的计算机存储器，现在市面上的DDR内存按其支持的协议版本主要分为DDR3、DDR4和DDR5这3种类型。

- **DDR3内存：**DDR3内存（见图2-41）采用0.08μm制造工艺制造，其核心工作电压从DDR2的1.8V降至1.5V，据相关数据统计，DDR3比DDR2节省30%的功耗。
- **DDR4内存：**DDR4内存（见图2-42）采用16bit预读取机制（DDR3为8bit），在同样的内核频率下，DDR4内存的理论存取速度是DDR3的2倍；有更可靠的传输规范，数据可靠性进一步提升；工作电压降为1.2V，更节能。

图2-41　DDR3内存

图2-42　DDR4内存

- **DDR5内存：**DDR5内存是目前新一代的内存类型，于2020年发布，2021年上市。相比于DDR4内存，DDR5内存的最低基础频率提高到4800MHz，单片容量超过16GB，同时工作电压降低到1.1V，无论是性能还是能效都得到了较大的提升。

（二）主要性能指标

在选购内存前，需要深入了解内存的各种性能指标。下面介绍内存的主要性能指标。

1. 基本参数

内存的基本参数主要包括内存的协议版本、容量和频率。

- **协议版本：**内存的协议版本越高，性能越高，目前主流的内存协议版本是DDR5。
- **容量：**容量是选购内存时优先考虑的性能指标，因为它表示内存存储数据的多少，通常以GB为单位。单个内存容量越大越好。目前市面上主流的内存容量分为单个（容量为2GB、4GB、8GB、16GB、32GB）和套装（容量为2×2GB、2×4GB、4×4GB、2×8GB、4×8GB、2×16GB、4×16GB、2×32GB）两种。

知识补充 **内存套装**

内存套装是指由同一型号的两个或多个内存组成的套装产品。内存套装的价格通常不会比分别买两个内存的价格高太多，但组成的系统却比两个单内存组成的系统稳定许多，所以在很长一段时间内，内存套装广受商业用户和有超频需求用户的青睐。

- **频率：**频率是指内存的主频，也可以称为工作频率，用来表示内存的数据存取速度，即内存所能达到的最高工作频率。内存主频越高，理论上写入和读取数据的速度越快。DDR4内存的主频有2133MHz、2400MHz、2666MHz、2800MHz、3000MHz、3200MHz、3400MHz、3600MHz和4000MHz及以上等。DDR5内存的主频都在4000MHz以上，现在主要有4800MHz、5200MHz、5600MHz、6000MHz、6600MHz、6800MHz、7200MHz等。对于某些内存，用户还可以自行超频，以提高内存频率。

2. 技术参数

内存的技术参数主要包括以下4个。

- **工作电压：**内存的工作电压是指内存正常工作所需的电压，不同类型内存的工作电压不同。DDR3内存的工作电压一般在1.5V左右，DDR4内存的工作电压一般在1.2V左右，DDR5内存的工作电压一般在1.1V左右。电压越低，消耗的电能越少，越符合目前节能减排的要求。
- **CL值：**CL（CAS Latencys）是指从读命令有效（在时钟上升沿发出）开始，到输出端可提供数据为止的这一段时间。对于普通用户来说，不必太过在意CL值，只需要了解在同等工作频率下，CL值低的内存更具有速度优势。
- **散热片：**DDR4和DDR5内存通常都带有散热片，其作用是降低内存的工作温度，提升内存的性能，改善计算机散热环境，尽可能延长内存寿命。
- **灯条：**灯条是在内存散热片里加入的LED灯，目前主流的内存灯条是RGB灯条。每隔一段距离放置一个具备RGB三原色发光功能的LED灯珠，然后通过芯片控制LED灯珠实现不同颜色的光效，如流水光、彩虹光等。具备灯条的内存的美观度会得到大幅提升。

（三）选购注意事项

在选购内存时，还需要考虑其他硬件支持并掌握识别内存真伪的方法。

1. 其他硬件支持

内存的类型很多，不同类型的主板支持不同类型的内存，因此在选购内存时，需要考虑主板支持的内存类型。另外，CPU的支持对内存也很重要，如在组建多通道内存时，一定要选购支持多通道技术的主板和CPU。

2. 识别真伪

用户在选购内存时，需要结合各种方法辨别真伪，避免购买到“水货”和“返修货”。

- **网上验证：**可以到内存官方网站验证真伪，也可以通过官方微信公众号验证内存真伪。图2-43所示为威刚内存的公众号防伪验证界面。
- **售后：**许多品牌内存都为用户提供一年包换、三年保修的售后服务，有的甚至会承诺终身保修。
- **价格：**在购买内存时，价格也非常重要，一定要货比三家，从中选择价格较便宜的内存，但当价格过于低廉时，就应注意其是否为假冒产品。
- **外观判断：**好的内存不仅做工精细，其外包装还有防静电和防震等功能，以及防伪标识。图2-44所示为金士顿内存的外部防伪标识，包括镭射防伪标签、内存ID号、产品序列号、安全辨识码和防伪二维码等。

图2-43 威刚内存的公众号防伪验证界面

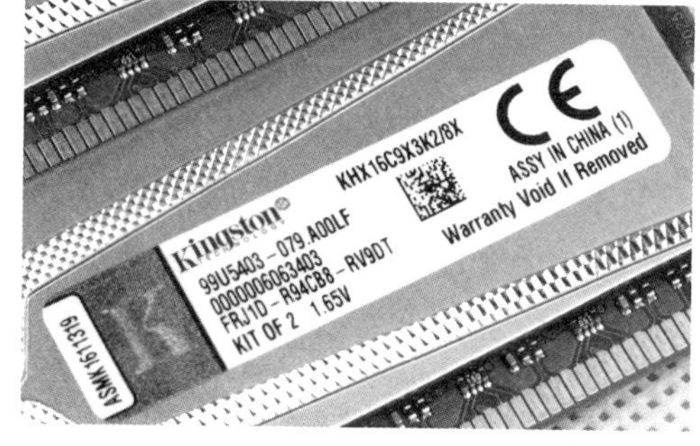

图2-44 金士顿内存的外部防伪标识

（四）国产内存的发展现状

当前，国内市场的主流内存品牌，如紫光、兆易创新和长江存储等，正通过不懈的自主研发和生产，逐步打破国际品牌在内存市场的长期垄断。这些国产内存品牌在技术创新上取得了显著的进步，不仅增强了国产内存在市场上的竞争力，还为国内半导体产业的蓬勃发展注入了新的动力。然而，国产内存仍然面临着激烈竞争和诸多挑战。一方面，国际品牌在技术、产品质量以及市场份额上占据较大优势，对国产内存构成了不小的压力。另一方面，内存市场技术更新换代的速度极快，要求企业不断投入研发资金以保持其竞争力，这对资金和技术实力相对有限的国产内存品牌而言无疑是一大挑战。然而，展望未来，随着国家持续出台对半导体产业的扶持政策以及市场需求的不断增长，国产内存有望在技术和市场上实现更大的突破。同时，面对国际竞争的压力，国产内存将进一步加强自主创新，并寻求国际合作，以提升其核心竞争力。

任务四 认识和选购硬盘

硬盘是计算机硬件系统中最重要的数据存储设备，具有存储空间大、数据传输速度较快、安全系数较高等优点，因此计算机运行必需的操作系统、应用程序、大量的数据等都保存在硬盘中。为了与固态盘、移动硬盘等数据存储设备进行区分，也将硬盘称为机械硬盘。

一、任务目标

本任务将认识硬盘的外部结构与内部结构，了解其主要性能指标及选购硬盘的注意事项。通过本任务的学习，读者可以全面了解硬盘，并学会如何选购硬盘。

扫一扫

高清大图

二、相关知识

下面介绍硬盘的外部结构、内部结构、性能指标和选购注意事项。

（一）认识硬盘

硬盘主要由盘片、磁头、传动臂、主轴电机和外部接口5个部分组成，硬盘的外形是一个长方体的盒子，分为内外两个部分。

1．外部结构

硬盘的外部结构较简单，其正面一般是一张记录了硬盘相关信息的铭牌，如图2-45所示。背面是控制硬盘工作的电路板，如图2-46所示。后侧是硬盘的电源线接口和数据线接口，硬盘的电源线接口和数据线接口都是L形，通常长一点的是电源线接口，短一点的是数据线接口，如图2-47所示。数据线接口通过SATA数据线与主板SATA插槽连接。

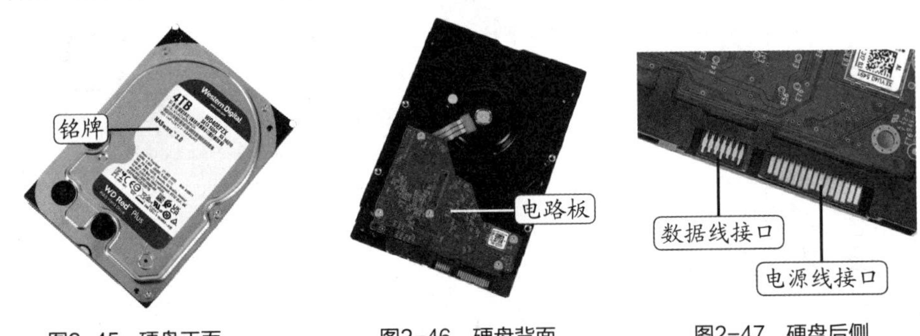

图2-45　硬盘正面　　图2-46　硬盘背面　　图2-47　硬盘后侧

2．内部结构

硬盘的内部结构比较复杂，主要由主轴电机、盘片、磁头和传动臂等部件组成，如图2-48所示。在硬盘中通常将磁性物质附着在盘片上，并将盘片安装在主轴电机上。另外，硬盘盘片的上下两面各有一个磁头，磁头与盘片有极其微小的间距。当硬盘开始工作时，主轴电机将带动盘片一起转动，盘片表面的磁头将在电路和传动臂的控制下移动，并将指定位置的数据读取出来，或将数据写入指定的位置。

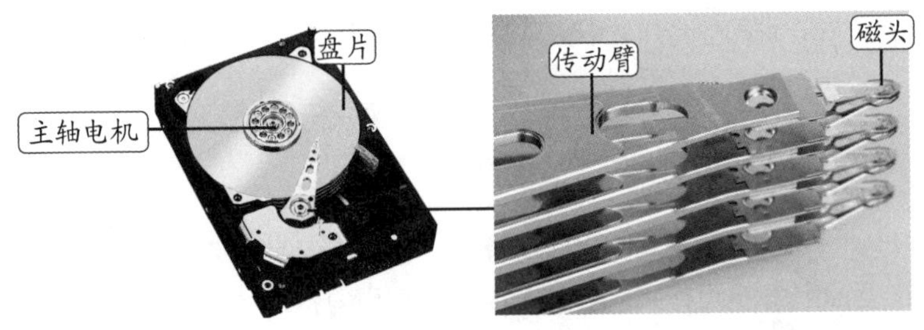

图 2-48　硬盘的内部结构

（二）主要性能指标

只有了解硬盘的各种性能指标，才能对硬盘有较深刻的认识，从而选购到满意的产品。

1. 容量

容量是硬盘的主要性能指标之一，包括总容量、单碟容量、盘片数3项参数。

- **总容量：**总容量用于表示硬盘能够存储多少数据，通常以GB和TB为单位。目前主流的硬盘容量从320GB到30TB不等，其中，1TB以下的硬盘多为笔记本计算机所使用。
- **单碟容量：**单碟容量是指每张硬盘盘片的容量。硬盘的盘片数是有限的，增加单碟容量可以提升硬盘的数据传输速度，其记录密度同数据传输速率成正比，因此单碟容量是硬盘最重要的性能指标，目前硬盘的单碟容量已经超过3TB。
- **盘片数：**硬盘的盘片数一般为1~10，在总容量相等的条件下，盘片数越小，硬盘的性能越好。

知识补充

硬盘的容量单位

硬盘容量单位包括字节（Byte，B）、千字节（Kilobyte，KB）、兆字节（Megabyte，MB）、吉字节（Gigabyte，GB）、太字节（Terabyte，TB）、拍字节（Petabyte，PB）、艾字节（Exabyte，EB）、泽字节（Zettabyte，ZB）和尧字节（Yottabyte，YB）等。它们之间的换算关系为1YB=1024ZB，1ZB=1024EB，1EB=1024PB，1PB=1024TB，1TB=1024GB，1GB=1024MB，1MB=1024KB，1KB=1024B。

2. 接口

目前硬盘的接口类型主要是SATA，即串行ATA。相较于古老的并行ATA，SATA接口提高了数据传输的可靠性，还具有结构简单、支持热插拔的优点。目前主要使用的是SATA 3.0接口。采用SATA 3.0协议的硬盘理论上最快读写速度为6Gbps/8bit，即768MB/s。

3. 传输速率

传输速率是衡量硬盘性能的重要指标之一，包括缓存、转速和接口速率3个参数。

- **缓存：**缓存的大小与速度直接关系到硬盘的传输速率。当硬盘存取零碎数据时，需要不断地与内存进行数据交换，如果缓存容量较大，则可以将零碎数据暂存在缓存中，减小外系统的负荷，同时提高数据的传输速率。目前主流硬盘的缓存有8MB、16MB、32MB、64MB、128MB和256MB。
- **转速：**是指硬盘内电机主轴的旋转速度，也就是硬盘盘片在一分钟内的最大转数。转速是衡量硬盘档次和决定硬盘内部传输速率的关键因素之一。硬盘的转速越快，硬盘寻找文件的速度也就越快，相对的，硬盘的传输速率也就越高。硬盘转速用每分钟多少转表示，单位为r/min（转每分钟），其值越大越好。目前主流硬盘转速有5400r/min、5900r/min、7200r/min和10000r/min 4种。
- **接口速率：**虽然目前市面上在售的硬盘均使用SATA 3.0接口，支持SATA 3.0协议，但实际使用时，其速率仍然有明显差异，较好的硬盘读取速率约为500MB/s。

（三）选购注意事项

选购硬盘时，除了各项性能指标外，还需要考虑硬盘的性价比、售后、品牌等。

- **性价比：**硬盘的性价比可通过计算每款产品的每GB的价格得到，即用产品市场价格除以产品容量，得到每GB的价格，值越低，硬盘性价比越高。
- **售后：**硬盘中保存的都是非常重要的数据，因此硬盘的售后服务特别重要。目前硬盘的质保期大多为2~3年，有的甚至长达5年。
- **品牌：**市面上生产硬盘的厂家主要有希捷、西部数据和HGST。

（四）国产硬盘的发展现状

近年来，国产硬盘已经在生产和技术研发上实现显著突破，现在已达到与进口硬盘相近的技术水平。从硬盘的制造工艺和生产线来看，国产硬盘与进口硬盘之间的差距已经相当微小。然而，进口硬盘在性能和稳定性方面依然保持着一定的领先优势。国产硬盘在磁盘转速、磁头数量和磁道密度等方面，与进口硬盘尚存在一定的差距，这些差异也在一定程度上影响了国产硬盘的整体性能表现。

不过，值得欣喜的是，国产硬盘品牌并未停止前进的步伐，它们正不断加大在硬盘研发和市场开拓上的投入，致力于提升产品质量和性能。未来，国产硬盘有望在性能和稳定性方面实现更大的突破，并逐步缩小与进口硬盘的差距。

任务五 认识和选购固态盘

固态盘是用固态电子存储芯片阵列而非盘片作为储存介质的硬盘，其在计算机中的功能与硬盘一致。NVMe M.2固态盘的读写速度远远高于硬盘，且功耗比硬盘低，比硬盘轻便，防震抗摔，所以目前使用越来越广泛。

一、任务目标

本任务将认识固态盘的外观与内部结构，了解其主要性能指标及选购固态盘的注意事项。通过本任务的学习，读者可以全面了解固态盘，并学会如何选购固态盘。

二、相关知识

下面介绍固态盘的外观、内部结构、性能指标和选购注意事项。

（一）认识固态盘

固态盘是用固态电子存储芯片阵列制成的硬盘，区别于硬盘由磁盘、磁头等机械部件构成，整个固态盘无机械装置，只由电子芯片及电路板组成。

1. 外观

目前固态盘主要有以下3种外观。

- **类硬盘式固态盘：**这种固态盘比较常见，其外面是一层保护壳，里面是安装了电子存储芯片阵列的电路板，后面是数据线接口和电源接口，与硬盘一样使用SATA接口，如图2-49所示。

- **裸电路板固态盘：** 这种固态盘由直接在电路板上集成的存储芯片、控制芯片、缓存芯片以及接口组成，使用M.2接口，如图2-50所示。有的产品会自带散热片。
- **类显卡式固态盘：** 这种固态盘的外观类似于显卡，可以使用显卡的PCI-E接口，安装方式也与显卡相同，如图2-51所示。

图2-49　类硬盘式固态盘

图2-50　裸电路板固态盘

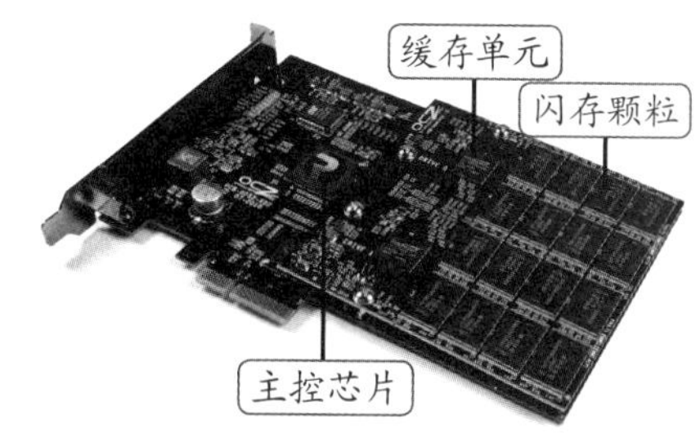

图2-51　类显卡式固态盘

2. 内部结构

固态盘的内部结构主要是指电路板上的结构，包括主控芯片、闪存颗粒和缓存单元。

- **主控芯片：** 主控芯片是固态盘的核心元件，其作用是合理调配数据在各个闪存芯片上的负荷，以及承担数据中转、连接闪存芯片和外部接口的任务。当前主流的主控芯片厂商有Marvell（俗称“马牌”）、SandForce、Silicon Motion（慧荣）、Phison（群联）、JMicron（智微）等。
- **闪存颗粒：** 在固态盘中，闪存颗粒替代硬盘的盘片成为存储单元。
- **缓存单元：** 用于缓存数据。当CPU或应用程序需要读取数据时，缓存单元会首先从闪存颗粒中读取数据，然后缓存到主控芯片中。

（二）主要性能指标

只有了解固态盘的各种性能指标，才能对固态盘有较深刻的认识，从而选购到满意的产品。

1. 闪存颗粒的构架

闪存颗粒不仅决定了固态盘的使用寿命，而且对固态盘性能的影响非常大，而决定闪存颗粒性能的就是闪存颗粒的构架。

固态盘中的闪存颗粒都是NAND闪存，因为NAND闪存具有非易失性存储的特性，即断电后仍能保存数据。当前，主流的闪存颗粒制造厂商主要有Toshiba（东芝）、Samsung（三星）、intel、Micron（美光）、SKHynix（海力士）、Sandisk（闪迪）以及我国的长江存储等。根据NAND闪存中电子单元密度的差异，将NAND闪存的构架分为SLC、MLC、TLC和QLC，这4种闪存构架在寿命以及造价上有明显的区别。

- **SLC（Single-Level Cell，单层单元）：** 每个Cell存储1个数据。写入数据时电压变化区间小，寿命长，读写次数在10万以上，造价高。
- **MLC（Multi-Level Cell，多层单元）：** 每个Cell存储1个数据，寿命长，造价适中，多用于民用中高端产品，读写次数在5000左右。
- **TLC（Triple-Level Cell，三层单元）：** TLC是MLC闪存的延伸，每个Cell存储3个

数据。TLC存储密度最高，容量是MLC的1.5倍。造价低，寿命短，读写次数为1000~2000次，是当下主流厂商首选的闪存构架。

- **QLC（Quad-Level Cell，四层单元）：** QLC出现时间很早，但一直未被关注，每个Cell存储4个数据。QLC性能差，寿命短，只能经受约1000次的读写，但是容量相较其他构架有所提升，成本也在持续降低。如果能够提升读写次数，则QLC可能成为未来主要使用的闪存构架。

2. 接口与协议

固态盘的接口类型和协议很多，包括SATA 3.0、M.2、Type-C、USB、U.2、PCI-E、SAS和PATA等，但普通家用计算机中最常用的还是SATA 3.0和M.2。

- **SATA 3.0接口：** SATA是硬盘接口的标准规范，SATA 3.0和前面介绍的硬盘接口完全一样，这种接口的最大优势是技术成熟，稳定性高。
- **M.2接口：** M.2接口的原名是NGFF接口，是用来取代以前主流的MSATA接口的。从规格尺寸和传输性能等方面来看，M.2接口比MSATA接口好很多。另外，采用M.2接口的固态盘还支持非易失性快速存储器（Non-Volatile Memory Express，NVMe）接口规范，运行在PCI-E总线上，传输速率很高。M.2 接口也支持SATA 3.0协议，因此，M.2固态盘又可分为 SATA M.2和PCIe M.2两种类型。

知识补充 **M.2 接口的 B key 和 M key**

B key和M key是指M.2是接口插槽端的两种不同设计。从外观上，从正面看，B key金手指左侧有一个缺口，M key金手指的缺口则在右侧，如图2-52所示。从性能上，采用B key的M.2接口只支持SATA或PCI-E ×2通道，而M key支持PCI-E ×4通道，传输速率远高于前者。此外，还有一种B&M key接口，在金手指的两侧各有一个缺口，兼容B key和M key，如图2-53所示。

图2-52　M key M.2接口的固态盘

图2-53　B&M key M.2接口的固态盘

- **Type-C接口和USB 3.1/3.0接口：** 使用这3种接口的固态盘都称为移动固态盘，可以通过主板外部接口中对应的接口连接计算机。
- **U.2接口：** U.2接口其实是SATA接口的衍生类型，可以看作4通道的SATA接口。使用U.2接口的固态盘支持NVMe，理论带宽可达到32Gbit/s。需要注意的是，使用这种接口的固态盘需要主板上有专用的U.2插槽。
- **PCI-E接口：** 这种接口对应主板上的PCI-E插槽，与显卡的PCI-E接口完全相同。PCI-E接口的固态盘最开始主要应用于企业级市场，因为它需要不同的主控，所以在提升性能的基础上，成本也高了不少。在目前的市场上，PCI-E接口的固态盘通常是企业或高端用户使用。图2-54所示为PCI-E接口的固态盘。

知识补充

PCI-E 接口的转接

PCI-E 接口带宽大，传输速度快，且多与 CPU 直连，能够方便地转接为其他接口，从而支持各种固态盘。图 2-55 所示为通过 PCI-E 转 M.2 接口的转接卡安装的 NVMe 固态盘，其本质是将一块 NVMe 固态盘安装在支持 NVMe 协议的 PCI-E 接口的电路板上。此外，市面上还有 U.2 转 PCI-E、SAS 转 PCI-E 等各种产品，有些转接卡还能同时安装多块固态盘。

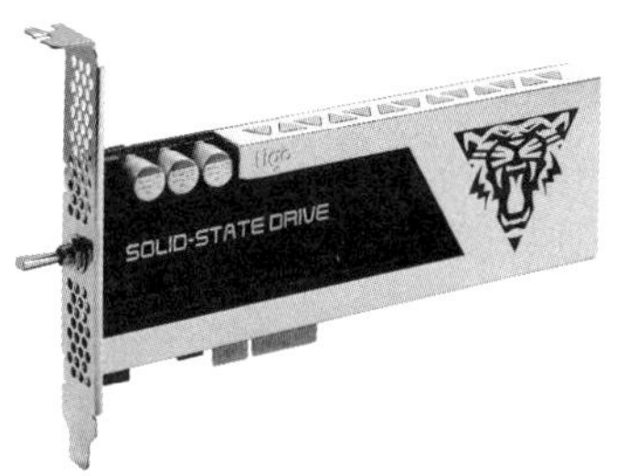

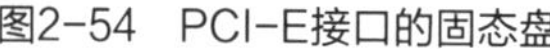
图2-54　PCI-E接口的固态盘

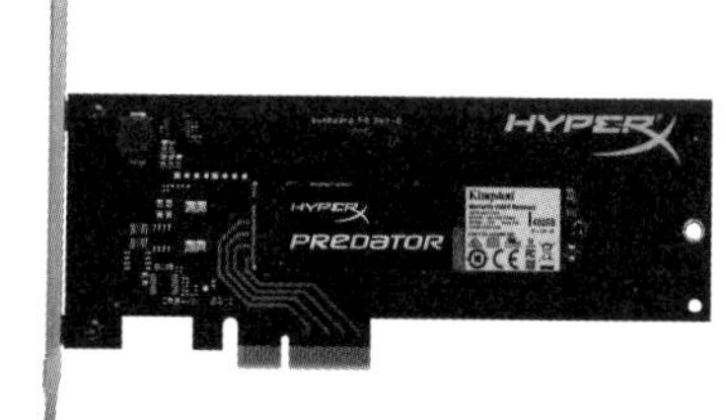

图2-55　支持NVMe协议的PCI-E接口固态盘

- **SAS接口：** SAS和SATA都是采用串行技术的数据存储接口，采用SAS接口的固态盘支持双向全双工模式，性能比SATA接口好，但价格较高。
- **PATA接口：** PATA是并行ATA硬盘接口规范，也就是通常所说的IDE接口，定位为消费类和工控类，现在已经逐步淡出主流市场。

（三）选购注意事项

固态盘通常比相同容量的硬盘贵，所以从组装计算机的成本考虑，应该尽量选择固态盘（系统盘）+硬盘（数据盘）的组合。以256GB的固态盘为例，其中，100GB左右会用于系统分区，剩下空间则用于安装软件及存储重要资料。如果还需要存储大量资料，那么可以再加一块大容量的硬盘。另外，选购时要了解固态盘的优缺点，并选择合适的接口类型。

1. 固态盘的优点

固态盘相对于硬盘的优势主要体现在以下5个方面。

- **读写速度快：** 固态盘采用闪存作为存储介质，读写速度比硬盘更快。例如，最常见的7200r/min的硬盘的平均读写速度通常为60MB/s～170MB/s，而固态盘厂商大多会宣称自家的固态盘的持续读写速度超过500MB/s。
- **防震抗摔性：** 固态盘的防震抗摔性更好。
- **低功耗：** 固态盘的功耗要低于硬盘。
- **无噪声：** 固态盘没有机械马达和风扇，工作时噪声值为0分贝，而且具有发热量小、散热快等优点。
- **轻便：** 固态盘的质量更轻，即便是类硬盘式固态盘，与硬盘相比也要轻约20～30g。

2. 固态盘的缺点

与硬盘相比，固态盘也有不足之处。

- **容量小：** 市面上的M.2固态盘最大容量目前仅为8TB，其最大容量远不及硬盘。

- **寿命短：** 固态盘闪存具有擦写次数限制的问题，而传统机械硬盘则没有此限制，其寿命主要取决于机械部件的磨损和故障率。
- **售价高：** 相同容量的固态盘的价格比硬盘高。

3. 固态盘的接口类型

选购固态盘时，还需要了解选购的主板支持固态盘的哪些接口，支持M.2接口的就选购M.2接口的固态盘，不支持M.2接口的就选购SATA等接口的固态盘。

（四）国产固态盘的发展现状

随着技术的不断进步，国产固态盘的性能已趋向稳定，并且在读写速度上有了显著的提升。此外，国内厂商在固态盘控制器、固态盘闪存以及固态盘协议的研发上也取得了重要进展，这使得国产固态盘的性能越来越出色，同时使国产固态盘具有一些独特优势。在2023年的第十三届电子信息产业标准推动会上，中国工程院院士倪光南明确指出，国产固态盘已经实现独立自主生产，可以替代国外的同类产品。

未来，国产固态盘厂商还会持续加大在自主研发方面的投入，以进一步提升固态盘的性能和稳定性，从而更好地满足不同行业和用户的多样化需求。同时，政府和行业协会会提供更多的支持和指导，为国产固态盘创造有利的发展环境，推动国产固态盘持续健康发展。

任务六 认识和选购显卡

显卡一般是一块独立的电路板，插在主板上，接收由主机发出的控制显示系统工作的指令和显示内容的数字信号，然后通过输出模拟信号或数字信号控制显示器显示各种字符和图形，它和显示器构成了计算机系统的图像显示系统。

一、任务目标

本任务将认识显卡的外观与结构，了解显卡的主要性能指标及选购显卡的注意事项。通过本任务的学习，读者可以全面了解显卡，并学会如何选购显卡。

二、相关知识

下面介绍显卡的外观、结构、主要性能指标和选购注意事项。

（一）认识显卡

从外观上看，显卡主要由散热器、显示芯片（GPU）、显存、金手指、DVI、HDMI、DP接口和外接电源接口等部分组成，如图2-56所示。

- **散热器：** 散热器是显卡的必备组件之一，用来为显卡的显示芯片散热，主要有风扇散热器和水冷散热器两种类型。
- **显示芯片：** 显卡最重要的部分，其主要作用是处理软件指令，让显卡实现特定的绘图功能，它直接决定了显卡的性能。由于显示芯片发热量巨大，因此往往会在其上面覆盖散热器进行散热。

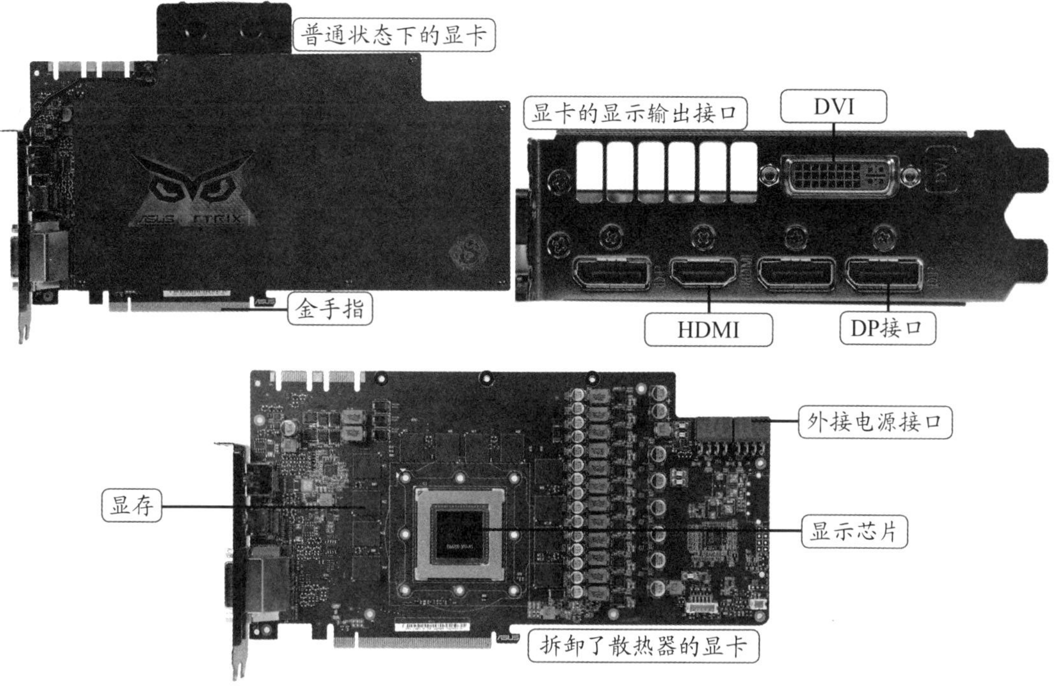

图2-56　显卡

- **显存：**显卡中用来临时存储显示数据的芯片（闪存颗粒），其容量与存取速度对显卡的整体性能有举足轻重的影响，而且将直接影响显示的分辨率和色彩位数（显存容量=显示分辨率×色彩位数/8bit）。
- **金手指：**连接显卡和主板的通道，不同结构的金手指代表不同的主板接口。目前主流的显卡金手指为PCI-E接口，其同样有通道宽度、协议规范等性能参数，如PCI-E 5.0×16，只有将其插在对应的主板插槽上才能实现最佳性能。
- **DVI（Digital Visual Interface）：**数字视频接口，它可将显卡中的数字信号直接传输到显示器，使显示出来的图像更加真实自然。
- **HDMI：**高清晰度多媒体接口，其常用协议为HDMI2.0、HDMI2.1以及HDMI2.1a，后两者可以提供高达48Gbit/s的数据传输带宽。
- **DP接口：**也是一种高清数字显示接口，是作为HDMI的竞争对手和DVI的潜在继任者被开发出来的。其常用协议为DP1.4、DP2.0以及DP2.1，2.0版本的DP接口可提供的带宽高达80Gbit/s，DP2.1版本的带宽没有增加，而是做了一些细节上的修订。

知识补充

使用 Type-C 接口输出视频信号

除了专门的视频接口，USB 接口中的 Type-C 接口同样支持 HDMI 协议与 DP 协议，因此同样能够用于输出视频信号。目前，很多显卡产品都设置了 Type-C 接口，如图 2-57 所示。

- **外接电源接口：** 显卡通常通过PCI-E接口由主板供电，但现在很多显卡的功耗都较高，需要外接电源独立供电。这时，就需要在主板上设置外接电源接口，通常是8PIN或6PIN，如图2-58所示。

图2-57　Type-C接口

图2-58　外接电源接口

（二）主要性能指标

显卡的性能主要由GPU、显存规格、散热方式和流处理器等因素决定。

1. GPU

GPU主要包括制作工艺、核心频率、芯片厂商和芯片型号4个指标。

- **制作工艺：** 用来衡量GPU的加工精度。制作工艺的改进意味着GPU体积更小、集成度更高、性能更强大、功耗更低，现在主流芯片的制造工艺为12nm、8nm、7nm、5nm和4nm，数字越小，制作工艺越精细。
- **核心频率：** 是指显示核心的工作频率，同样型号的芯片，核心频率高的性能更好。但显卡的性能由核心频率、显存、像素管线和像素填充率等多种因素决定，因此在芯片型号不同的情况下，核心频率高并不代表显卡性能好。
- **芯片厂商：** GPU的制造厂商主要有NVIDIA和AMD。
- **芯片型号：** 不同型号芯片的显卡性能是不同的，通常用数字和后缀表示显卡的具体规格和性能指标。通常第一位数字代表显卡的代数（目前，NVIDIA有4、3、2这3代，AMD有7、6、5这3代），第二位和第三位数字代表显卡在同一代产品中的位置（目前，NVIDIA有09、08、07、06和05等，AMD有95、90、80、75、70、65、60、50等）。在同一代芯片中，通常数值越大表示性能越高，例如，NVIDIA的RTX 4080>RTX 4070>RTX 4060，AMD的RX 6900 XT>RX 6800 XT>RX 6600 XT。在数字相同的情况下，就要根据后缀来判断芯片性能的高低。目前，NVIDIA芯片型号后缀性能为Ti>SUPER>无后缀，例如，RTX 4070 Ti SUPER>RTX 4070 Ti>RTX 4070 SUPER>RTX 4070；AMD不同后缀的芯片的性能为XTX>XT>无后缀，例如，RX 7900 XTX>RX 7900 XT，RX 5700 XT>RX 5700。

2. 显存规格

显存是显卡的核心部件之一，它的优劣和容量大小直接关系到显卡的性能。如果说显示芯片决定了显卡所能提供的功能和基本性能，那么，显卡性能的发挥很大程度上取决于显存，因为无论显示芯片的性能多么出众，其性能最终都要通过配套的显存来发挥。显存规格主要包括显存频率、显存容量、显存位宽、显存速度、最大分辨率和显存类型等指标。

- **显存频率：** 默认情况下，显存在显卡上工作时的频率以MHz（兆赫）为单位。显存频率在一定程度上反映了显存的速度。同样的显存类型，显存频率越高，显卡性能越好。目前市面上显卡的显存频率大多在20000MHz左右。

- **显存容量：**从理论上讲，显存容量决定了显示芯片处理的数据量，显存容量越大，显卡性能越好，目前市场上显卡的显存容量从1GB到24GB不等，甚至更高。
- **显存位宽：**通常情况下可把显存位宽理解为数据进出通道的大小，在显存频率和显存容量相同的情况下，显存位宽越大，数据的吞吐量越大，显卡的性能也就越好。目前市场上显卡的显存位宽从64bit到4096bit不等，甚至更高。
- **显存速度：**显存的时钟周期就是显存时钟脉冲的重复周期，是衡量显存速度的重要指标。显存速度越快，单位时间交换的数据量越大，在同等情况下，显卡性能也就越好。显存频率与显存时钟周期呈倒数关系（也可以说显存频率与显存速度呈倒数关系），显存时钟周期越小，显存频率越高，显存速度越快，展示出来的显卡性能也就越好。
- **最大分辨率：**最大分辨率是指显卡输出给显示器，并能在显示器上显示的像素的数量。分辨率越大，所能显示的像素就越多，能显示的细节也越多，图像也就越清晰。最大分辨率在一定程度上与显存有直接关系，因为这些像素的数据最初都要存储于显存内，因此显存容量会影响到最大分辨率。目前显卡的最大分辨率主要有2560像素×1600像素、3840像素×2160像素、4096像素×2160像素和7680像素×4320像素。
- **显存类型：**显存类型也是影响显卡性能的重要指标之一，目前市面上的显存主要有HBM和GDDR两种。GDDR显存是市场的主流类型，目前主要有GDDR4、GDDR5、GDDR5X、GDDR6和GDDR6X。HBM是一种较新的显存类型，多用于专业计算卡，其采用堆叠技术，减少了显存的体积，增加了位宽，但是显存频率目前仍不及GDDR。HBM目前主要的版本包括HBM2、HBM2E、HBM3、HBM3E，HBM3E的运行速度达到9.6 Gbit/s。

3. 散热方式

随着显卡核心的工作频率与显存工作频率的不断提升，显卡芯片和显存的发热量也在增加，因此散热方式也是显卡的重要性能指标之一。

- **主动式散热：**在散热片上安装散热风扇是显卡的主要散热方式。
- **水冷式散热：**这种散热方式的散热效果好，没有噪声，但由于散热部件较多，需要占用较大的机箱空间，因此成本较高。

4. 流处理器

流处理器（Stream Processor，SP）对显卡性能有决定性作用，可以说除了CPU外，显卡最主要的差别就在于流处理器的数量。流处理器越多，显卡的图形图像处理能力越强。NVIDIA和AMD同样级别的显卡的流处理器数量相差巨大，这是因为这两种显卡使用的流处理器种类不一样。

- **AMD：**AMD显卡使用的是超标量流处理器，其特点是浮点运算能力强大，在图形图像处理上偏重于图像的画面和画质。
- **NVIDIA：**NVIDIA显卡使用的是矢量流处理器，其特点是每个流处理器都具有完整的算术逻辑单元（Arithmetic and Logic Unit，ALU），在图形图像处理上偏重于处理速度。

（三）选购注意事项

如果对计算机的显示性能和图形处理能力有较高的要求，在选购显卡时一定要注意以下几个方面。

- **选料：**如果显卡的选料上乘、做工优良，那么显卡的性能就较好，但价格相对也较高；如果一款显卡的价格低于同档次的其他显卡，那么这块显卡的选料可能稍次。

- **PCB电路板层数：**一款性能优良的显卡，其PCB电路板层数通常较多，这样可以提高走线的灵活性，减少信号干扰。
- **布线：**为使显卡正常工作，显卡内通常密布着许多电子线路，用户可直观地看到这些线路。正规厂家生产的显卡布局清晰、整齐，各条线路间都保持比较固定的距离，各种元件也非常齐全，而低端显卡上则常会出现空白的区域。
- **包装：**通过正规渠道进货的新显卡，包装盒上的封条一般都是完整的，而且显卡上有中文的产品标记和生产厂商的名称、产品型号和规格等信息。
- **品牌：**大品牌的显卡做工精良，售后服务也好，不同定位的产品也多，方便用户选购。市场上主流的NVIDIA显卡品牌包括七彩虹、影驰、索泰、微星、华硕等，AMD显卡品牌主要有蓝宝石、XFX讯景、撼讯、华硕、微星等。
- **尺寸：**不同显卡的尺寸差异很大，如果显卡过长，可能无法与机箱兼容；如果过厚，如三槽卡（约为3个PCI-E插槽厚度的显卡），可能会挡住主板上邻近的插槽。
- **功耗：**如果选择主板供电的独立显卡，则需要考虑主板的供电能力；如果选择外接电源的显卡，则需要考虑电源的功率能否满足显卡需要。
- **类型：**一定要根据用户对显卡的需求来选择是使用核芯显卡还是独立显卡。对于入门或者办公用户，使用核芯显卡就足够了，这样可降低组装计算机的成本。而对于要进行专业的图形图像处理、视频编辑处理的用户，则需要选配独立显卡。

（四）国产显卡的发展现状

目前，NVIDIA和AMD这两个国际品牌在我国的显示芯片市场占据主导地位，相比之下，国内厂商在技术水平和品牌影响力上还有很多不足。这主要是因为国际品牌拥有更为先进的显卡研发技术和生产设备，而国内厂商在这方面起步较晚，且投入相对较少。然而，值得欣喜的是，近年来，国内厂商在显示芯片研发方面的投入正在逐渐增加，并持续推出性能出色的产品。例如，芯动科技的"风华1号"高性能4K显示芯片和摩尔线程的MTTS80，不但在性能上拉近了与主流显示芯片的距离，而且在市场上也取得了显著的成果。

展望未来，随着技术的不断进步和投资的持续增加，国产显示芯片的性能提升速度预计将加快，并有望在未来逐步与国际品牌竞争，最终实现自主可控。

任务七　认识和选购显示器

计算机的图像输出系统是由显卡和显示器组成的，显卡处理的各种图像数据最后都是通过显示器呈现在用户眼前，因此显示器的好坏会直接影响图像的显示效果和用户的使用体验。

一、任务目标

本任务将认识显示器的类型，了解显示器的主要性能指标及选购显示器的注意事项。通过本任务的学习，读者可以全面了解显示器，并学会如何选购显示器。

二、相关知识

下面介绍显示器的类型、主要性能指标和选购注意事项等。

（一）认识显示器

现在市面上的显示器大多是液晶显示屏（Liquid Crystal Display，LCD），它具有低辐射危害、屏幕较少闪烁、工作电压低、功耗低、质量轻和体积小等优点。显示器通常分为正面和背面，另外还有电源/调节按钮和各种接口，如图2-59所示。

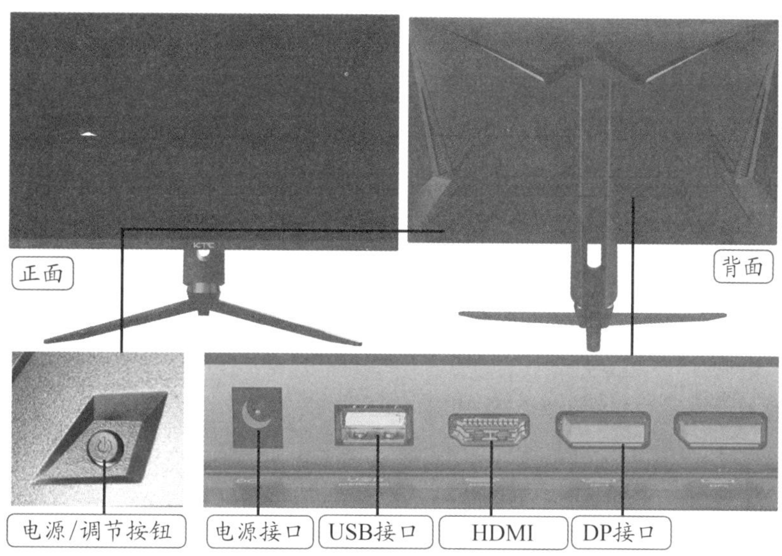

图2-59　显示器

目前市面上的LCD主要可分为LED显示器和曲面显示器两种类型。

- **LED（Light Emitting Diode，发光二极管）显示器：**LED显示器采用发光二极管。LED显示器在亮度、功耗、可视角度和刷新速率等方面都具有优势，其单个元素的反应速度是LCD的1000倍，在强光下也非常清晰，并且能适应-40℃的低温。
- **曲面显示器：**曲面显示器是指屏幕带有弧度的显示器，如图2-60所示。曲面显示器具有普通LCD具有的所有功能，曲面屏幕的弧度可以保证屏幕表面各个部分与用户眼睛的距离相等，从而为用户带来更好的视觉体验。

图2-60　曲面显示器

（二）主要性能指标

显示器的性能指标主要包括以下10项。

- **显示器尺寸：** 显示器尺寸包括20英寸（显示器对角线长度约51cm）以下、20~22英寸（51～56cm）、23~26英寸（58～66cm）、27~30英寸（69～76cm）及30英寸（约76cm）以上等。

知识补充　　**显示器分辨率**

目前市面上对显示器的分类标准并不统一，一种常用的分类标准是根据最大分辨率进行分类。例如，将分辨率达到5K标准的显示器称为5K显示器。分辨率是指显示器所能显示的像素，通常用显示器在水平和垂直方向上能够显示的最大像素数来表示。一般标清720P为1280像素 ×720像素，高清1080P为1920像素 ×1080像素，超清1440P为2560像素 ×1440像素，2K为3440像素 ×1440像素，4K为4096像素 ×2160像素，5K为5120像素 ×2880像素，6K为6016像素 ×3384像素，8K为7680像素 ×4320像素。

- **屏幕比例：** 屏幕比例是指显示器屏幕横向和纵向的比例，包括普屏4：3、宽屏16：9和16：10、超宽屏21：9和32：9。
- **面板类型：** 目前市面上主要的面板类型有IPS（In-Plane Switching，平面转换）、TN（Twisted Nematic，扭曲向列）、PLS（Plane to Line Switching，平面到线转换）、VA（Vertical Alignment，垂直取向）、OLED（Organic Light Emitting Diode，有机发光二极管）这5种。其中，IPS面板是目前显示器面板的主流类型，其优点是可视角度大、色彩真实、动态画质出色、节能环保；缺点是可能出现大面积的边缘漏光。TN面板的优点是响应时间短、辐射水平低、不易使眼睛产生疲劳感；缺点是可视角度受到一定的限制，一般不会超过160° 。PLS面板主要用在三星显示器上，其性能与IPS面板非常接近。VA面板的优点是可视角度大、黑色表现更为纯净、对比度高、色彩还原准确；缺点是功耗比较高、响应时间比较长、面板的均匀性一般、可视角度比IPS面板稍小。OLED面板的优点是更薄、更轻，且柔韧性好，比普通LED显示器更亮、可视角度更大，且易于制造；缺点是使用寿命较短，同等条件下价格更高。

知识补充　　**Mini LED与Micro LED**

Mini LED与Micro LED被认为是显示器面板的未来发展方向。Mini LED相较于传统的液晶面板，拥有更小的发光二极管，能够实现更为精密的局部背光控制，呈现更细致的画面。Micro LED相比Mini LED在像素密度、发光效率、色彩表现、响应速度等方面都展现出显著的优势。然而，Micro LED目前仍处于开发阶段，其制造成本较高，且相关技术尚未完全成熟。

- **对比度：** 对比度越高，显示器的显示效果也就越好。
- **动态对比度：** 动态对比度是指液晶显示器在某些特定情况下的对比度，其目的是保证明亮场景的亮度和昏暗场景的暗度。所以，在那些需要频繁在明亮场景和昏暗场景切换的应用

（如看电影等），高动态对比度的显示设备能够提供更加逼真、细腻的画面效果。

- **亮度：** 亮度越高，画面的层次越丰富，显示效果也就越好。亮度单位为cd/m^2，市面上主流显示器的亮度为250cd/m^2。需要注意的是，亮度太高的显示器不一定是好的显示器，因为画面过亮容易引起视觉疲劳，同时会使纯黑与纯白的对比减弱，影响色阶和灰阶的表现。
- **可视角度：** 可视角度是指站在显示器旁边时，仍可清晰看见影像的最大角度。每个人的视力有差异，但如果显示器在最大可视角度时显示的对比度越高，那么它的画面表现通常就越好。现在主流的显示器一般都能保证从正面左右两边各80°（或更宽的角度）看，画面都很清晰。
- **色域：** 色域决定了显示器能够显示的颜色范围，更高的色域覆盖率意味着屏幕可以显示更多的颜色，从而使图像更为逼真、鲜艳、细腻。
- **灰阶响应时间：** 在玩游戏或看电影时，显示器屏幕展示的内容不会只是简单地在黑与白之间切换，而是会展现出丰富多彩的颜色和深浅不一的层次变化，这些变化实际上都是屏幕在进行不同灰度级别之间的转换和过渡。灰阶响应时间短的显示器画面质量更好。目前主流显示器的灰阶响应时间一般控制在6ms以下。
- **刷新率：** 刷新率是指电子束对屏幕上的图像重复扫描的次数。刷新率越高，显示图像（画面）的稳定性就越好。只有在高分辨率下达到高刷新率的显示器才是性能优秀的显示器。显示器的刷新率有75Hz、120Hz、144Hz、165Hz、200Hz、240Hz、360Hz等。

（三）选购注意事项

在选购显示器时，除了需要注意其各种性能指标外，还应注意以下事项。

- **选购目的：** 如果是一般家庭和办公用户，建议购买LED显示器，这种显示器环保、低辐射、性价比高；如果是游戏或娱乐用户，可以考虑曲面显示器，这种显示器颜色鲜艳、显示清晰；如果是需要进行图形图像设计的用户，最好使用大屏幕、色域覆盖广且分辨率更高的显示器，这种显示器显示的图像色彩鲜艳、画面逼真。
- **检测坏点：** 坏点数是衡量LCD面板质量的一个重要标准，目前液晶面板的生产线技术还难以做到显示器完全无坏点。检测坏点时，可在显示器上显示全白或全黑的图像，在全白的图像上出现的黑点，或在全黑的图像上出现的白点，都被称为坏点，通常超过3个坏点就不能选购。
- **显示接口的匹配：** 显示接口的匹配是指显示器上的显示接口应该和显卡或主板上的显示接口至少有一个相同，这样才能通过数据线将它们连接在一起。例如，某台显示器有VGA和HDMI两种显示接口，而连接的计算机显卡上只有VGA和DVI显示接口，虽然也能够通过VGA接口连接，但显示效果没有通过DVI或HDMI连接的好。
- **选购技巧：** 在选购显示器的过程中，应该“买大不买小”，通常16：9的大尺寸显示器更具有购买价值。
- **主流品牌：** 常见的显示器主流品牌有三星、HKC、优派、AOC、飞利浦、明基、长城、戴尔、TCL、联想、航嘉、泰坦军团、创维及华硕等。

（四）国产显示器的发展现状

近年来，液晶屏幕技术经历了从传统的LCD到新兴的OLED，再到如今备受瞩目的Mini LED

的演变，这一发展浪潮正推动整个行业迈向新的变革阶段。在这一趋势下，国产显示器品牌也展现出了强大的探索和创新精神，在全球显示器行业中确立了领军地位。

首先，我国作为全球最大的LCD生产国和出口国，已经成功占据超过70%的全球市场份额。其次，我国LCD厂商不仅能够满足国内市场的旺盛需求，还能够承接来自全球各地的订单。其中，已经取得显著进步的国产OLED不仅在国内市场上获得了广泛认可，还成功吸引了国际知名品牌的关注。例如，三星、LG、京东方等厂商纷纷与国产OLED厂商建立合作关系。这充分证明了国产显示器在全球范围内处于领先地位且拥有较强的竞争力。

任务八 认识和选购机箱及电源

机箱和电源经常被商家作为套装一起销售，但也可单独购买，在选购时需要问清楚两者是不是捆绑销售。

一、任务目标

本任务将了解机箱的结构、功能、样式、类型、性能指标和选购注意事项，以及电源的结构、基本性能指标、安规认证、选购注意事项。通过本任务的学习，读者可以全面了解机箱和电源，并学会如何选购。

二、相关知识

下面介绍选购机箱和电源的相关知识。

（一）认识和选购机箱

机箱的主要作用是放置和固定各计算机硬件，并屏蔽电磁辐射。

1. 机箱的结构

从外观上看，机箱一般为矩形框架结构，主要用于为主板、内存、显卡、硬盘、固态盘、散热器、电源等部件提供安装支架。图2-61所示为机箱的外观和内部结构。

2. 机箱的功能

机箱的主要功能是为计算机的核心部件提供保护。如果没有机箱，CPU、主板、内存和显卡等部件就会裸露在空气中，这样不仅不安全，空气中的灰尘还会影响其正常工作，这些部件甚至会氧化和损坏。机箱的具体功能主要有以下4个。

- 机箱面板上有许多指示灯，可方便用户观察系统的运行情况。
- 机箱为CPU、主板、各种板卡和存储设备及电源提供了放置空间，并通过其内部的支架和螺钉将这些部件固定，形成一个集装型整体，起到了保护作用。
- 机箱坚实的外壳不但能保护其中的设备（包括防压、防冲击和防尘等），还能起到防电磁干扰和防辐射的作用。
- 机箱面板上的电源按钮可方便用户控制计算机的启动和关闭。

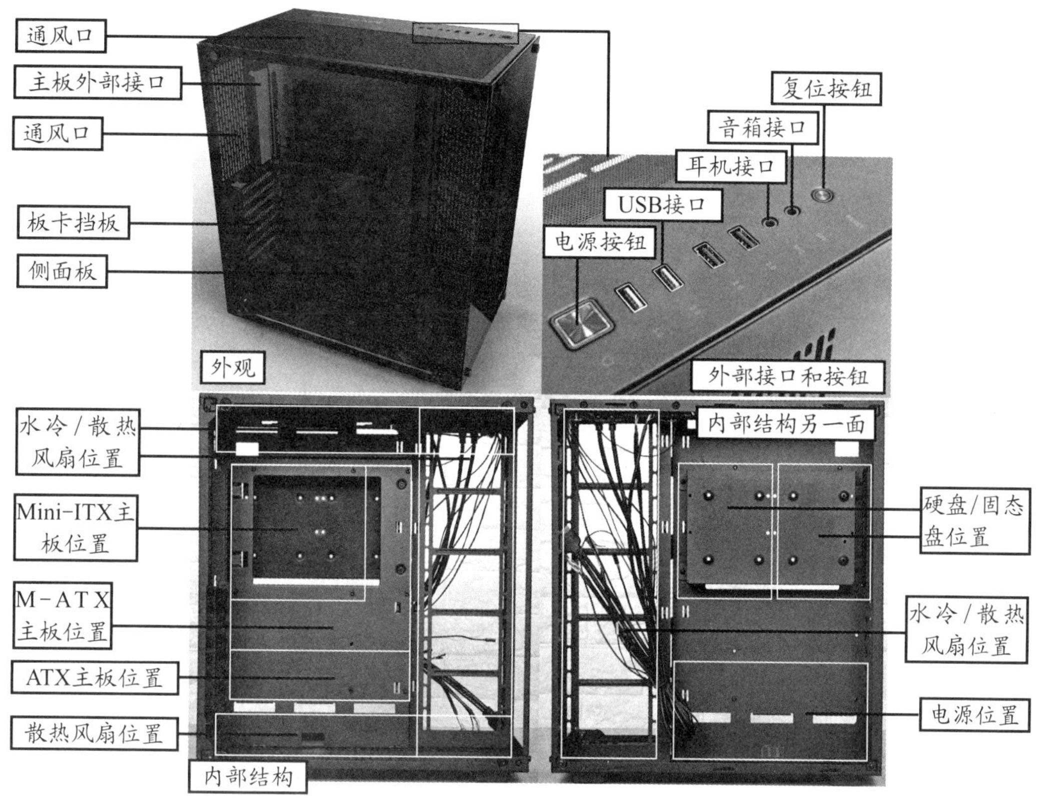

图2-61　机箱的外观和内部结构

3. 机箱的样式

机箱的样式主要有立式、卧式和立卧两用式，具体介绍如下。

- **立式机箱：**主流计算机的机箱大部分为立式，立式机箱的电源在上方或下方，其散热性比卧式机箱好。立式机箱没有高度限制，理论上可以安装更多的硬盘或固态盘，并使计算机内部设备的安装位置分布得更科学。
- **卧式机箱：**这种机箱外形小巧，整台计算机的一体感很强，占用空间相对较少。随着高清视频播放技术的发展，很多视频娱乐计算机都采用这种机箱，其外面板还设计有视频播放插口，非常时尚、美观，如图2-62所示。
- **立卧两用式机箱：**这种机箱适用于不同的放置环境，既可以像立式机箱一样具有更多的内部空间，又能像卧式机箱一样占用较少的外部空间，如图2-63所示。

图2-62　卧式机箱

图2-63　立卧两用式机箱

4. 机箱的类型

不同类型的机箱中需要安装对应类型的主板，机箱的类型如下。

- **ATX：** 在大多数ATX类型的机箱中，主板安装在机箱的左上方，并且纵向放置，电源安装在机箱的后下部，存储设备安装在前置面板上或主板背后一侧，后置面板上预留了各种外部端口的位置，这样可使机箱内的空间更加宽敞，且有利于散热。ATX机箱中通常安装ATX主板，如图2-64所示。
- **MATX：** MATX机箱也称为Mini ATX机箱或Micro ATX机箱，是ATX机箱的简化版。其主板尺寸和电源尺寸更小，生产成本也相对较低。MATX机箱体积较小，一般仅支持4个及以下的扩充槽，扩展性有限，只适合对计算机性能要求不高的用户。MATX机箱中通常安装M-ATX主板，如图2-65所示。

图2-64　ATX机箱

图2-65　MATX机箱

- **ITX：** 它代表计算机微型化的发展方向，这种类型的机箱大小相当于两块常规显卡的大小。ITX机箱的外观多种多样，但安装对应主板的空间一样。家庭影院式计算机（Home Theater Personal Computer，HTPC）通常使用ITX机箱，ITX机箱中通常安装Mini-ITX主板，如图2-66所示。
- **EATX：** EATX类型的机箱适用于高性能计算机平台或服务器平台。相对于ATX类型的机箱，EATX类型的机箱更宽，EATX机箱中通常安装E-ATX主板，如图2-67所示。

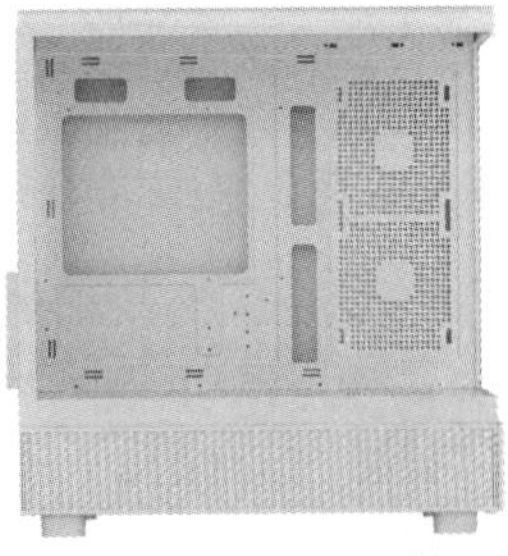

图2-66　ITX机箱

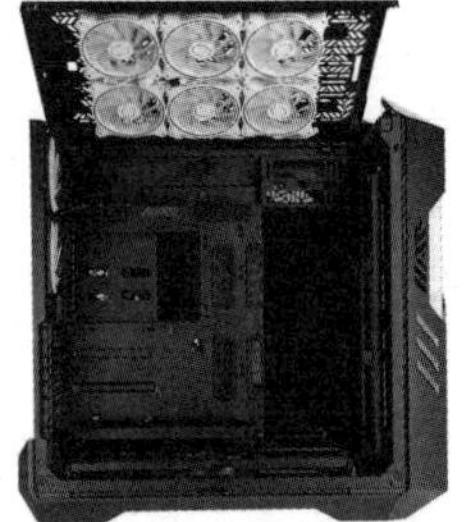

图2-67　EATX机箱

知识补充

塔式机箱

家用台式机的机箱以立式机箱为主，立式机箱也称为塔式机箱，可分为全塔、中塔、Mini和开放式4种类型。全塔机箱的空间很大（有利于散热），可以装下服务器用主板和E-ATX主板。日常生活中常见的机箱多属于中塔，支持普通ATX板型主板和E-ATX板型主板。

5. 机箱的性能指标

在选购机箱时，需要注意以下性能指标。

- **侧透板：**侧透机箱可以充分展现机箱内的硬件灯效。选购侧透机箱最重要的标准是侧透板的好坏，它直接影响机箱的质感和灯光的展示效果。目前主流的侧透机箱通常采用钢化玻璃和亚克力材质制作侧透板。从质感和透光性上看，钢化玻璃侧透机箱（见图2-68）明显优于亚克力侧透机箱，而且钢化玻璃较大的自重可以提升机箱的稳固性，让机箱不会被轻易碰倒。但是钢化玻璃侧透机箱的缺点是易碎，因为玻璃是脆性材料，所以如果不小心用尖锐的物品刺碰了机箱侧透板，就很容易造成玻璃破碎。另外一种侧透机箱采用深黑色或者茶色的亚克力材质作为侧透板，如图2-69所示。但是亚克力材质的侧透板耐磨性差，使用一段时间后可能会产生大量划痕，影响机箱的外部观感。

图2-68　钢化玻璃侧透机箱

图2-69　亚克力侧透机箱

- **电源支持：**机箱内部的电源空间有限，一些机箱支持ATX电源（标准尺寸为125mm×100mm×63.5mm），而一些较小的机箱，如ITX机箱，仅支持SFX电源（150mm×140mm×86mm），需要注意兼容性。
- **显卡限长：**机箱显卡限长也称为显卡最长支持，指的是计算机机箱显卡位的空间长度，大致是机箱硬盘支架到机箱后面挡板的距离。显卡长度不能超过硬盘支架的长度，否则会影响硬盘的各类接线。一般机箱的显卡限长在机箱参数中都有标明。目前主流机箱的显卡限长有200mm以下、200～300mm、301～400mm和400mm以上等标准。
- **CPU散热器限高：**主要用于对CPU散热器的高度进行限制。目前主流机箱的CPU散热器限高有140mm及以下、141～150mm、151～160mm、161～170mm和170mm以上等标准。
- **电源设计：**电源设计主要是指机箱中电源的位置，主要有上置和下置两种类型。通常情况下，下置电源机箱内的风道更加通畅，机箱的散热条件会有所改善，特别是安装了独立显卡的机箱，下置电源会使得显卡下方的空间变大，更容易吸入冷风，使显卡的工作更加稳定。

6. 选购机箱的注意事项

在选购机箱时，还需要考虑机箱的做工、用料，以及附加功能，并了解机箱的主流品牌。

- **做工和用料：**在做工方面首先要查看机箱的边缘是否垂直，然后查看机箱的边缘是否采用卷边设计并已经去除毛刺。好的机箱插槽定位准确，箱内还有撑杆，以防止侧面板下沉。在用料方面，首先要查看机箱的钢板材料，好的机箱通常采用的是镀锌钢板，然后查看钢板的厚度，现在的主流厚度为0.6mm，一些优质的机箱会采用0.8mm或1mm厚度的钢板。机箱的重量在某种程度上决定了其可靠性和屏蔽机箱内外部电磁辐射的能力。

- **附加功能：**为了方便用户使用耳机和U盘等设备，许多机箱都在正面的面板上设置了音频插孔和USB接口。有的机箱还在面板上添加了液晶显示器，实时显示机箱内部的温度等。用户在挑选机箱时，应根据需要尽量购买性价比更高的产品。
- **主流品牌：**主流的机箱品牌有游戏悍将、航嘉、鑫谷、爱国者、金河田、先马、长城、Tt、海盗船、酷冷至尊、安钛克、GAMEMAX、大水牛、至睿和超频三等。

（二）认识和选购电源

电源（Power）是为计算机提供动力的部件，有时与机箱一同出售，但也可单独购买。

1. 电源的结构

电源是计算机的“心脏”，它为计算机提供动力，电源不仅直接影响计算机的工作稳定程度，还与计算机的使用寿命息息相关。图2-70所示为电源的外观结构。

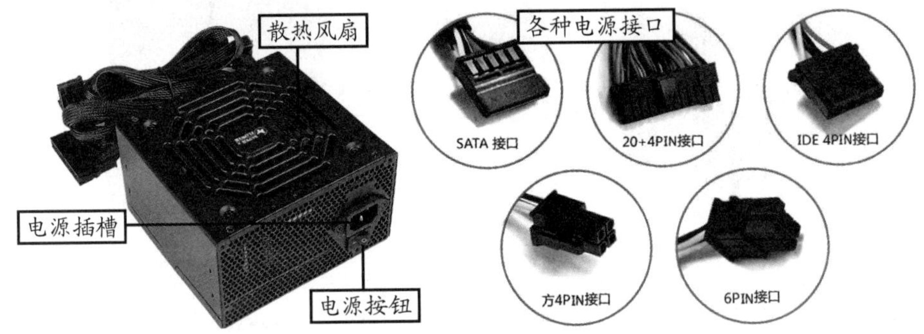

图 2-70　电源的外观结构

- **电源插槽：**电源插槽是专用的电源线连接口，通常是一个3PIN的接口。需要注意的是，电源线插入的交流插线板的接地插孔必须已经接地，否则计算机中的静电将不能有效释放，这可能导致计算机硬件被静电烧坏。

- **SATA电源插头（SATA接口）：**为硬盘提供电能的通道。比传统D形电源插头窄一些，但安装起来更加方便。
- **24针主板电源插头（20+4PIN）：**为主板提供所需电能的通道。
- **辅助电源插头：**辅助电源插头是为CPU提供电能的通道，有4PIN、6PIN和8PIN等类型，可以为CPU和显卡等硬件提供辅助电源。

2. 电源的基本性能指标

影响电源性能的基本指标包括散热风扇、额定功率、出线类型和PFC类型等。

- **散热风扇：**电源的散热方式主要是风扇散热，风扇的大小有8cm、12cm、13.5cm和14cm 4种，风扇越大且转速越高，风压越大，散热效果越好。
- **额定功率：**额定功率是指支持计算机正常工作的功率，是电源的输出功率，单位为W（瓦特）。市面上电源的功率从250W到2000W不等，计算机的配件较多，因此300W以上的电源才能满足需要。根据实际测试，计算机进行不同操作时，其实际功率不同，电源一般在50%负载下的转换效率最高。

- **出线类型：**电源目前有模组、半模组和非模组3种出线类型，其主要区别是模组所有的线缆都是以接口的形式存在，可以拔插；半模组除主板供电和CPU供电集成外，其他供电都是模组形式；非模组的所有线缆都集成在电源上。同等规格下，模组电源的用料比较“豪华”，稳定性、散热性会更好，所以模组电源也更受高要求用户的青睐。图2-71所示为模组电源的线缆插槽。
- **PFC类型：**PFC（Power Factor Correction，功率因数校正）主要用来表示电子产品对电能的利用效率。功率因数越高，说明电子产品对电能的利用效率越高。PFC类型有两种，一种是无源PFC（也称被动式PFC），优势在于电路简单、成本低、电磁干扰小；另一种是有源PFC（也称主动式PFC），电压适应范围广，功率因数高。通常额定功率为400W或更高的电源首选主动式PFC，300W或更低的电源更适合被动式PFC。图2-72所示为电源电路板及主动式PFC电感。

图2-71　模组电源的线缆插槽

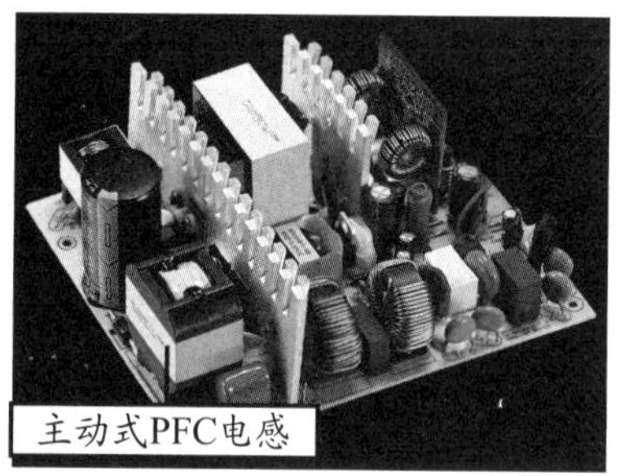

图2-72　电源电路板及主动式PFC电感

3. 电源的安规认证

安规认证包含产品安全认证、电磁兼容认证、环保认证、能源认证等，是基于保护用户与环境安全和保证产品质量的一种产品认证。能够反映电源产品质量的安规认证包括80PLUS、3C等，对应的标志通常标注在电源铭牌上，如图2-73所示。

- **80PLUS认证：**80PLUS是为改善未来环境与节省能源建立的一项严格的节能标准，通过80PLUS认证的产品出厂后会带有80PLUS的认证标识。其认证按照20%、50%和80% 3种负载下的产品效率划分等级，在这些负载下，转换效率均需要超过一定水准才能颁发认证，从低到高分为白牌、铜牌、银牌、金牌、白金牌和钛金牌6个认证标准，钛金牌等级最高，转换效率也最高，如图2-74所示。

图2-73　电源铭牌

认证标志	80 PLUS	BRONZE	80 PLUS SILVER	80 PLUS GOLD	80 PLUS PLATINUM	80 PLUS TITANIUM
标志名称	白牌	铜牌	银牌	金牌	白金牌	钛金牌
负载	转换效率					
20%	80%	82%	85%	87%	90%	92%
50%	80%	85%	88%	90%	92%	94%
100%	80%	82%	85%	87%	89%	90%

图2-74　80PLUS认证

- **3C认证：**中国强制性产品认证（China Compulsory Certification，3C认证）是为保护

消费者人身安全和国家安全，加强产品质量管理，依照法律法规实施的一种产品合格评定制度，正品电源都应该通过3C认证。

4. 选购电源的注意事项

选购电源时，还需要注意以下事项。

- **注意做工：**判断电源做工的好坏可从重量开始，一般高档电源比次等电源重；其次，优质电源使用的电源输出线一般较粗；从电源上的散热孔观察其内部的金属散热片和各种电子元件，优质的电源用料较多，这些部件排列得也较为紧密。
- **主流品牌：**主流的电源品牌有海韵、航嘉、鑫谷、先马、长城机电、Tt、安钛克、游戏悍将、超频三、海盗船、振华、酷冷至尊、华硕等。

（三）国产机箱和电源的发展现状

近年来，我国计算机机箱需求总量整体呈现增长态势。随着国产机箱在内部架构设计上的不断革新，国产机箱逐渐被计算机用户接纳。现在，国产机箱品牌的产品覆盖了从入门级到高端的多个市场定位，满足了不同用户的需求。根据ZDC互联网消费调研中心提供的数据，以航嘉、先马为代表的国产机箱品牌牢牢占据着机箱市场的领导地位。

在计算机电源市场上，国产电源不仅具有较高的效率和稳定性，还可满足用户的多种需求，有较高的认可度。

随着国产机箱和电源品牌的不断崛起，其在全球市场中的地位也将提升。国产机箱和电源已经在国际市场上崭露头角，其凭借出色的性能、合理的价格以及不断创新的设计，赢得了越来越多国外消费者的青睐。

任务九　认识和选购鼠标及键盘

鼠标和键盘是计算机的主要输入设备，虽然现在有触摸板和触摸屏，但进行文字输入等操作时，使用鼠标和键盘会更方便、快捷。

一、任务目标

本任务将了解鼠标及键盘的外观、基本性能指标和选购注意事项等。通过本任务的学习，读者可以全面了解鼠标和键盘，并学会如何选购。

二、相关知识

下面介绍选购鼠标和键盘的相关知识。

（一）认识和选购鼠标

鼠标对于计算机的重要性甚至超过键盘，因为所有的操作（包括文本输入）都可以通过鼠标进行，下面介绍鼠标的相关知识。

1. 鼠标的外观

鼠标（Mouse）是计算机的两大输入设备之一，可完成单击、双击、选择等一系列操作。图2-75所示为鼠标的外观。

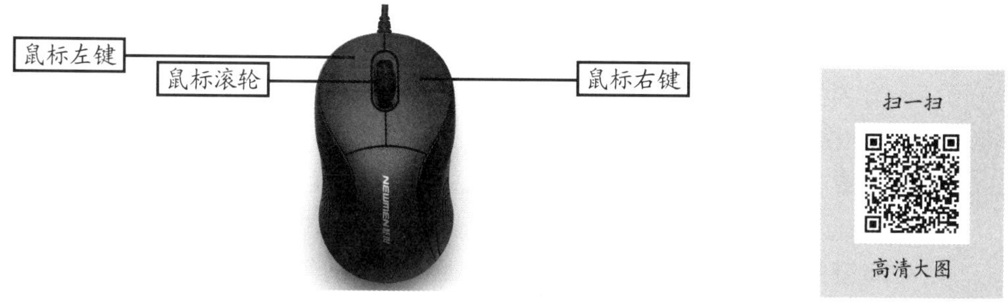

图2-75　鼠标的外观

2. 鼠标的基本性能指标

鼠标的基本性能指标如下。

- **鼠标大小：**根据鼠标长度可将鼠标划分为大鼠标（长度>120mm）、普通鼠标（长度为100~120mm）、小鼠标（长度<100mm）。
- **适用类型：**根据适用类型可将鼠标划分为经济实用类、移动便携类、商务舒适类、游戏竞技类和个性时尚类等。
- **工作方式：**有光电、激光和蓝影3种。激光鼠标和蓝影鼠标从本质上说也属于光电鼠标。光电鼠标通过红外线来检测鼠标的位移，将位移信号转换为电脉冲信号，再通过程序的处理和转换来控制屏幕上鼠标指针的移动。激光鼠标是使用激光作为定位的照明光源的鼠标，其定位更精确，但成本较高。蓝影鼠标是使用蓝影技术的鼠标，该技术通过LED发光二极管发出的蓝色光线，结合透镜汇聚和CMOS光学传感器，实现精确的定位，蓝影鼠标性能优于普通光电鼠标，但低于激光鼠标。
- **连接方式：**鼠标的连接方式主要有有线、无线和双模式（具有有线和无线两种使用模式）3种。图2-76所示为最常见的无线鼠标和无线信号接收器。

知识补充

无线鼠标和无线键盘的动力来源

无线鼠标通常是通过安装5号或7号电池来获取动力的，图2-77所示为无线鼠标底部的电池盒。无线键盘的动力来源通常也是5号或7号电池。现在也有一些无线鼠标和无线键盘使用可充电的锂电池。

图2-76　无线鼠标和无线信号接收器

图2-77　无线鼠标底部的电池盒

- **接口类型：**主要有PS/2、USB和USB+PS/2双接口3种。
- 按键数：按键数是指鼠标按键的数量，现在的按键已经从两键、三键，发展到了四键、八键乃至更多键，一般来说，按键数越多的鼠标价格越高。
- **最高分辨率：**鼠标的分辨率越高，在一定距离内的定位点越多，能更精确地捕捉到用户的微小移动，有利于精准定位。另外，dpi（Dot Per Inch，点每英寸）越高，在鼠标移动相同物理距离的情况下，计算机中鼠标指针移动的逻辑距离会越远。目前主流鼠标的分辨率都在1000dpi以上，最高可达16000dpi。
- **分辨率可调：**分辨率可调是指可以通过选择挡位来调整鼠标的灵敏度，也就是鼠标指针的移动速度，现在市面上鼠标的分辨率可调范围一般在6挡及以上。
- **微动开关的使用寿命（按键使用寿命）：**微动开关的作用是将用户按键的操作传输到计算机中，优质鼠标要求每个微动开关的正常寿命都不低于10万次单击，且手感适中，不能太软或太硬。按键不灵敏的鼠标会给操作带来诸多不便。
- **人体工学设计：**人体工学是指工具的使用方式尽量适合人体的自然形态，从而减少因适应使用工具造成的疲劳感。鼠标的人体工学设计主要是指造型设计，分为对称设计、右手设计和左手设计3种类型。

3. 选购鼠标的注意事项

在选购鼠标时，首先应考虑鼠标的手感，然后考虑鼠标的功能、性能指标和品牌等方面。

- **手感：**鼠标的外形决定了其手感，用户在购买时应亲自试用再做选择。鼠标表面的舒适度、按键的位置分布以及按键与滚轮的弹性、灵敏度和力度等都会影响鼠标的手感。对于采用人体工学设计的鼠标，还需要测试鼠标的外形是否利于把握。
- **功能：**一般的计算机用户可以选择普通的鼠标；有特殊需求的用户，如游戏玩家，可以选择按键较多的多功能鼠标。
- **主流品牌：**现在市面上主流的鼠标品牌有双飞燕、雷柏、海盗船、血手幽灵、达尔优、富勒、新贵、雷蛇、罗技、樱桃、狼蛛、明基、微软和华硕等。

知识补充　　**键鼠套装**

市面上的键鼠套装（键盘与鼠标组合销售的产品）性价比较高，且无线键鼠套装只需一个无线信号接收器就能同时使用键盘和鼠标，非常适合家庭和办公用户。

（二）认识和选购键盘

键盘是计算机的另一输入设备，主要用于输入文本和编辑程序，此外，通过快捷键、组合键能简化计算机操作，下面介绍键盘的相关知识。

1. 键盘的外观

虽然现在键盘的很多操作都可由鼠标或手写板等设备完成，但在文字输入方面使用键盘更方便、快捷。键盘的外观如图2-78所示。

图2-78　键盘的外观

2. 键盘的基本性能指标

键盘的基本性能指标如下。

- **产品定位：**根据功能、技术类型和用户需求的不同，可将键盘划分为机械键盘、平板键盘、办公键盘和数字键盘等类型。
- **连接方式：**键盘的连接方式主要有有线和无线两种。其中，无线连接方式又可分为2.4g接收器和蓝牙等。
- **接口类型：**主要有PS/2和USB两种，其连接方式都是有线。
- **按键数：**按键数是指键盘中按键的数量，标准键盘为104键，现在市场上还有68键、87键、88键、96键、98键、99键、100键、107键和108键等类型。
- **防水功能：**一旦水进入键盘内部，就可能造成键盘损坏，具有防水功能的键盘，其使用寿命比不防水的键盘更长。图2-79所示为硅胶防水键盘。
- **按键寿命：**按键寿命是指键盘中的按键可以敲击的次数，普通键盘的按键寿命一般在1000万次以上。按键的力度大、频率高，则按键寿命会缩短。
- **按键行程：**按键行程是指按下一个键到键恢复正常状态的时间。如果敲击键盘时感到按键上下起伏比较明显，说明它的按键行程较长。按键行程的长短关系到键盘的使用手感，按键行程较长的键盘会让人感到弹性十足，但使用起来比较费劲；按键行程适中的键盘则让人感到柔软舒服；按键行程较短的键盘长时间使用会让人感到疲惫。
- **背光功能：**背光功能主要体现在键盘按键或者面板发光，使用户在夜晚不开灯的情况下也能清楚地看到按键字母。其原理是采用高亮度发光二极管嵌入设计好的键盘卡槽内，当计算机接收到键盘敲击的指令时，就会通过指令控制发光二极管发光。背光功能目前主要有单光、混光和RGB等类型，图2-80所示为具有背光功能的键盘。

图2-79　硅胶防水键盘

图2-80　具有背光功能的键盘

- **掌托：**键盘掌托是为了提升键盘的使用舒适度制作出来的，目前主要有一体式掌托和可拆卸式掌托等类型，掌托材质包括实木、记忆海绵、硅胶和塑料等。图2-81所示为可拆卸式磁吸掌托键盘。

- **按键技术：** 按键技术是指键盘按键采用的工作方式，目前以机械轴和薄膜开关为主。机械轴是指键盘的每个按键都有单独的开关来控制其闭合以产生信号，这个开关就是“轴”，使用机械轴的键盘也称为机械键盘，机械轴又有黑轴、红轴、茶轴、青轴、白轴、黄轴、绿轴、光轴、橙轴、银轴和紫金轴等类型。图2-82所示为黑轴的轴体外观。薄膜键盘是由一层薄膜、一层硅胶和一块金属板组成的，按键时，薄膜随动作下压触发电路上面的电极，从而产生信号。

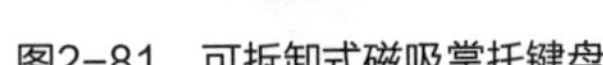
图2-81　可拆卸式磁吸掌托键盘

图2-82　黑轴的轴体外观

3. 选购键盘的注意事项

由于每个人的手形、手掌大小均不同，因此在选购键盘时，不仅需要考虑功能、外观和做工等多方面的因素，还应试用键盘，从而找到适合自己的键盘。

- **功能和外观：** 虽然键盘上按键的布局基本相同，但各个厂家在设计产品时，一般还会添加一些额外的功能，如多媒体播放按钮和音量调节键等。在外观设计上，优质的键盘布局合理、美观，并会引入人体工学设计，以提升产品使用的舒适度。
- **做工：** 优质的键盘面板颜色清爽、字迹显眼，键盘背面有产品信息和合格标签；用手敲击按键时，按键弹性适中，回键速度快且无阻碍，声音小，键位晃动幅度小；键盘表面的质感类似于磨砂玻璃，表面和边缘平整、无毛刺。
- **主流品牌：** 现在市面上主流的键盘品牌有双飞燕、雷柏、英菲克、海盗船、血手幽灵、达尔优、雷蛇、罗技、樱桃、狼蛛、新贵、微软、联想和苹果等。

（三）国产鼠标和键盘的发展现状

现阶段，鼠标和键盘市场呈现出多样化和细分化的特征，从十几元的基础款到几千元的高端款，各种价格区间的键盘和鼠标产品应有尽有。在罗技、雷蛇等国外品牌的压制下，以英菲克、雷柏、双飞燕等为代表的国产鼠标和键盘厂商持续在产品设计和技术开发上进行投资，确保其产品在性能、质量等方面建立优势，从而在市场上占据了一定的份额。随着技术的不断进步，未来的国产鼠标和键盘将更加智能和个性化，为用户提供更好的操作体验。

任务十　认识和选购扩展设备

通常所说的计算机扩展设备是指对计算机的正常工作起到辅助作用的硬件设备，如音箱、耳机、摄像头等。计算机即使不连接或不安装扩展设备，也能正常运行。

一、任务目标

本任务将了解和认识计算机常用的扩展设备，包括音箱、耳机、移动存储设备、多功能一体机、摄像头、投影仪和路由器。通过本任务的学习，读者可以全面了解这些扩展设备，并学会如何选购。

二、相关知识

下面介绍选购扩展设备的相关知识。

（一）认识和选购音箱

音箱是将音频信号进行还原并输出的工具，声卡将输出的声音信号传送到音箱后，音箱会将其还原成人耳能听见的声波。

1. 音箱的外观

普通的计算机音箱由功放和两个卫星音箱组成，如图2-83所示。

图2-83　音箱的外观

- **功放：**功放就是功率放大器，其功能是将低电压的音频信号放大，以推动音箱喇叭工作。由于计算机音箱的特殊性，因此通常也将各种接口和按钮集成在功放上。
- **卫星音箱：**卫星音箱的功能是将电信号通过机械运动转化成声能。计算机音箱通常有两个卫星音箱，分别输出左、右声道的信号。

2. 性能指标

音箱的主要性能指标如下。

- **声道数：**音箱支持的声道数是衡量音箱性能的重要指标之一，主要有单声道、2.0声道、2.1声道和5.1声道这4种类型。
- **有源无源：**有源音箱又称为主动式音箱，通常是指带有功放的音箱。无源音箱又称为被动式音箱，是指内部不带功放电路的普通音箱。有源音箱带有功率放大器，其音质通常比同价位的无源音箱好。
- **控制方式：**控制方式是指音箱的控制和调节方法，它关系到用户的使用体验。控制方式主要有3种。第一种是最常见的，分为旋钮式和按键式，这种方式也是造价最低的。第二种是通过信号线控制设备，即将音量控制和开关放在音箱信号输入线上，这种方式成本不会增加很多，但会使音箱操控起来很方便。第三种是最好的控制方式，即使用一个专用的数字控制电路来控制音箱的工作，并使用一个外置的独立线控或遥控器来操作。

- **频响范围：** 频响范围与音箱的性能和价位有直接的关系，频率响应的分贝值越小，说明音箱的频响曲线越平坦，失真越小，性能越好。从理论上讲，音箱的频响范围为20～20000Hz就足够了。
- **扬声器材质：** 低档塑料音箱因其箱体单薄、难以克服谐振，已基本“无音质可言”（也有部分设计好的塑料音箱的音质要好于劣质的木制音箱）。木制音箱降低了箱体谐振造成的音染，音质普遍好于塑料音箱。
- **扬声器尺寸：** 扬声器尺寸越大越好，因为大口径的低音扬声器能在低频部分有更好的表现。普通多媒体音箱低音扬声器的喇叭尺寸多为3～5英寸。
- **信噪比：** 信噪比是指音箱回放的正常声音信号与无信号时噪声信号（功率）的比值，单位为dB。信噪比越高，噪声越小。
- **阻抗：** 它是指扬声器输入信号的电压与电流的比值。高于16Ω的是高阻抗，低于8Ω的是低阻抗，音箱的标准阻抗是8Ω，建议不要购买低阻抗的音箱。

3. 选购注意事项

选购音箱时除了需要考虑各项性能指标外，还需要注意以下事项。

- **重量：** 选购音箱时，需要考虑其重量，质量好的音箱往往比较重（这说明它的板材、扬声器都是好材料）。
- **功放：** 功放也是音箱比较重要的组件，它通常自带各种接口，特别是网络接口或USB接口，只有具备这些接口，音箱才能直接播放来自网络或外部设备的音频。
- **防磁：** 音箱是否防磁也很重要，尤其是卫星音箱必须防磁，否则会导致显示器出现花屏的现象。
- **品牌：** 主流的音箱品牌有惠威、漫步者、飞利浦、麦博、DOSS、奋达、JBL、金河田、BOSE、索尼、慧海、三诺、华为、哈曼卡顿、山水和SONOS等。

（二）认识和选购耳机

扫一扫

高清大图

音箱和耳机都是计算机的音频输出设备，但两者的声音分享性不同，音箱可以多人共享，而耳机最多两个人分享。耳机的优点是使用户可以在不影响旁人的情况下，独自聆听声音，还可隔开周围环境的声响。

1. 类型

按照佩戴方式的不同，可以将耳机分为以下6种类型。

- **头戴式：** 这种耳机是戴在头上的，并非插入耳道内。其特点是声场好、舒适度高、不入耳、可避免擦伤耳道。头戴式耳机如图2-84所示。
- **耳塞式：** 这种耳机在使用时会密封住用户的耳道。其特点是发声单元小，声音听起来较清晰，低音强。耳塞式耳机如图2-85所示。
- **入耳式：** 这种耳机采用胶质塞头，使用时需插入耳道内，具有更好的密闭性。其特点是使用户可以在嘈杂的环境下以比较低的音量不受影响地欣赏音乐。入耳式耳机如图2-86所示。

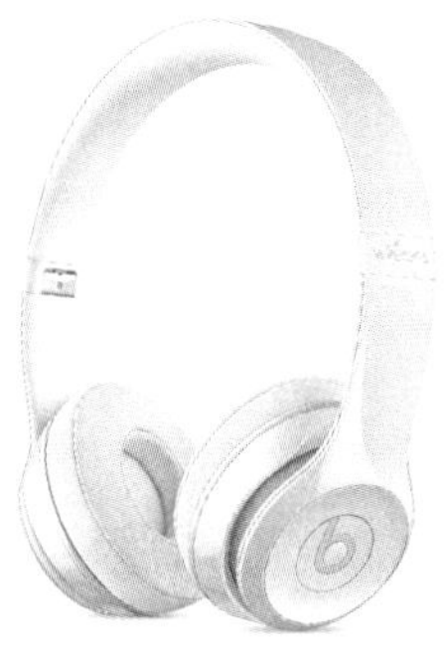

图2-84　头戴式耳机

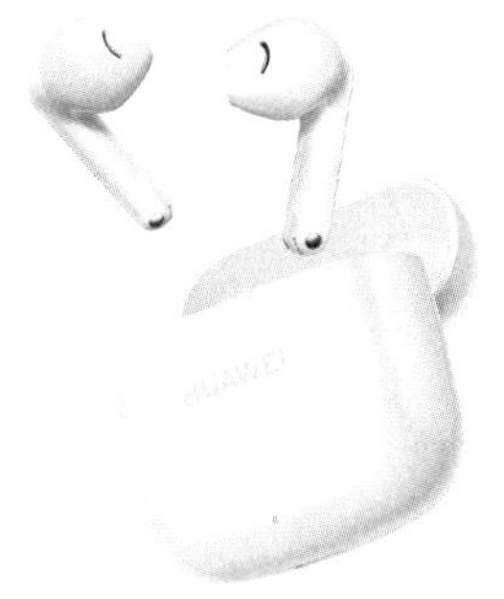

图2-85　耳塞式耳机

图2-86　入耳式耳机

- **耳挂式：**这是一种在耳机侧边添加辅助悬挂以方便用户使用的耳机，如图2-87所示。
- **后挂式：**这种耳机比较便携，适合运动中使用，但其重量和压力都集中到了耳朵上，所以个别后挂式耳机不适宜长时间佩戴，如图2-88所示。
- **不入耳式：**这种耳机能够解放耳道，不会对狭窄的耳道造成压迫。使用不入耳式耳机时用户既可以听到音乐，又可以听到周围环境的声音。不入耳式耳机如图2-89所示。

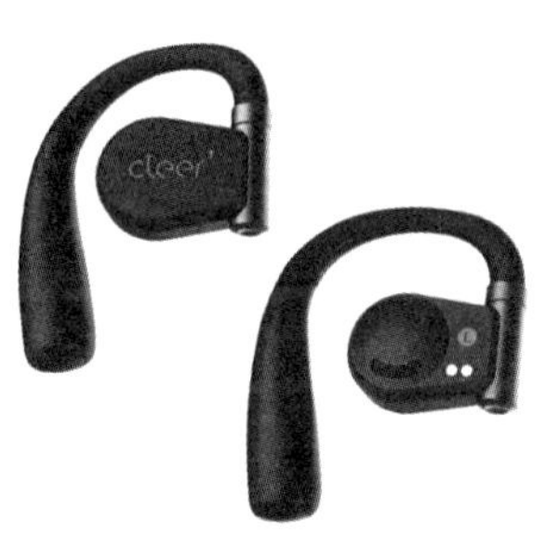

图2-87　耳挂式耳机

图2-88　后挂式耳机

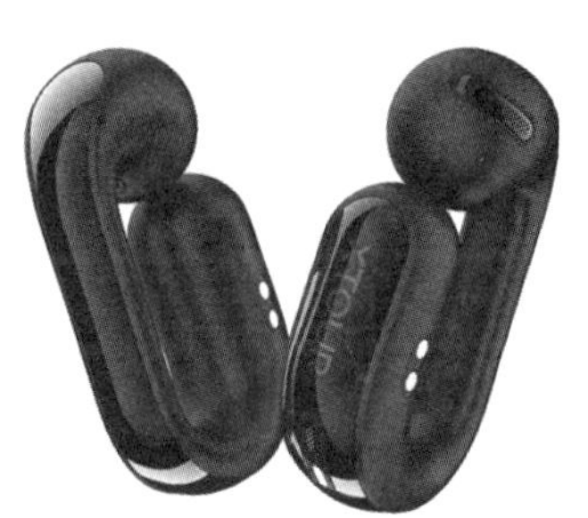

图2-89　不入耳式耳机

2. 性能指标

耳机的主要性能指标如下。

- **频响范围：**频响范围是指耳机发出声音的频率范围，在评估耳机的频响范围时，通常可以关注频率响应范围的两端数值（即最低频率和最高频率）。这些数值提供了一个大致的参考，帮助了解耳机能够发出声音的频率范围。
- **阻抗：**耳机的阻抗是交流阻抗，阻抗越小，耳机就越容易从接收到的音频信号中获取足够的功率来发出声音，同时也更容易被音源设备（如手机、播放器等）所驱动。和音箱不同，民用耳机和专业耳机的阻抗一般都在100Ω以下，有些专业耳机的阻抗在200Ω以上。
- **灵敏度：**灵敏度是指耳机的灵敏度级，单位是dB/mW。灵敏度高意味着耳机达到一定的声压级所需的功率小，对于手机常用的无线耳机，灵敏度在100dB/mW左右或更高是一个比较合适的选择范围。
- **信噪比：**和音箱一样，信噪比越高，耳机中的噪声越小。
- **蓝牙版本：**无线耳机通常采用蓝牙技术与手机、计算机等连接。目前，耳机常用的蓝牙协议规范有5.0、5.1、5.2和5.3。不同蓝牙协议规范版本的传输速度、连接距离、耗电量、音质等不同，通常版本越高性能越好。

- **防水防尘：**IPX是用来评估产品（尤其是电子设备）防止因固体和液体进入而可能造成损坏的标准化等级。水和灰尘对耳机的性能影响较大，可以使用IPX来衡量耳机的防水防尘性能。目前耳机的IPX包括4及以下、5、6和7及以上等多个等级。
- **降噪功能：**降噪包括被动降噪和主动降噪两种方式。被动降噪是指利用物理特性（物理结构或材料）将外部噪声与耳朵隔绝开，对于隔离高频率的噪声非常有效，是市面上的降噪耳机普遍采用的降噪方式。主动降噪通过降噪系统产生与外界噪声振幅相等、相位相反的声波，将噪声中和，从而实现降噪的效果。主动降噪可以很好地保护听力，但采用主动降噪技术的耳机价格相对较高，且更为耗电。

知识补充

主动降噪技术

目前耳机常用的主动降噪技术分为主动降噪（Active Noise Cancellation, ANC）、数位降噪（Digital Signal Processing, DSP）、环境降噪（Environmental Noise Cancellation, ENC）和软体通话降噪（Clear Voice Capture, CVC）4 种。如果耳机只用于听音乐，可以选择采用 ANC 和 DSP 技术的耳机；如果用于通话，则可以选择采用 CVC 或 ENC 技术的耳机。

- **发声原理：**根据发声原理可以将耳机分为动圈耳机、动铁耳机、圈铁混合耳机。动圈耳机适合喜欢自然音质的用户，动铁耳机更适合追求清晰度和便携性的用户，圈铁混合耳机的音质表现更好，灵敏度较高。

知识补充

骨传导耳机和气传导耳机

骨传导和气传导都是声音的传导方式，利用这两种方式可以制作出性能优良的无线耳机。气传导耳机的音质更加优良，骨传导耳机更适合运动人群使用。

3. 选购注意事项

选购耳机除了需要考虑各项性能指标外，还需要注意以下事项。

- **注意佩戴的舒适度：**舒适度会影响用户的实际体验。如果用户现场试戴后，发现衬垫不透气，或耳塞尺寸不符合耳道，说明这款耳机不适合自己，需要更换。
- **品牌：**主流的耳机品牌有漫步者、1MORE、飞利浦、森海塞尔、铁三角、AKG、Beats、苹果、小米、创新、魅族、雷柏、JBL、华为、BOSE、雷蛇和罗技等。

（三）认识和选购移动存储设备

通常所说的移动存储设备是指U盘和移动硬盘，常用于商务办公和家庭数据保存。

1. U盘

U盘的全称是USB闪存盘，是一种使用USB接口、无须依靠物理驱动器的微型高容量移动存储设备，通过USB接口与计算机连接，即插即用。U盘具有以下性能指标。

- **接口类型：**U盘的接口类型主要有USB 2.0/3.0/3.1/3.2、Type-C和Lightning等。

- **重量：**重量是衡量U盘便携程度的一个关键物理指标，较轻的重量通常意味着更高的便携性，一般在15g左右。
- **存储容量：**U盘容量有4GB、8GB、16GB、32GB、64GB、128GB、256GB、512GB、1TB等。
- **防震：**U盘无任何机械式装置，抗震性能极好。
- **品牌：**主流的品牌有闪迪、PNY、威刚、台电、aigo、金士顿、联想和朗科等。

2. 移动硬盘

移动硬盘是以硬盘为存储介质，可与计算机交换大容量数据的存储设备。移动硬盘的主要性能指标和普通硬盘相差不大，只是在便携性上更胜一筹。

- **容量大：**市场上的移动硬盘能提供高达12TB的容量。常见的移动硬盘容量有500GB、1TB、2TB、3TB、4TB和5TB及以上等。
- **体积小：**移动硬盘的尺寸有1.8英寸（约5cm，超便携）、2.5英寸（约6cm，便携式）和3.5英寸（约9cm，桌面式）等。
- **接口丰富：**现在市面上的移动硬盘分为无线和有线两种，有线移动硬盘通常采用USB 2.0/3.0/3.1/3.2接口、eSATA接口和Thunderbolt接口。
- **良好的可靠性：**移动硬盘多采用硅氧盘片，这是一种比铝、磁更为坚固耐用的盘片材质，并且具有更大的存储量和更好的可靠性。
- **品牌：**主流的移动硬盘品牌有希捷、西部数据、朗科、闪迪和纽曼等。

（四）认识和选购多功能一体机

在日常生活、工作以及学习中，人们对于打印、复印、扫描和传真的需求较多，但单独购买4种设备需要花费大量金钱，于是集成多种功能的一体机产生了。

1. 多功能一体机的类型

打印是多功能一体机的基础功能，因为复印功能和接收传真功能的实现都需要打印功能的支持。多功能一体机通常按照打印方式划分为喷墨多功能一体机、墨仓式多功能一体机、激光多功能一体机和页宽多功能一体机4种。

- **喷墨：**喷墨多功能一体机（见图2-90）通过喷墨头喷出的墨水实现打印，墨水的分布非常细密，打印出来的效果与铅字印刷的质量一样好。喷墨多功能一体机使用的耗材是墨盒，墨盒内装有不同颜色的墨水。其主要优点是体积小、操作简单方便、打印噪声低，使用专用纸张时，能打印出效果和照片相媲美的图片。
- **墨仓式：**墨仓式多功能一体机（见图2-91）是指支持超大容量墨仓，可实现单套耗材超高打印量和超低打印成本的多功能一体机。其与喷墨多功能一体机最大的不同在于，墨仓式多功能一体机支持超大容量墨仓（也叫外墨盒或墨水仓，该墨仓是原厂生产装配的连续供墨系统），用户可享受包括打印头在内的原厂整机保修服务，从而可以解决多功能一体机打印成本居高不下的问题。
- **激光：**激光多功能一体机（见图2-92）利用激光束进行打印，打印时，半导体滚筒在感光后刷上墨粉再在纸上滚一遍，最后通过高温定型将文本或图形印在纸张上，使用的耗材是硒鼓和墨粉。激光多功能一体机分为黑白激光多功能一体机和彩色激光多功能一体机两种类型。其中，黑白激光多功能一体机只能打印黑白文本和图像；彩色激光多功能一体机可以打印黑白和彩色的图像和文本。黑白激光多功能一体机具有高效、实用、经济等诸多优点；而彩色激光多功能一体机虽然耗材的使用成本较高，但工作效率高，输出效果也更好。

图2-90　喷墨多功能一体机

图2-91　墨仓式多功能一体机

- **页宽：**页宽多功能一体机（见图2-93）是指采用页宽打印技术的一体机。页宽打印技术是集喷墨技术和激光技术的优势于一体的全新技术。页宽多功能一体机的列印面更宽阔，节省了墨头来回打印的时间，配合高速传输的纸张，具有比激光打印更快的输出速度，理论上能降低单位时间内的打印成本。

图 2-92　激光多功能一体机

图 2-93　页宽多功能一体机

2. 基础性能指标

多功能一体机的基础性能指标如下。

- **产品定位：**主要有多功能商用一体机和多功能家用一体机两种。
- **涵盖的功能：**目前市面上主要有两种多功能一体机，一种涵盖打印、扫描和复印功能，另一种涵盖打印、复印、扫描和传真功能。
- **最大处理幅面：**幅面是指纸张的大小，目前主要有A4和A3两种。对于个人家庭用户或规模较小的办公用户，使用A4幅面的多功能一体机绰绰有余；对于使用频繁或需要处理大幅面的办公用户或企业用户，可以考虑选择使用A3幅面甚至幅面更大的多功能一体机。
- **耗材类型：**目前市面上主要有4种耗材类型。第一种是鼓粉分离型，即硒鼓和墨粉盒是分开的，当墨粉用完而硒鼓有剩余时，只需更换墨粉盒。第二种是鼓粉一体型，即硒鼓和墨粉盒为一体设计，优点是更换方便，但墨粉用完硒鼓有剩余时，需整套更换。第三种是分体式墨盒，即将喷头和墨盒分离，不允许用户随意添加墨水，因此重复利用率不高，但价格较低。第四种是一体式墨盒，即将喷头集成在墨盒上，能长期保障输出质量，但价格也高。

3. 打印功能指标

打印功能指标是指多功能一体机进行打印时的性能指标。

- **打印速度：** 打印速度是指打印设备每分钟可输出的页面，通常以ppm（Page Per Minute）和ipm（Image Per Minute）为单位。打印速度越快，打印设备的工作效率越高。打印速度又可具体分为黑白打印速度和彩色打印速度，通常彩色打印速度要慢一些。
- **打印分辨率：** 打印分辨率是判断打印输出效果好坏的一个直接依据，也是衡量打印输出质量的重要参考标准。通常分辨率越高的打印设备，打印效果越好。
- **预热时间：** 预热时间是指打印设备从接通电源到加热至正常运行温度消耗的时间。个人型激光多功能一体机或者普通办公型激光多功能一体机的预热时间通常在30秒左右。
- **打印负荷：** 打印负荷是指打印机在一段时间内所能处理的最大打印工作量，通常以月为单位，打印负荷越高，打印设备的可靠性越高。

4. 复印功能指标

多功能一体机的复印功能指标主要有以下4项。

- **复印分辨率：** 复印分辨率是指每英寸复印对象由多少个点组成，其直接关系到复印输出的文字和图像的质量。
- **连续复印：** 连续复印是指在不对同一复印原稿进行多次设置的情况下，多功能一体机可以一次连续复印的最大数量。连续复印的标识方法为“1-X张”，“X”代表一体机连续复印的最大数量，连续复印的张数与产品的档次有直接的关系。
- **复印速度：** 复印速度是指多功能一体机在复印时，每分钟能够复印的张数，单位是张/分。多功能一体机的复印速度通常和打印速度一样，一般不超过打印速度。
- **缩放范围：** 缩放范围是指多功能一体机能够对复印原稿进行放大和缩小的比例范围，使用百分比表示。市场上主流的多功能一体机的常见缩放范围有25%~200%、50%~200%、25%~400%和50%~400%等。

5. 扫描功能指标

扫描功能指标是指多功能一体机进行扫描时的性能指标，主要如下。

- **扫描类型：** 按扫描介质和用途的不同可划分为平板式、书刊、胶片、馈纸式和3D等，多功能一体机的扫描类型以平板式为主。
- **扫描元件：** 扫描元件的作用是将扫描的图像光学信号转换成电信号，再由模拟数字转换器（Analog-to-Digital Converter，ADC）将电信号转换成计算机能识别的数字信号。目前多功能一体机采用的扫描元件有电荷耦合元件（Charge-Coupled Device，CCD）和接触式图像传感器（Contact Image Sensor，CIS）两种。这两者的生产成本相对较低，扫描速度相对较快，扫描效果能满足大部分工作的需要。
- **光学分辨率：** 光学分辨率是指多功能一体机在进行扫描时，每英寸图像所能捕捉到的最大点数，单位为dpi。光学分辨率越高，扫描的分辨率越高，扫描图像的品质越好。光学分辨率通常用垂直分辨率和水平分辨率相乘表示。例如，某款产品的光学分辨率为600dpi×1200dpi，表示可以将扫描对象每平方英寸的内容表示成水平方向600点，垂直方向1200点，两者相乘共720000点。
- **色彩深度和灰度值：** 色彩深度是指多功能一体机所能辨析的色彩范围。色彩深度的数值越大表示能识别的颜色越多，扫描出来的图片颜色就越真实、越丰富，与实物颜色越接近。灰度值是指进行灰度扫描时，对图像由纯黑到纯白整个色彩区域进行划分的级数，编辑图像时一般使用8bit，即256级，而主流扫描仪通常为10bit，最高可达12bit。

- **扫描兼容性：**扫描兼容性是指扫描设备能与不同软件程序顺畅配合，按照统一的标准来读取和保存各种图像资料的能力。目前的扫描产品都要求支持TWAIN（Technology Without An Interesting Name）驱动程序，只有符合TWAIN要求的产品才能够在各种应用程序中正常使用。

6. 介质规格

多功能一体机的主要介质是纸，因此，纸的规格也是多功能一体机的性能指标。

- **介质类型：**介质类型是指多功能一体机支持的纸的类型，包括普通纸、薄纸、再生纸、厚纸、标签纸和信封等。
- **介质尺寸：**介质尺寸是指多功能一体机最大能够处理的纸张的大小，一般多用纸张的规格来标识，如A3、A4等。
- **介质重量：**介质重量是指纸的重量，通常以每平方米的克重（g/m^2）为单位。
- **进纸盒容量：**进纸盒是指多功能一体机上用来装打印纸的部件，能够在多功能一体机打印时自动进纸。进纸盒容量是指进纸盒能够存放的最大纸张数量，可用于衡量一体机的纸张处理能力，还可间接衡量一体机的自动化程度。
- **输出容量：**输出容量是指多功能一体机输出的纸张数量，使用的纸张不同，输出容量也不同。

7. 选购注意事项

选购多功能一体机时，应该注意以下事项。

- **明确使用目的：**在购买之前，用户要明确购买多功能一体机的目的，即明确多功能一体机需要具备哪些功能。
- **综合考虑性能：**每一款多功能一体机都有其定位，在购买时，需综合考虑使用要求再选择。
- **售后服务：**售后服务是选购多功能一体机时必须关注的内容之一。一般而言，多功能一体机厂商会承诺一年的免费维修服务，但多功能一体机体积较大，因此最好要求厂商在全国范围内提供免费上门维修服务，若厂商没有办法或者无力提供上门服务，维修将会很麻烦。
- 主流品牌：主流的多功能一体机品牌有惠普、佳能、兄弟、爱普生、华为和方正等。

（五）认识和选购摄像头

由于网络的普及，对视频交流的要求越来越高，摄像头在计算机扩展设备中越来越重要。下面介绍摄像头的相关知识及选购注意事项。

1. 认识摄像头

摄像头作为一种输入设备，广泛运用于视频会议、远程医疗、实时监控等场景。普通用户可以通过摄像头在网络上进行有影像和声音的交谈和沟通。摄像头的主要用途包括进行视频聊天和环境（家庭、学校和办公室）监控等。

2. 选购注意事项

选购摄像头时，需要注意以下性能指标。

- **感光元件：**分为CCD和CMOS（Complementary Metal Oxide Semicoductor，互补金

属氧化物半导体）两种，CCD的成像水平和质量高于CMOS，但价格较高，常见的摄像头多用价格相对较低的CMOS作为感光元件。

- **像素数：** 像素数是衡量摄像头性能的重要指标，主流摄像头的像素数多在100万以上，摄像头工作时的分辨率可以达到1280像素×720像素。
- **镜头：** 摄像头的镜头一般是由玻璃镜片或塑料镜片组成的，玻璃镜片比塑料镜片成本高，透光性以及成像质量更好。
- **最大帧数：** 帧数是指1秒内传输图片的张数，通常以f/s（Frames Per Second）为单位，帧数越大，显示的动作越流畅。主流摄像头的最大帧数一般为30f/s。
- **对焦方式：** 主要有固定、手动和自动3种。其中，手动对焦通常需要用户手动选择摄像头的对焦距离。而自动对焦则是由摄像头对拍摄物体进行检测，从而确定物体的位置并驱动镜头的镜片进行对焦。
- **视场：** 视场表示摄像头能够观测到的最大范围，视场越大，观测范围越大。
- **其他功能：** 由于摄像头的用途非常广泛，因此一些实用的功能也可以作为选购时的参考因素，如夜视功能、遥控功能、快拍功能和防盗功能等。
- **主流品牌：** 主流的摄像头品牌有罗技、蓝色妖姬、微软、中兴、双飞燕、谷客、奥速、联想、奥尼、炫光、Wulian、极速和天敏等。

（六）认识和选购投影仪

投影仪是一种可以将图像或视频投射到幕布上的设备，通过不同的接口同计算机连接，并输出相应的视频信号，在现代商务办公中较为常用。用户选购投影仪时，需要了解投影仪的常用技术和光源类型，并掌握其主要性能指标。

1. 投影技术

目前投影仪采用的投影技术主要有以下3种。

- **DLP：** DLP是指反射式投影技术，是正在高速发展的投影技术，可以使投影图像的灰度等级、图像信号噪声比大幅度提高，从而使画面更细腻。在播放动态视频时，DLP可以使画面流畅，没有像素结构感，形象自然，数字图像还原真实精确。在投影仪市场上，单片式DLP投影仪凭借高性价比占领了大部分低端市场，而在高端市场中，3DLP技术掌握着绝对的话语权。目前日益流行的LED微型投影仪大多采用DLP技术。
- **LCD：** LCD是指透射式投影技术，是目前非常成熟的技术。其优点是投影画面色彩还原度高、真实鲜艳，色彩饱和度高，光利用效率高。LCD投影仪比用相同功率光源灯的DLP投影仪有更高的ANSI（American National Standards Institute，美国国家标准学会）流明光输出，目前市场上高流明的投影仪以LCD投影仪为主。LCD投影仪按照液晶板的片数可分为3LCD和LCD两种类型，目前市面上较多的是3LCD投影仪产品。
- **LCOS：** LCOS是一种全新的数码成像技术，它采用CMOS集成电路芯片作为反射式LCD的基片，能够实现更大的光输出和更高的分辨率。LCOS投影技术为反射式技术，可产生较高的亮度。LCOS光学引擎因为产品零件简单，所以具有低成本的优势。

2. 光源类型

投影仪光源是投影仪的重要组成部分，主要是指投影灯泡。作为投影仪的主要消耗品，投影仪灯泡的使用寿命是选购投影仪时必须考虑的重要性能指标。光源类型主要有以下几种。

- **超高压汞灯：**超高压汞灯的优点为发光亮度高、使用寿命长，所以目前市面上的LCD投影仪大多采用超高压汞灯。
- **金属卤素灯：**金属卤素灯的优点为色温高、使用寿命长、发光效率高，缺点是功率大和能耗高。目前金属卤素灯的点灯方式分为交流、直流和高频3种。
- **氙灯：**氙灯是一种演色性非常好的光源，虽然使用寿命比超高压汞灯和金属卤素灯短，但具有超高亮度与较广的输出功率范围，因此可应用在高端或大型的投影仪上。
- **LED：**LED光源投影仪更加便携，使用寿命较长，一般在上万小时左右。目前市场上以几百流明（lm）的高清LED投影仪为主。
- **激光：**激光光源具有波长可选择性大和光谱亮度高等特点，能更好地还原色彩。同时，激光光源还有超高的亮度和较长的使用寿命，可以大大降低后期的维护成本。由于技术和成本的限制，目前市面上主要使用的是单蓝色激光光源（RGB三色激光光源造价过高，仅在专业领域使用，普及程度较低）。

3. 主要性能指标

投影仪的主要性能指标如下。

- **亮度：**亮度是投影仪的重要性能指标，通常以光通量来表示，单位是lm。LCD投影仪依靠提高光源效率、减少光学组件能量损耗、提高液晶面板开口率和加装微透镜等技术手段来提高亮度，DLP投影仪通过改进色轮技术、改变微镜倾角和减少光路损耗等技术手段来提高亮度。目前大多数投影仪的亮度已经达到2000lm。

知识补充

影响投影仪亮度的因素

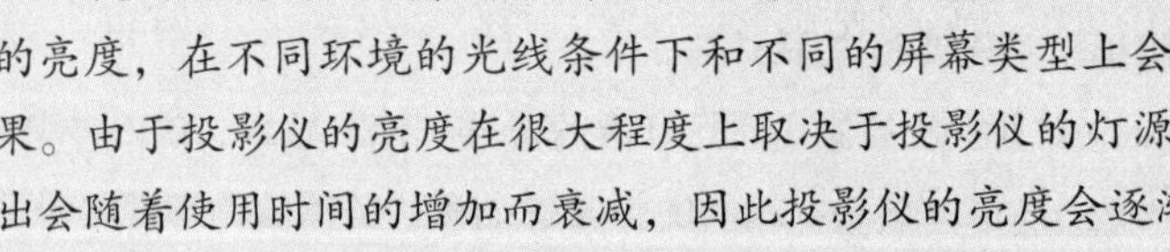

使用环境的光线条件、屏幕类型等因素同样会影响投影仪的亮度，同样的亮度，在不同环境的光线条件下和不同的屏幕类型上会产生不同的显示效果。由于投影仪的亮度在很大程度上取决于投影仪的灯源，而灯源的亮度输出会随着使用时间的增加而衰减，因此投影仪的亮度会逐渐下降。

- **对比度：**对比度对视觉效果的影响非常大，通常对比度越高，图像越清晰、醒目，色彩也越鲜艳；对比度低则会让画面显得灰暗。目前大多数LCD投影仪的对比度为400：1左右，而大多数DLP投影仪的对比度在1500：1以上。通常对比度越高，投影仪价格越高。如果仅仅用投影仪演示文字和黑白图片，那么对比度在400：1左右的投影仪就可以满足日常需要；如果用来演示色彩丰富的照片和播放视频动画，那么最好选择对比度在1000：1以上的投影仪。
- **标准分辨率：**标准分辨率是指投影仪投影出的图像的原始分辨率，也称为真实分辨率和物理分辨率，与标准分辨率对应的是压缩分辨率，决定图像清晰程度的是标准分辨率，决定投影仪适用范围的是压缩分辨率。通常用标准分辨率来衡量LCD投影仪的性能，目前市场上应用最多的为标清（800像素×600像素、1024像素×768像素）、高清（1920像素×1080像素、1280像素×800像素、1280像素×720像素）和超高清（4096像素×2160像素、1920像素×1200像素）3种。

- **灯泡寿命：**灯泡是投影仪的主要消耗材料，在使用一段时间后，灯泡亮度会下降，直到无法正常使用。一般的投影仪灯泡寿命为2000～4000小时，LCD投影仪的灯泡寿命在2万小时以上。
- **变焦比：**变焦比是指变焦镜头的最短焦点和最长焦点之比，通常变焦比越大，投影出的画面就越大。
- **投影比：**投影比主要是指投影仪到屏幕的距离与投影画面大小的比值，通过投影比，用户可以直接换算出某一投影尺寸下的投影距离。例如，投影比为1.2，投影100英寸（254cm）画面时的距离是（100×1.2×2.54）cm。通常情况下，投影比越小，投影距离越短。
- **投影距离：**投影距离是指投影仪镜头与屏幕之间的距离。在实际应用中，若要在狭小的空间中投影大尺寸的画面，需要选用配有广角镜头的投影仪。普通的投影仪采用标准镜头，适合大多数用户使用。

（七）认识和选购路由器

路由器是连接互联网中各局域网和广域网的设备，在企事业单位和家庭中广泛使用，目前无线路由器几乎已经成为计算机的标配扩展设备。用户在选购无线路由器时，需要了解其外观结构，并掌握主要的性能指标。

扫一扫

高清大图

1. 外观结构

路由器的主要功能是为经过路由器的每个数据帧寻找一条最佳的传输路径，并将数据帧有效地传送到目的站点。通过路由器可以将连接到网络的调制解调器和计算机连接起来，以实现计算机联网。无线路由器最重要的部分是接口和天线，如图2-94所示。

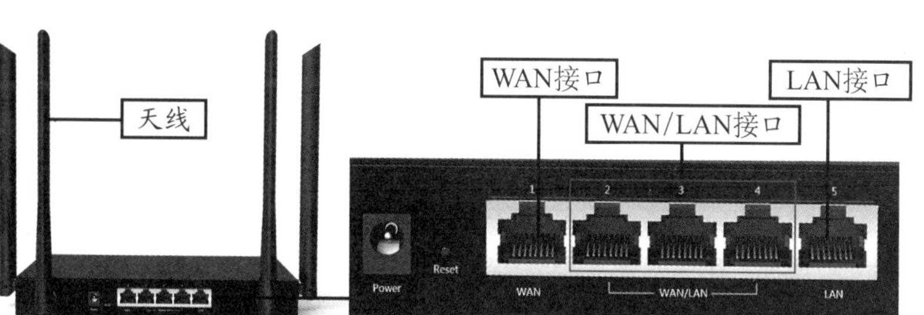

图2-94　无线路由器的接口和天线

- **WAN接口：**WAN（Wide Area Network，广域网）接口主要用于连接外部网络，如光纤、以太网等各种接入线路。
- **LAN接口：**LAN（Local Area Network，局域网）接口主要用于连接内部网络，与局域网中的交换机、集线器和计算机相连。
- **WAN/LAN接口：**也称WAN/LAN自适应接口，可以随意连接外部网络和内部网络，不用担心出现错误。

目前使用较多的是宽带无线路由器，它集成了路由器、防火墙、带宽控制和管理等功能，以及以太网WAN接口，并内置多接口自适应交换机，方便多台计算机连接内部网络与互联网，可广泛应用于家庭、学校、办公室、小区、政府和企业等场所。现在多数无线路由器都具备有线接口和无线天线，用户可以通过路由器建立无线网络，将手机和平板电脑等设备连接到互联网。

2. 主要性能指标

无线路由器的主要性能指标如下。

- **品质：** 主流品牌的无线路由器一般拥有更高的品质，以及完善的售后服务和技术支持，还可进行相关认证或通过监管机构的测试等。
- **接口数量：** LAN接口数量需要满足用户需求，家用一般可选择有4个LAN接口的路由器，家庭宽带用户和小型企业用户一般只需要一个WAN接口。
- **传输速度：** 目前主流无线路由器以百兆和千兆为主，也有万兆的。为了方便以后升级，用户应尽量选购千兆或万兆的无线路由器。
- **网络标准：** 用户在选购无线路由器时，应尽量选择支持主流WLAN(Wireless LAN，无线局域网）标准的产品，如IEEE802.11ax/ac。
- **频率范围：** 无线路由器的射频（Radio Frequency，RF）系统需要工作在一定的频率范围之内，这样才能与其他设备通信。目前的无线路由器主要有单频、双频和三频3种。
- **天线类型：** 无线路由器的天线类型主要有内置和外置两种，通常外置天线性能更好。
- **天线数量：** 从理论上来说，天线越多，无线路由器的信号越好。但事实上，多天线无线路由器的信号通常只比单天线无线路由器的信号强10%～15%。
- **功能参数：** 功能参数是指无线路由器支持的各种功能，支持的功能越多，路由器的性能通常就越好。常见的功能参数有VPN（Virtual Private Network，虚拟专用网络）支持、QoS（用来解决网络延迟和阻塞等问题的技术）支持、防火墙功能、WPS（Wi-Fi安全防护设定标准）功能、WDS（延伸扩展无线信号，Wireless Distribution System）功能和无线安全。

（八）国产计算机扩展设备的发展现状

在音箱领域，国产品牌以代工起步，逐步具备完整的音箱生产技术。现在，除芯片的开发和制造与国际品牌有一定差距外，无论是品牌力、技术能力、审美品位，还是在科技工程开发、市场营销上，国产音箱品牌都已具备成熟且行之有效的策略和体系。

在耳机领域，以华为、小米、漫步者为代表的国产耳机品牌的市场份额稳步上升。相比传统音频制造商，华为、小米等手机厂商在耳机的适配性、续航能力等方面具有更多优势。加上他们拥有庞大的用户群，其耳机产品更易被市场接受。

在移动存储领域，国产U盘的价格比国外品牌低，性能甚至比国外品牌还要好。另外，国产U盘的稳定性和可靠性也较好。同样，国产移动硬盘在价格上也有一定优势，相对国外移动硬盘更为实惠。而且国产移动硬盘的售后服务较好，可以让用户更加省心。

在多功能一体机领域，国外品牌具有雄厚的技术实力，牢牢占据市场的有利位置。以华为、方正为代表的国产品牌则孜孜不倦地进行技术创新，并充分考虑用户的需求，以逐步缩小与国外品牌的技术差距，实现国产多功能一体机的技术飞跃。

在摄像头领域，由于国产摄像头是批量生产的，制造成本远远低于国外品牌，而且在质量上与国外摄像头差距不大。在科技和制造工艺方面，国产摄像头也有了长足的发展，现已达到或接近国际顶尖水平的标准。

在投影仪领域，以明基、优派、奥图码、极米、华为为代表的国产品牌在技术、品牌等方面具有较强的竞争力，占据了投影仪市场的大部分份额。

在路由器领域，以华为、中兴、腾达、TP-LINK、D-Link为代表的国产品牌通过不断推出新产品、提高技术水平、扩大市场覆盖范围、建立合作伙伴关系等方式来保持竞争优势，在路由器市场中牢牢占据主要的份额。

实训一　设计计算机组装方案

【实训要求】

根据本项目所学的知识，针对AMD和intel两个不同的品牌，分别设计一套装机方案，要求能够满足普通家庭的上网和娱乐需求，并能满足学生的学习和游戏需求。

【实训思路】

完成本实训需要先选择各种硬件，列出详细的配置表，然后评价配置的优缺点。

1. AMD装机方案

AMD装机方案采用锐龙R5 5600G，这套配置能够满足办公与轻量级游戏需求，性价比较高。详细配置如表2-1所示。

- **配置优点：**CPU内置的核显性能强劲，在没有搭配独显的情况下，也可以满足常规游戏、日常学习以及图形图像处理的需求，性价比高。
- **配置缺点：**没有独立显卡，无法满足中大型游戏的运行需求。如果需要提升显示性能，可以选择RX 6500 XT等千元价位的独立显卡。升级独立显卡后，电源需要升级为更大的功率。散热器功率也较小，可以考虑升级。如果需要存储大量学习数据，可能需要加装更大容量的硬盘。

表 2-1　主流 AMD 装机方案详细配置

硬件	品牌型号
CPU	AMD Ryzen R5 5600G（盒）6 核 12 线程
散热器	盒装自带
主板	华硕 PRIME A520M-K
内存	金百达 银爵 DDR4 3600 16GB（8GB×2）
硬盘	威刚 S20 512G M.2 NVMe
显卡	CPU 内置 VEGA 7
声卡	主板集成
鼠标键盘	Razer 蝰蛇标准版 + 雷柏 V500PRO
显示器	创维 F24G30F
机箱	耕升星烁
电源	长城 GW-4000SW 300W

2. intel装机方案

该装机方案采用intel CPU的配置，intel CORE i3 12100是目前办公、家用和学生用计算机的重点推荐型号，特点是性能卓越、性价比高、兼容性很好，可以完美运行市面上的所有游戏。详细配置如表2-2所示。

- **配置优点：**i3 12100主要替代前代的i5 10400，其单核心工作时，性能提升了高达41%，多线程仅落后6%左右，内置UHD730核显，比较适合办公、上网课、家庭娱乐使用。
- **配置缺点：**CPU和显卡无法满足中大型游戏的需求，可以升级为拥有6核心12线程设计的i5 12400和RX 6500 XT显卡。硬盘容量也较小，可以考虑加装一个机械硬盘。另外，电源的功率只有300W，一旦升级独立显卡，可能无法满足正常工作消耗，也可以更换更大功率的电源。

表 2-2　主流 intel 装机方案详细配置

硬件	品牌型号
CPU	intel CORE i3 12100（散）4 核 8 线程
散热器	雅俊 E3V2 CPU 散热器
主板	微星 PRO H610M-E DDR4
内存	金百达 银爵 DDR4 3600 16GB（8GB×2）
硬盘	威刚 S20 512G M.2 NVMe
显卡	内置 UHD 730
声卡	主板集成
鼠标键盘	优派弑神 MU681+ 雷柏 V500PRO
显示器	KTC H25T7
机箱	TT 途腾金刚
电源	长城 GW-4000SW 300W

实训二　网上模拟装配计算机

【实训要求】

根据实训一中拟定的装机方案，模拟装配一台计算机，需要在“中关村在线”网站的“模拟攒机”频道中选择各种计算机硬件。

【实训思路】

本实训的操作思路是按照方案中的硬件顺序进行。在网页中找到对应的硬件，然后将其添加到网页左侧的装机配置单列表中，效果如图2-95所示。需要注意的是，由于不同装机方案针对的用户群不同，因此在选购硬件时，一定要有针对性，如游戏娱乐的重点硬件是显卡、显示器、CPU，也需要注意音箱、声卡、键盘和鼠标等。

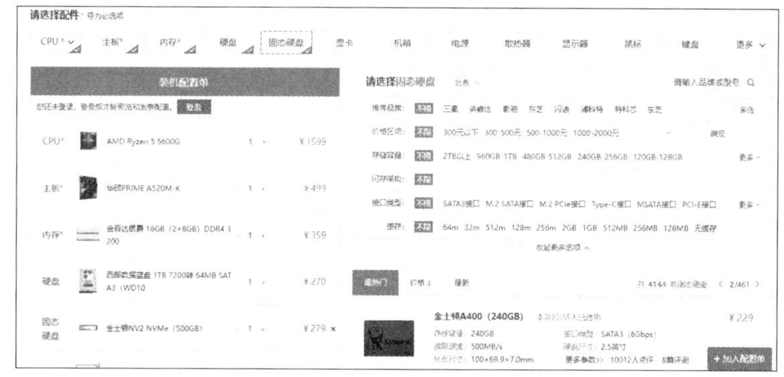

图 2-95　模拟选购硬件的效果

课后练习

（1）根据本项目所学的知识，到电脑城选购一套组装计算机所需的硬件产品。

（2）在中关村在线的“模拟攒机”频道查看最新的硬件信息，并根据网上最新的装机方案为学校机房设计装机方案。

（3）在计算机机箱中拆卸显卡，查看其主要结构，并查看有几种显示接口。

（4）假设需要配置一台普通家用计算机，为其选购适用的扩展设备，包括打印机、扫描仪、摄像头。

（5）拆卸一台计算机，根据主要硬件的相关信息，辨别这些硬件的真伪，并检查这些硬件的售后服务日期。

技能提升

1. 认识声卡

声卡除主板集成芯片外，还有PCI-E和外置两种类型。PCI-E声卡通过PCI-E总线连接到计算机，有独立的音频处理芯片，负责所有音频信号的转换工作，减少了对CPU资源的占用。结合功能强大的音频处理软件，PCI-E声卡可对几乎所有音频信号进行处理，适合对声音品质要求较高的用户使用。外置声卡常通过USB接口与计算机连接，具有使用方便、便携等优势。这类声卡通常集成了解码器和耳机放大器等元件，音质比内置声卡更好，价格也比内置声卡高。

2. 认识网卡

通常将独立网卡分为有线和无线两种。有线网卡必须连接网络连接线才能访问网络，主要有PCI-E和USB两种类型。PCI-E网卡的接口类型为PCI-E，主要由网络芯片（用于控制网卡的数据交换，对数据信号进行编码传送和解码接收等）、网线接口和金手指等组成。网卡的常见网络接口是RJ-45，用于双绞线的连接，现在很多网卡也采用光纤接口（有SFP和LC两种接口类型）。USB网卡的特点是体积小巧、方便携带，可以插在计算机的USB接口中，然后通过RJ-45或光纤接口连接网线使用，非常适合经常出差、使用笔记本计算机或平板电脑的用户使用。无线网卡同样有PCI-E和USB两种接口类型， PCI-E无线网卡需要安装在主板的PCI-E插槽中，USB无线网卡可直接插入计算机的USB接口。无线网卡必须要正确布置天线才能流畅使用。

3. 认识CPU散热器

CPU散热器的主要作用是帮助CPU散热，保证其处在合适的工作温度。通常情况下，高性能CPU或者支持超频的CPU，出厂时配备的散热器无法满足散热要求，需要用户自己选装散热器（如果不安装CPU散热器，主板检测可能不通过，从而无法启动计算机）。

由于CPU散热器有一定的体积，因此选购时要看机箱是否支持。CPU散热器有风冷和水冷两种类型，如果选择风冷散热器，要注意查看机箱的限高。如果CPU的发热量较小，可以选择风冷散热器，这种散热器便宜、安全、不用维护。如果CPU的发热量较大，可以选择水冷散热器。还可以根据CPU的热设计功耗选择散热器，CPU的热设计功耗（TDP）在180W以上考虑安装水冷散热器，在180W以下则使用风冷散热器。

4. 认识CPU型号的后缀

intel和AMD的CPU型号通常会带有一些后缀字母，这些字母能够帮助用户快速了解CPU的特性和定位。

intel CPU的后缀含义如下。

- **K：** 表示该CPU支持超频，即用户可以通过BIOS设置其运行速度。
- **F：** 表示该CPU没有集成显卡。
- **U：** 代表低功耗。这类CPU常用于轻薄型笔记本计算机。
- **H：** 代表高性能移动版，这类CPU通常用于性能较好的笔记本计算机。
- **S：** 代表标准功率。这是桌面处理器的标准版本，旨在提供均衡的性能和功耗。
- **T：** 代表节能版。这类CPU的功耗更低，适合需要长时间运行且对性能要求不高的应用。
- **Y：** 代表极低功耗。这类CPU通常用于较薄的设备，如平板电脑和二合一设备。
- **X：** 代表极端性能。这类CPU提供最高级别的性能，适合需要极强计算能力的应用，如专业级视频编辑和3D建模。
- **G：** 表示配备了强化版集成显卡。这类CPU的集成显卡性能较好，适合不打算购买独立显卡，但对图形处理性能要求较高的用户。

AMD CPU的后缀含义如下。

- **G：** 代表该CPU内置了Radeon Vega图形处理器。
- **X：** 意味着该CPU是高性能版本，通常拥有更高的基础频率和加速频率。
- **XT：** 是X系列的进一步提升，代表极限性能版本，比同系列的X型号的CPU有更高的频率和更好的超频潜力。
- **U：** 常用于AMD的移动处理器上，代表低功耗版本，适合笔记本计算机。
- **H：** 也是移动处理器的标识，但与U系列不同，H系列强调的是高性能。
- **S：** 代表特别低功耗版本，主要用于需要极低功耗的特定场合，如一体机或超薄型设备。
- **E：** 代表嵌入式应用，这类CPU通常用于嵌入式系统。
- **WX：** 代表工作站级别的处理器，这类CPU通常拥有更多的核心和更高的性能，适合进行专业的图形设计、视频编辑和3D渲染等。

AI加油站

1. DeepSeek对国产计算机硬件发展的影响

DeepSeek是杭州深度求索人工智能基础技术研究有限公司倾力打造的一款前沿人工智能模型，DeepSeek模型以Transformer架构为基础，自主研发了先进的深度神经网络模型，它具备语义分析、计算推理、问答对话、篇章生成、代码编写等功能，以低训练成本、高性能、完全开源等特点，在国际评测榜单中表现优异，推动了我国AI技术的发展。DeepSeek对国产计算机硬件发展的影响主要体现在以下几个方面。

（1）DeepSeek推动国产芯片发展

DeepSeek已与华为昇腾、沐曦、天数智芯等16家国产AI芯片企业完成适配。其低成本、高性能的特性，降低了企业准入门槛，使国产AI芯片的应用需求大幅增长，一定程度上减少了对国外硬件的依赖。例如，华为昇腾通过自研推理加速引擎，让DeepSeek模型在昇腾硬件上达到与国外高端GPU相当的部署效果，为国产AI芯片提供了技术验证和商业化机会。

（2）DeepSeek促进硬件技术创新

为满足DeepSeek模型的运行需求，国产计算机硬件企业需要不断进行技术创新和优化，如提高芯片的算力、降低能耗、提升存储和数据传输速度等。这将推动国产硬件技术的进步，提升国产计算机硬件的整体性能和竞争力。

（3）DeepSeek带动国内相关硬件产业发展

DeepSeek的发展带动了与之相关的硬件产业的发展，如存储芯片、铜连接、光模块、液冷服务器、电源和印制电路板等细分领域。随着DeepSeek应用的不断拓展，对这些硬件产品的需求也将增加，为相关企业带来了新的市场机遇。

2. 使用DeepSeek生成装机方案

使用AI生成装机方案已经被广泛应用到计算机组装的操作中。AI不仅能凭借精准算法快速匹配出兼容性佳、高度个性化的硬件组合，还可以实时掌握市场动态，为用户提供高性价比方案，高效满足不同需求。下面就使用DeepSeek为一名大学生生成装机方案，其操作提示如下。

（1）提出要求

在DeepSeek对话页面的文本框中输入对计算机装机方案的要求，这里输入“我是一名大学生，学习的专业是软件开发，现在需要购买一台计算机，能不能为我设计两个装机方案，给出对应的配件型号和参考价格，总价控制在5000元以内，谢谢”，按【Enter】键。

（2）生成装机方案

DeepSeek开始搜集相关资料，并思考用户的要求，然后给生成方案的思路，并给出具体的方案配置，还对方案的特点和优势进行了说明，甚至给出了选配建议，如图2-96所示。

已深度思考（用时 46 秒）

嗯，用户是一位大学生，专业是软件开发，需要装一台预算5000元以内的电脑。首先，我得考虑他的专业需求。软件开发可能包括编程、运行虚拟机、数据库处理，也许还需要一些前端开发涉及图形设计，所以处理器和内存应该足够。不过预算有限，得在性能和价格之间找平衡。

然后，用户可能还需要电脑有一定的扩展性，毕竟大学期间可能会有不同的项目需求。另外，考虑到学生可能需要携带电脑去教室或图书馆，可能更倾向于台式机还是笔记本呢？不过题目里提到的是装机方案，应该是台式机组装，所以重点在台式机配件。

处理器方面，AMD的Ryzen 5 5600G性价比不错，有6核12线程，集成显卡，这样暂时不用买独立显卡，节省预算。或者Intel的i5-12400，性能也不错，但需要独立显卡，不过如果用户以后想升级，可能更灵活。得看用户是否需要现在就有独立显卡还是可以后续加装。

主板的话，要选对应CPU插槽的，比如B550或者B660，确保兼容性。内存方面，16GB应该是最低要求，但如果有预算的话，32GB会更好，尤其是运行多个虚拟机或容器的时候。不过5000以内可能有点紧张，先16GB，以后可以升级。

存储方面，NVMe SSD是必须的，速度更快，512GB或者1TB，看预算。如果选1TB的话，可能稍微贵点，但更实用，毕竟开发项目可能会占用不少空间。

电源的话，如果以后想加独立显卡，可能需要选功率大一点的，比如550W或650W，但暂时集成显卡的话，450W也够用。机箱要选性价比高的，散热好的，外观可能学生不太在意，但扩展性要考虑。

显示器方面，1080p的24寸应该足够，选护眼或者高刷新率的，看预算。键鼠套装选性价比高的，比如罗技或者国产牌子。

然后，需要分两个方案。方案一可能用集成显卡，把预算花在CPU、内存和存储上，这样总价控制在5000以内。方案二可能用入门级独立显卡，比如GTX 1650或者RX 6400，这样图形处理能力更好，但价格会上去，需要调整其他配件。

比如方案一用Ryzen 5 5600G，集成显卡，B550主板，16GB内存，1TB SSD，450W电源，加上显示器和其他外设，总价大约4700左右。方案二用i5-12400F加GTX 1650，这样需要独立显卡，价格可能会接近5000，需要选合适的主板，可能稍微降低存储或者电源的规格。

(a)

检查各个配件的价格是否准确，比如CPU、主板、内存、SSD的价格是否符合当前市场价，可能需要调整。比如Ryzen 5 5600G大约800，i5-12400F大概900，GTX 1650大概1000左右。

另外，注意总价是否超支，比如方案二如果显卡贵的话，可能需要其他配件稍微降级，比如用500GB SSD而不是1TB，或者用更便宜的主板。同时确保电源足够支持独立显卡，比如550W。

最后，考虑扩展性，比如主板是否有额外的内存插槽，M.2接口，方便以后升级。显示器方面，是否推荐高色域或者高刷新率，根据开发需求，可能高色域对前端开发有帮助，但价格也会高些。

总结下来，两个方案：一个集成显卡，适合预算紧张但够用；另一个带入门独显，适合需要更好图形处理或未来升级。两种方案都要在5000以内，配件型号要具体，价格参考近期市场，可能用户会去京东或天猫购买，所以价格要符合那里的行情。

根据你的需求和预算，我为你设计了两套装机方案，一套采用集成显卡以节省预算，另一套配备入门级独立显卡以提升性能。以下是具体配置及参考价格（价格基于近期市场行情，实际购买时可能有波动）：

方案一：集成显卡高性价比方案

总价约：¥4700

特点：平衡性能，适合编程、虚拟机、轻量级图形处理，后续可升级独立显卡。

配件	型号	参考价格
CPU	AMD Ryzen 5 5600G（6核12线程，集成Vega显卡）	¥800
主板	微星 B550M MORTAR	¥600
内存	金士顿 Fury Beast DDR4 3200MHz 16GB（8GB×2）	¥300
固态硬盘	铠侠 RC20 1TB NVMe SSD	¥400

(b)

图2-96 生成装机方案

电源	航嘉 JUMPER 450B（450W，80Plus铜牌）	¥200
机箱	先马 平头哥M1（支持MATX，散热优秀）	¥150
显示器	Redmi 23.8英寸 IPS 1080P（护眼低蓝光）	¥600
键鼠	罗技 MK120 键鼠套装	¥80
散热器	九州风神 玄冰400（可选，原装散热足够）	¥0（使用原装）

优势：

- 6核12线程CPU满足多任务开发需求，集成显卡可应对基础图形场景。
- 1TB NVMe SSD提供高速存储，适合加载大型开发环境。
- 后续可升级独立显卡（如RTX 3050或RX 6600）。

方案二：独立显卡性能方案

总价约：¥4950

特点：独立显卡加持，适合轻度游戏、GPU加速开发或机器学习框架。

配件	型号	参考价格
CPU	Intel i5-12400F（6核12线程，无核显）	¥900
主板	华硕 PRIME H610M-A D4	¥500
显卡	影驰 GTX 1650 4G 大将	¥1000
内存	威刚 万紫千红 DDR4 3200MHz 16GB（8GB×2）	¥280

（c）

固态硬盘	致钛 TiPlus 5000 512GB NVMe SSD	¥300
电源	鑫谷 战斧500W（80Plus白牌）	¥180
机箱	爱国者 A15（MATX，支持背线）	¥120
显示器	AOC 24B1XH5 23.8英寸 IPS 1080P	¥550
键鼠	雷柏 X120 键鼠套装	¥70
散热器	Intel原装散热器	¥0（自带）

优势：

- GTX 1650独立显卡支持CUDA加速（如PyTorch/TensorFlow轻量级训练）。
- i5-12400F单核性能强，编译代码更快。
- 保留升级空间，未来可提升内存或存储容量。

选配建议：

1. **优先升级点**：
   - 内存可后续升级至32GB（软件开发多开虚拟机更流畅）。
   - 若需深度学习，后续可更换显卡（如RTX 3060）。
2. **购买渠道**：
   - **CPU/主板**建议京东自营（保修更便捷）。
   - **显卡/电源**建议选择品牌官方店（避免矿卡风险）。

希望这两个方案能帮助你平衡学习与预算需求！如果有特定开发工具（如Docker、Android Studio等），建议优先保障CPU和内存性能。

（d）

图2-96　生成装机方案（续）

项目三 组装计算机

情景导入

经过对计算机基础知识和硬件知识的系统学习，米拉对计算机的各个组成部分有了深入的了解。于是，老洪将米拉带到部门的操作间，指着选购的各种计算机硬件，要求米拉根据计算机组装的基本步骤和技巧，将主板、CPU、内存、硬盘、显卡等一一组装起来，装配出完整的计算机。老洪告诉米拉，完成组装计算机的任务不仅是对其学习成果的检验，更是对动手能力和解决问题能力的锻炼。由于时间紧、任务重，米拉迅速开始组装计算机。

学习目标

- 认识组装计算机所需的工具，了解组装计算机的注意事项
- 了解组装计算机的流程
- 熟练掌握组装计算机的各项操作

能力目标

- 能够熟练组装各种类型的计算机
- 能够熟练拆卸各种类型的计算机

素养目标

- 培养工匠精神，树立团结协作、合作共赢的团队合作意识

任务一　装机准备

在组装计算机之前，进行适当的准备是十分必要的，充分的准备工作可以确保计算机组装顺利完成，并在一定程度上提高组装的效率与质量。

一、任务目标

本任务是了解组装计算机前需要进行的准备工作。通过本任务的学习，读者可以掌握组装计算

机的准备操作。

二、相关知识

下面介绍组装计算机的准备工作的主要内容和组装工具。

（一）熟悉准备工作的主要内容

组装计算机前的准备工作的主要内容如下。

- **市场调查和硬件采购：**根据选配清单，从网络或实体店获取硬件价格，然后根据需要完成硬件采购。
- **准备和整理工作台：**准备一个足够大且干净的工作台，用于组装计算机。
- **准备组装工具：**准备组装计算机的过程中需要用到的各种工具。
- **熟悉装机流程：**了解并熟悉组装计算机的常规流程，以及计算机组装过程中的注意事项，从而确保顺利完成计算机的组装。

（二）认识组装工具

组装计算机时需要用到螺丝刀、尖嘴钳、镊子、扎带、导热硅脂和硅脂刮刀等工具。

- **螺丝刀：**螺丝刀是计算机组装与维护过程中使用最频繁的工具，主要用来安装和拆卸各计算机部件之间的固定螺钉。由于计算机中的固定螺钉大多是十字接头的，因此常用的螺丝刀是十字螺丝刀，如图3-1所示。
- **尖嘴钳：**用来拆卸一些半固定的计算机部件，如机箱中的主板支撑架和挡板等，或者将捆扎线缆的扎带剪短等，如图3-2所示。

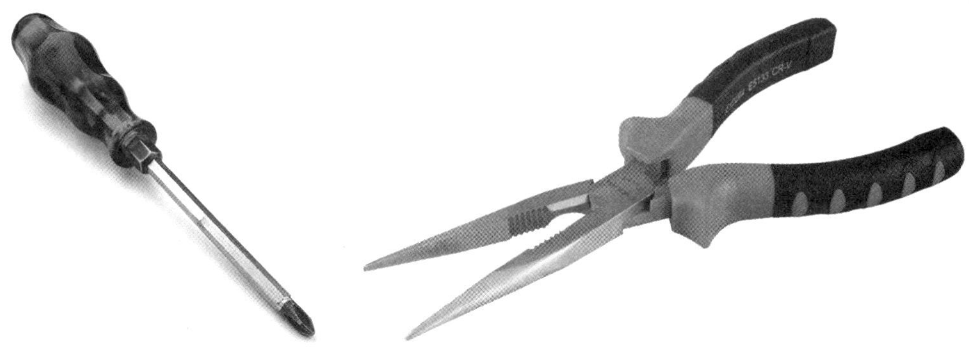

图3-1　十字螺丝刀　　图3-2　尖嘴钳

知识补充

选用磁性螺丝刀

由于机箱内空间狭小，因此应尽量选用带磁性的螺丝刀，这样可避免螺丝脱落。但螺丝刀的磁性不宜过强，以能吸住螺钉且不脱离为宜。另外，机箱内部需要安装的硬件很多，某些硬件由于安装角度或质量等的限制，使用普通螺丝刀安装会比较麻烦，为了提升安装的效率，很多专业计算机组装人员会使用电动螺丝刀。

- **镊子：** 计算机机箱内的空间较小，在安装完各种硬件后，如果需要对其进行调整，或有东西掉入其中，需要使用镊子进行操作，如图3-3所示。
- 扎带：扎带用于捆扎线缆，使机箱内部的空间更加有序，如图3-4所示。

图3-3　镊子

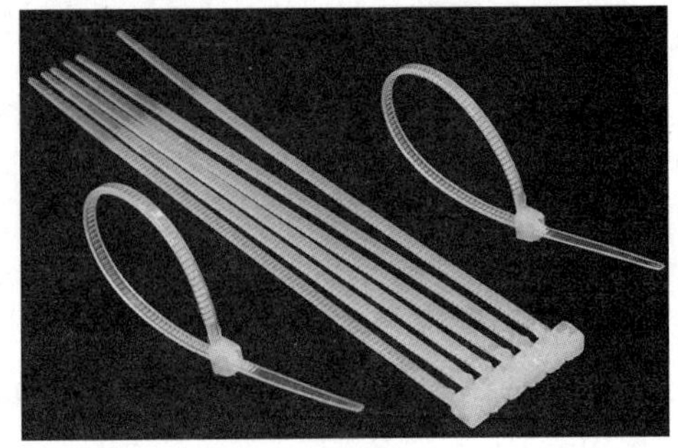

图3-4　扎带

- **导热硅脂：** 导热硅脂也叫散热膏、导热膏，是一种高导热绝缘有机硅材料，具有高导热率和极佳的导热性，通常涂抹在散热器与计算机硬件接触的位置，以帮助硬件散热，如图3-5所示。在安装CPU散热器时，通常需要在CPU和散热器接触面之间涂抹导热硅脂。部分CPU散热器的底座上会预涂导热硅脂。
- **硅脂刮刀：** 硅脂刮刀用于将涂抹的导热硅脂刮平，以保证硬件能均匀散热，如图3-6所示。

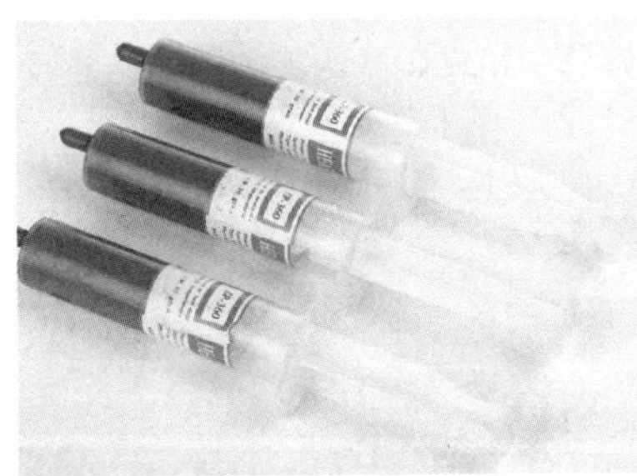

图3-5　导热硅脂

图3-6　硅脂刮刀

三、任务实施

（一）准备工具和工作台

准备工具和工作台的具体操作如下。

（1）准备工具的主要操作包括选购螺丝刀和扎带等，通常可以在网上直接购买。螺丝刀最好是带磁性的，通常准备一把就行，也可以选配螺丝刀套装。扎带不需要买很多，对于一台计算机来说通常10根就足够了。如果选配的机箱具有线槽和卡扣，就不需要购买扎带。

（2）组装计算机需要有一个干净整洁的工作台和良好的供电系统。工作台应远离强电场和强磁场，且采光良好、面积足够大。这里将一个办公桌清理干净，将其作为工作台，并用电源插座为组装计算机供电。

（二）准备硬件

准备硬件的具体操作如下。

（1）将所有硬件放置在一起。同时组装多台同样配置的计算机时，最好将不同计算机的硬件分开放置。图3-7所示为购买的硬件产品。

（2）将选购的硬件产品分别拆包，并从包装盒中拿出，然后将各种配件，包括线缆、螺丝等全部分类整理好，如图3-8所示。

图3-7　购买的硬件产品

图3-8　整理配件

任务二　组装计算机

在做好准备工作后，就可以开始组装计算机了。

一、任务目标

本任务是组装一台计算机，组装时，需要先了解组装计算机的流程和注意事项，然后按照流程组装计算机。通过本任务的学习，读者可以掌握计算机的组装操作，并能熟练组装各种类型的计算机。

二、相关知识

下面介绍组装计算机的基本流程和注意事项。

（一）了解组装流程

组装计算机之前应该了解组装流程，基本组装流程如下。

（1）安装机箱内部的各种硬件，具体如下。

- 安装CPU和CPU散热器到主板。
- 安装内存与M.2固态盘到主板。
- 安装主板到机箱。
- 安装电源到机箱。
- 安装硬盘/固态盘到机箱。
- 安装其他硬件（如独立的显卡、声卡和网卡等）到主板。

（2）连接机箱内的各种线缆，具体如下。

- 连接主板电源线。
- 连接内部控制线和信号线。
- 连接硬盘/固态盘数据线和电源线。

（3）连接主要的外部设备，具体如下。

- 连接显示器。
- 连接键盘和鼠标。

（二）组装计算机的注意事项

组装计算机的注意事项如下。

- 通过洗手或触摸接地金属物体的方式释放身上所带的静电，以防止静电伤害硬件。在组装过程中，手和各部件不断摩擦也会产生静电，因此建议多次释放。
- 在拧螺钉时，不能拧得太紧，拧紧后应往反方向拧半圈。
- 各种硬件要轻拿轻放，特别是硬盘。
- 插板卡时，一定要对准插槽均衡向下用力，并且要插紧；拔卡时不能左右晃动，要均衡用力地垂直拔出，更不能盲目用力，以免损坏板卡。
- 安装主板、显卡和声卡等部件时，应平稳安装，并将其固定牢靠。对于主板，应尽量安装绝缘垫片。

三、任务实施

了解组装计算机的基本流程和注意事项后，开始组装计算机。本任务组装的计算机的硬件配置如表3-1所示。

表 3-1　组装的计算机的硬件配置

硬件	品牌型号	数量
CPU	intel Core i5 11600K	1
CPU 散热器	九州风神玄冰 400K	1
主板	华硕 TUF GAMING B560M-PLUS 重炮手	1
内存	英睿达 铂胜 16GB（2×8GB）DDR4 3200 套装	1
固态盘	西部数据 BLACK SN750（500GB）	1
硬盘	西部数据 蓝盘 7200 转 64MB SATA3（1TB）	1
显卡	intel UHD Graphics 750（CPU 集成）	1
鼠标键盘	普通办公 USB 键鼠套装（白色）	1
显示器	AOC P2491VWHE（白色）	1
机箱	Tt 启航者 F1（白色）	1
电源	长城 HOPE-6000DS 电源（额定功率 500W）	1

（一）安装CPU

组装计算机时，通常先将CPU、CPU散热器、M.2接口的固态盘和内存等硬件安装到主板上，然后将主板固定到机箱中。下面将CPU安装到主板上，具体操作如下。

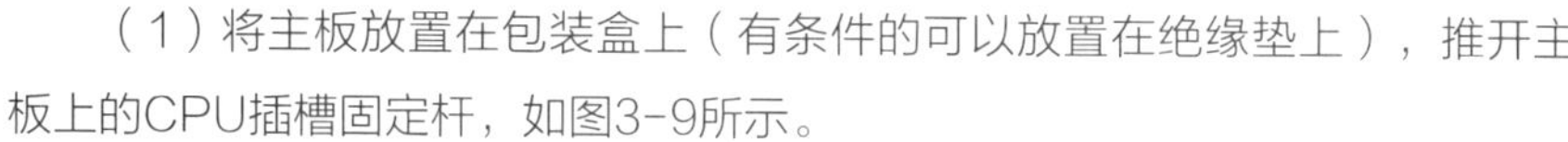
（1）将主板放置在包装盒上（有条件的可以放置在绝缘垫上），推开主板上的CPU插槽固定杆，如图3-9所示。

（2）取下CPU插槽上的防尘盖，如图3-10所示。

图3-9　推开CPU插槽固定杆

图3-10　取下CPU插槽上的防尘盖

（3）打开CPU插槽上的固定挡板，将CPU插槽完全裸露出来，如图3-11所示。

（4）将CPU两侧的缺口对准插槽缺口，并将其垂直放入CPU插槽中，如图3-12所示。

图3-11　打开CPU插槽上的固定挡板

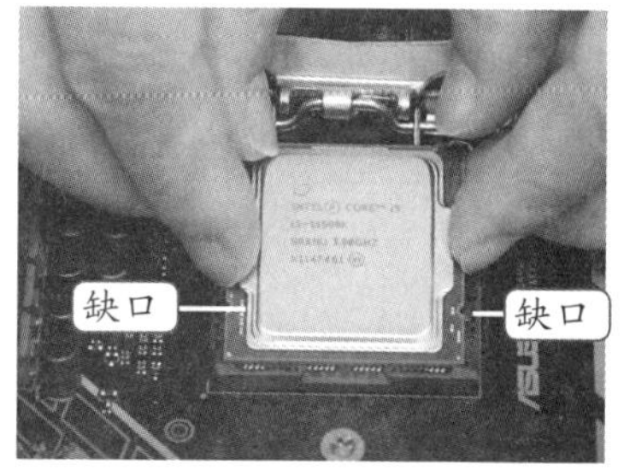

图3-12　放入CPU

知识补充

三角形标记

CPU的一角上有一个小的三角形标记，主板的CPU插槽上也有一个白色的三角形标记，如图3-13所示，其作用是防止CPU安装错误。将CPU有三角形标记的一角对准主板CPU插槽上的三角形标记后放入CPU，即可成功安装。

（5）使CPU自动滑入插槽内，然后盖好CPU固定挡板并压下固定杆，使CPU固定挡板和固定杆恢复到最初的状态，完成CPU的安装，如图3-14所示。

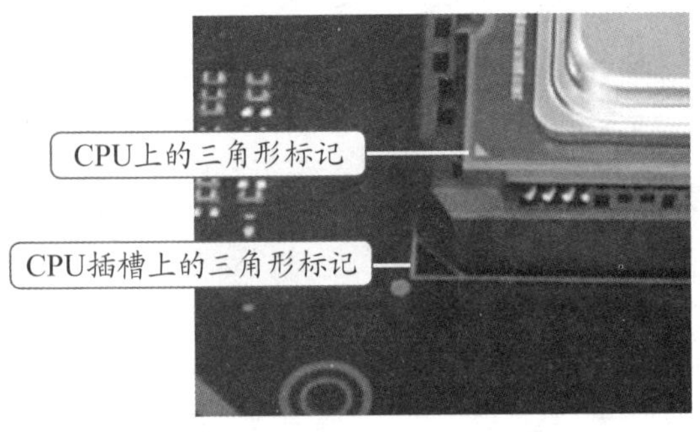

图3-13 CPU和插槽上的三角形标记

图3-14 固定CPU

（二）安装CPU散热器支架

由于CPU散热器通常需要用单独的支架固定到主板上，因此接下来先在主板上安装CPU散热器支架，具体操作如下。

（1）拿出CPU散热器的安装背板（需要查看说明书以分辨背板的正反面），然后将螺丝固定在4个角处，如图3-15所示。

（2）将主板翻面，在其底部找到安装支架的4个孔，然后将背板上的4个螺丝放入安装孔中，如图3-16所示。

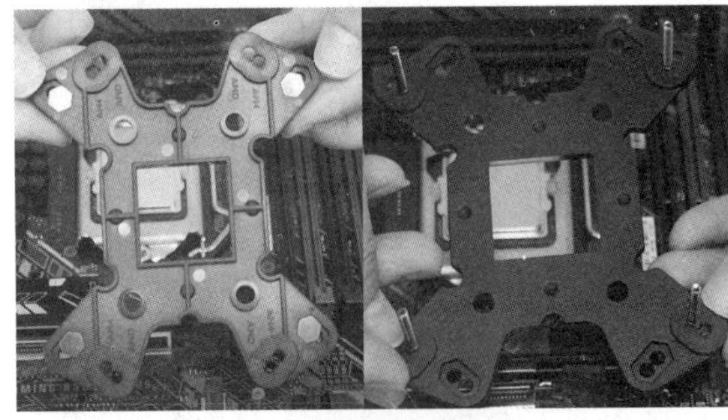
图3-15 在安装背板上固定螺丝

图3-16 安装背板

（3）将主板翻回正面，为4个螺丝安装防震垫片，如图3-17所示。

（4）为4个螺丝安装固定螺母，如图3-18所示，完成CPU散热器固定支架的安装。由于散热器体积较大，因此会在安装好M.2接口的固态盘和内存后再进行安装。

图3-17　安装防震垫片

图3-18　安装固定螺母

（三）安装固态盘

微课视频

安装固态盘

下面安装M.2接口的固态盘（如果是其他接口的固态盘，需要在安装好主板后再安装），具体操作如下。

（1）找到主板上CPU插槽下的M.2插槽，用螺丝刀将插槽上的散热片拆卸下来，如图3-19所示。

图3-19　拆卸M.2插槽上的散热片

（2）将固态盘的金手指对准M.2插槽，并将固态盘插入插槽，如图3-20所示。

（3）将固态盘轻轻按平，然后将散热片重新安装好，如图3-21所示。

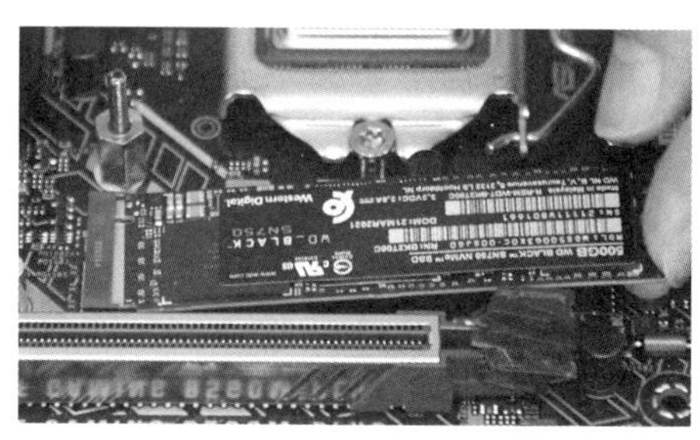

图3-20　插入固态盘

图3-21　重新安装散热片

（四）安装内存

微课视频

安装内存

内存的安装方法比较简单，但在安装前需要注意多通道的问题。内存插槽一般用不同的颜色来表示不同的通道。例如，如果需要安装两条内存来组成双通道，那么需要将两条内存插入相同颜色的插槽内。下面安装双通道的内存，具体操作如下。

（1）将两个灰色的内存插槽上的固定卡座向外轻微用力扳开，打开内存插槽的卡扣，如图3-22所示。

（2）将内存上的缺口与插槽中的防插反凸起对齐，并向下均匀用力，将内存平稳插入插槽中，直到内存的金手指和内存插槽完全接触为止，然后将卡扣扳回，如图3-23所示。

图3-22　打开内存插槽的卡扣

图3-23　安装双通道内存

（五）安装CPU散热器

CPU、CPU散热器支架、固态盘和内存安装好后，就可以将CPU散热器安装到CPU散热器支架上，具体操作如下。

（1）将导热硅脂挤到CPU的正面中心处，然后将导热硅脂均匀涂抹并覆盖整个CPU正面，如图3-24所示。

图3-24　涂抹导热硅脂

（2）在CPU散热器的左右两侧安装固定支架挡片，如图3-25所示。

图3-25　安装固定支架挡片

（3）撕下CPU散热器底部与CPU正面接触位置的保护贴纸，如图3-26所示。

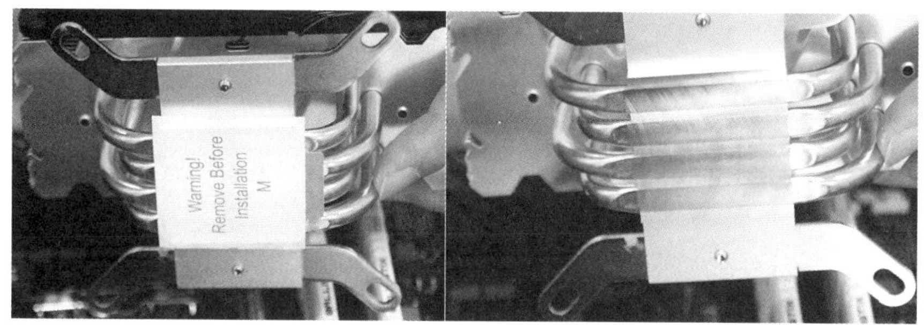

图3-26 撕下保护贴纸

（4）将CPU散热器放置到支架上。需要注意的是，散热器底部应该与CPU正面完全接触，且支架上的4个螺丝应正对挡片的4个开口，如图3-27所示。

（5）将4个固定螺帽安装到支架螺丝上，以固定整个CPU散热器。由于CPU散热器上的风扇挡住了两个螺帽，因此需要先将风扇拆下，然后将所有螺帽安装好，如图3-28所示。

（6）将风扇重新安装到CPU散热器上，如图3-29所示。

（7）将风扇的电源插头插入主板的CPU散热器供电插槽中，如图3-30所示。

图3-27 放置CPU散热器

图3-28 固定散热器

图3-29 安装风扇

图3-30 连接CPU散热器电源

（六）拆卸机箱并安装电源

安装好主板上的硬件后，就可以将机箱侧面板拆卸下来，并在其中安装电源，具体操作如下。

（1）将机箱放在工作台上，用手或十字螺丝刀拧下机箱后部的固定螺丝（通常是4颗，每侧两颗），如图3-31所示。

（2）在拧下机箱盖一侧的两颗螺丝后，按住机箱侧面板，并向机箱后部滑动，以拆卸掉侧面板。

（3）将两侧的侧面板都拆卸掉后，将机箱中的线缆整理好，为后面的安装做好准备，如图3-32所示。

图3-31　拧下固定螺丝

图3-32　整理线缆

（4）将电源有开关和插座的一面朝向机箱背面的预留孔，然后将其放置在机箱的电源固定架上，使电源上的螺丝孔与机箱上的孔位对齐，接着安装4颗固定螺丝，如图3-33所示。

（5）利用螺丝将电源固定在机箱的固定架上后，用手上下晃动电源，观察其是否稳固，或者将机箱正放，查看电源是否稳固，如图3-34所示。

图3-33　固定电源

图3-34　检查电源是否稳固

知识补充　　**注意机箱中电源的安装位置**

机箱的电源固定架通常位于机箱底部，对应电源的散热孔也位于机箱底部，所以电源的散热风扇应正对散热孔。

（七）安装主板

将各部件安装到主板后，就可以将主板安装到机箱中了，具体操作如下。

（1）如果机箱内没有固定主板的螺栓，就需要观察主板螺丝孔的位置，然后根据其位置将六角螺栓安装在机箱内。在操作时，首先用手将六角螺栓拧入机箱的螺丝孔中，然后使用尖嘴钳将其固定，如图3-35所示。

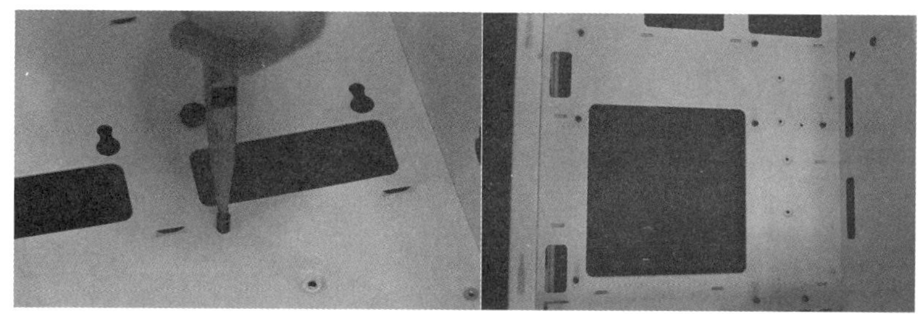

图3-35　安装六角螺栓

（2）将主板平稳地放入机箱内，使主板上的螺丝孔与机箱上的六角螺栓对齐，如图3-36所示。

（3）将螺丝拧入对应的六角螺栓内，使主板固定在机箱的主板架上，如图3-37所示，完成主板的安装。

图3-36　放入主板

图3-37　固定主板

（八）安装硬盘

下面安装硬盘，具体操作如下。

微课视频

安装硬盘

（1）找到硬盘自带的橡胶螺栓和固定螺丝，将橡胶螺栓放置在硬盘螺丝口的位置，然后拧入固定螺丝将其固定，如图3-38所示。

（2）使用同样的方法安装和固定好另外两个橡胶螺栓，如图3-39所示，并将一个橡胶螺栓固定到机箱上用于安装硬盘的圆形固定孔中。

图3-38　安装和固定橡胶螺栓（1）

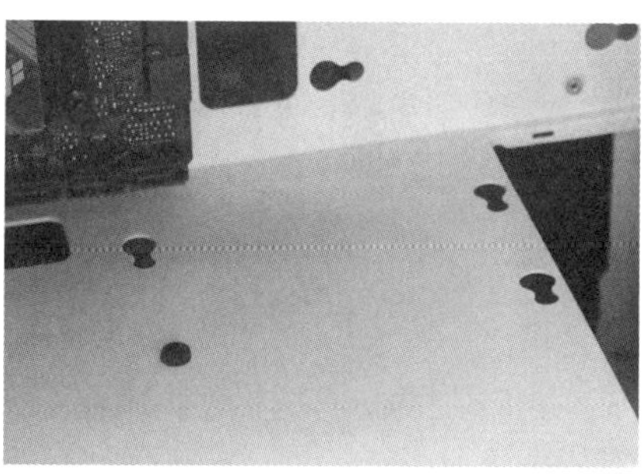

图3-39　安装和固定橡胶螺栓（2）

知识补充 **硬盘的安装位置**

安装硬盘前，应该先在机箱上找到对应的安装孔（通常在主板旁边的机箱支架上，或者在与电源平行的机箱支架上）。对应的安装孔通常有4个，其中3个是非固定卡扣孔，1个是圆形固定孔。

（3）将硬盘上的橡胶螺栓放入机箱上对应的非固定卡扣孔中，然后向非固定卡扣孔中空间较小的位置推拉，使橡胶螺栓固定，如图3-40所示。

（4）将固定螺丝拧入对应图形固定孔的橡胶螺栓中，如图3-41所示。用手晃动一下硬盘，检查硬盘是否固定好，完成安装硬盘的操作。

图3-40 固定硬盘

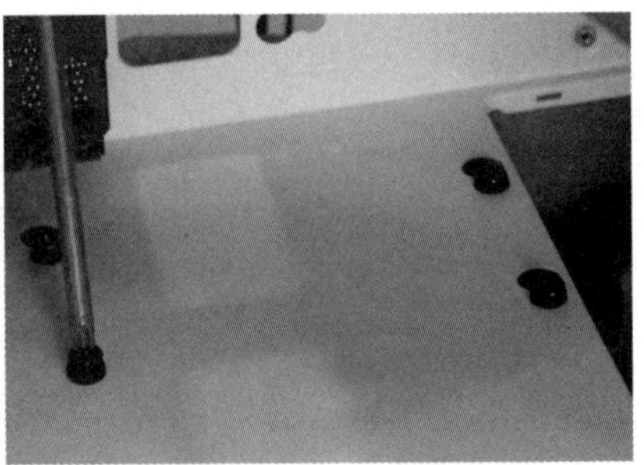

图3-41 拧上固定螺丝

（九）连接机箱内部的线缆

微课视频

连接机箱内部的线缆

安装好机箱内部的硬件后，还需要连接机箱内的各种线缆，主要包括各种电源线、信号线和控制线等，具体操作如下。

（1）找到20+4PIN主板电源线插头，将其对准主板上的电源插座插入，如图3-42所示。

（2）将8PIN的主板辅助电源插头对准主板上的辅助电源插座插入，如图3-43所示。

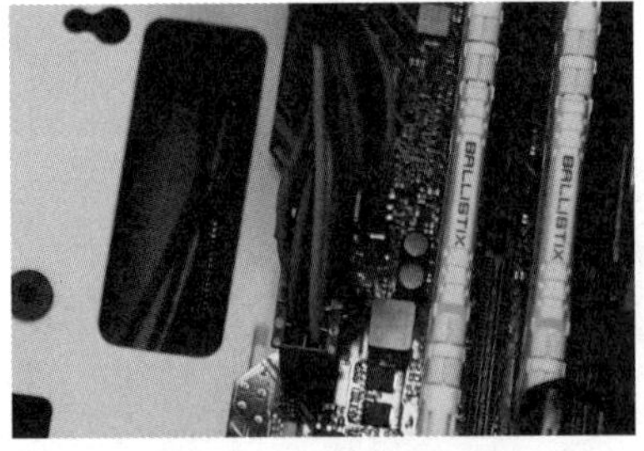

图3-42 连接主板电源线

图3-43 连接主板辅助电源线

（3）在机箱的前面板连接线中找到USB 3.0插头，将其插入主板的相应插座上，然后在机箱的前面板连接线中找到前置USB 2.0插头，将其插入主板的相应插座上，如图3-44所示。

（4）在机箱的前面板连接线中找到音频连线的HD AUDIO插头，将其插入主板的相应插座上，如图3-45所示。

图3-44 连接USB线

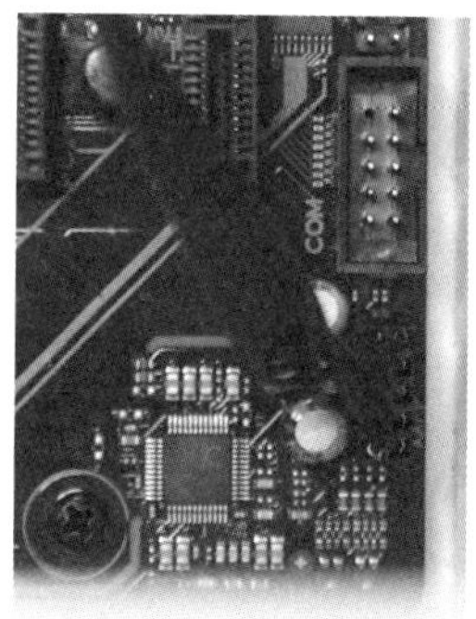

图3-45 连接音频线

（5）从机箱信号线中找到主机开关电源工作状态指示灯信号线插头（独立的两个插头），将其和主板上的POWER LED接口相连；找到机箱上的电源开关控制线插头（该插头为一个两芯的插头），将其和主板上的POWER SW接口相连；找到硬盘工作状态指示灯信号线插头（为两芯插头），将其和主板上的H.D.D LED接口相连；找到机箱上的重启键控制线插头，将其和主板上的RESET SW接口相连，如图3-46所示。

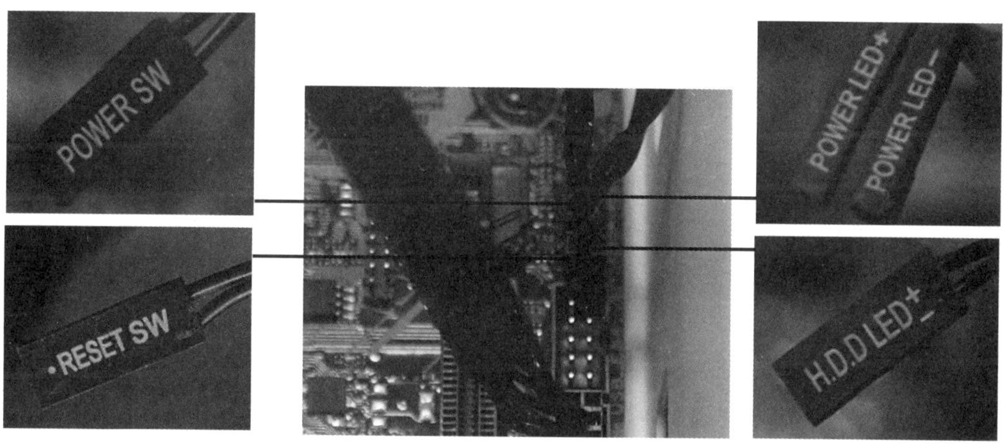

图3-46 连接机箱信号线和控制线

（6）硬盘电源线的一端为L形，在主机电源的线缆中找到该电源线插头，将其插入硬盘的对应插座中；硬盘数据线两端接口也都为L形（该数据线属于硬盘的附件，一般在硬盘的包装盒中），按正确的方向将一条数据线的插头插入硬盘的数据插座中，将该数据线的另一个插头插入主板的SATA插座中，如图3-47所示。

知识补充

分辨线缆的正负极

信号线和控制线有正负极之分，通常会在插头或主板的插座上标注。用户也可以查看主板的说明书或用户手册。

（7）将机箱内部的信号线放在一起，将硬盘的数据线和电源线理顺后用扎带捆绑固定，然后将所有未使用的电源线捆扎起来，如图3-48所示。

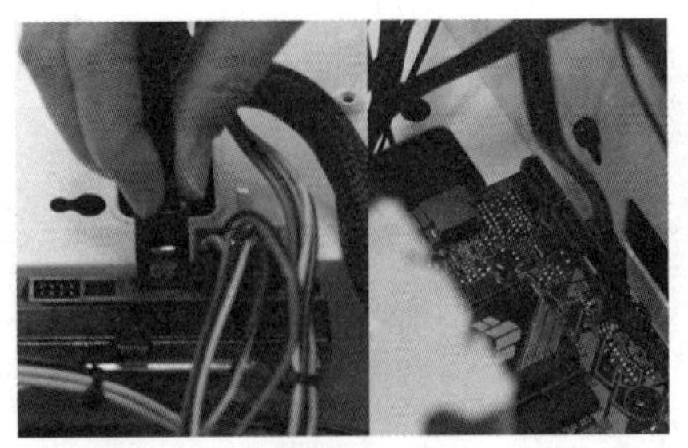
图3-47　连接硬盘的电源线和数据线

图3-48　整理线缆

知识补充

安装其他硬件

如果需要安装独立的显卡、网卡或声卡，应在整理线缆前进行。以安装独立显卡为例，需要先拆卸掉机箱背部的板卡挡板，将显卡安装在对应的主板 PCI-E 插槽中，然后插上显卡电源线，最后拧上螺栓将显卡固定在机箱上。

（十）连接计算机外部设备

微课视频

连接计算机外部设备

连接外部设备是组装计算机的最终步骤，在此之前需要安装机箱侧面板，然后连接显示器、键盘和鼠标等，具体操作如下。

（1）将拆卸的两个侧面板安装到机箱上，然后用螺丝固定，如图3-49所示。

（2）将USB鼠标和USB键盘的连接线插头对准机箱背部的主板扩展插槽的USB接口并插入，再将显示器包装箱中配置的数据线的HDMI插头插入机箱背部的主板扩展插槽的HDMI中，如图3-50所示。

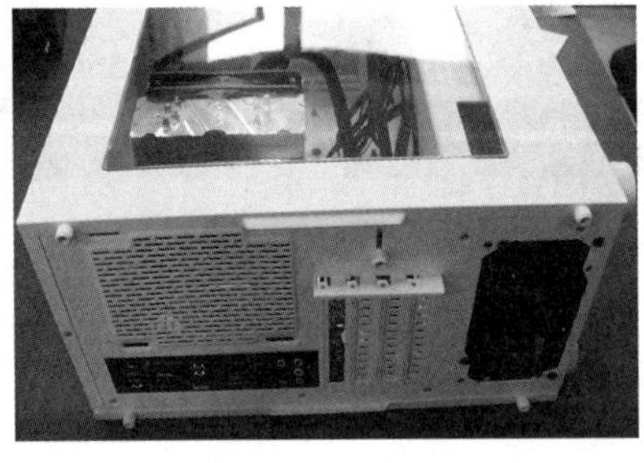
图3-49　安装机箱侧面板

图3-50　连接鼠标、键盘和显示器数据线

（3）检查各种连线，确认连接无误后，将主机电源线插头插入主机后的电源接口中，并打开电源开关，如图3-51所示。

（4）将显示器包装箱中配置的电源线一头插入显示器的电源接口中，再将显示器数据线的另外一个插头插入显示器后面的HDMI中，如图3-52所示。

（5）将显示器电源插头插入电源插线板中，再将主机电源线插头插入电源插线板中，如图3-53所示。

（6）计算机组装完成后，其基本外观如图3-54所示。

图3-51　连接电源线

图3-52　连接显示器

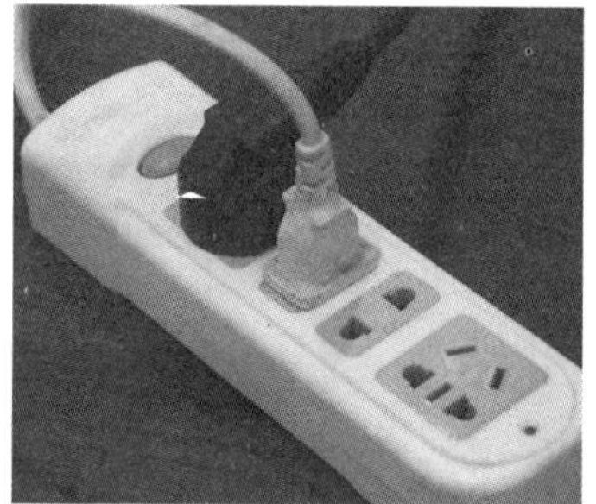

图3-53　给计算机通电

图3-54　计算机组装完成后的基本外观

知识补充

检测计算机组装结果

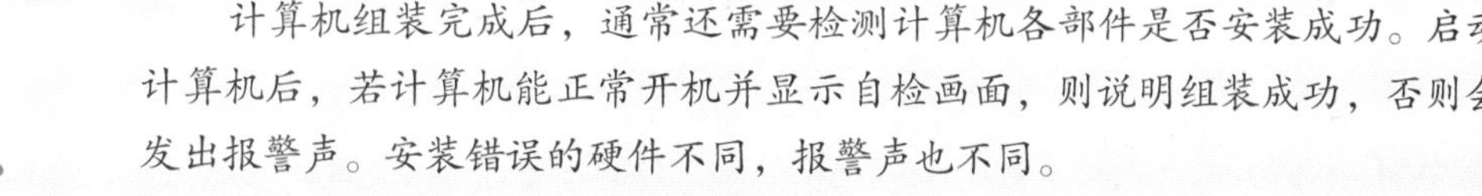

计算机组装完成后，通常还需要检测计算机各部件是否安装成功。启动计算机后，若计算机能正常开机并显示自检画面，则说明组装成功，否则会发出报警声。安装错误的硬件不同，报警声也不同。

实训　拆卸计算机

【实训要求】

将一台组装好的计算机中的硬件都拆卸下来，以进一步了解计算机各硬件的安装。计算机拆卸前后的对比效果如图3-55所示。

【实训思路】

本实训主要包括拆卸外部连线和拆卸机箱中的硬件两大步骤，操作思路如图3-56所示。

图3-55　计算机拆卸前后的对比效果

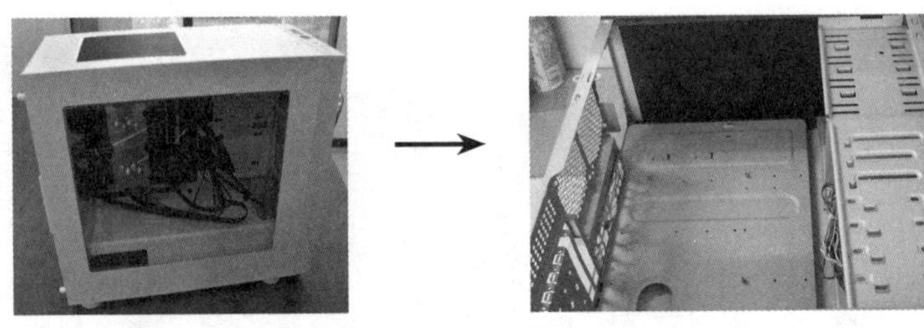

图3-56 拆卸计算机的操作思路

【步骤提示】

（1）关闭电源开关，拔下主机箱上的电源线，在机箱后侧将键盘线、鼠标线、电源线、USB线、音箱线等的插头直接向外水平拔出。

（2）拧下机箱的固定螺丝，取下机箱的两个侧面板。

（3）先用螺丝刀拧下机箱上固定显卡的螺丝，然后用双手捏紧显卡的上边缘，平直地向上拔出显卡。

（4）拔下硬盘的数据线和电源线，然后拧下两侧固定硬盘的螺丝，将硬盘抽出。

（5）将插在主板电源插座上的电源插头拔下，同时拔下CPU散热器电源插头和主板与机箱面板按钮的连接线插头等。

（6）扳开内存插槽卡扣，取下内存。

（7）拆卸CPU散热器，去除CPU顶盖上残余的导热硅脂，然后将CPU插槽旁边的固定杆拉起，捏住CPU的两侧，小心地将CPU取下。

（8）拆卸固态盘上覆盖的散热片，然后取出固态盘，并装回散热片。

（9）拧下固定主板的螺丝，将主板从机箱中取出来。

（10）拧下固定主机电源的螺丝，再握住电源将其向后抽出机箱。

课后练习

（1）简述计算机组装的基本流程。

（2）根据本项目的讲解，试着拆卸计算机机箱内的所有硬件，然后重新组装。

（3）仔细查看主板说明书，找到主板上连接机箱内部连线的接口位置，将上面的连线拔掉，然后尝试将连线重新连接起来。

（4）拆卸计算机的外部设备，并重新组装。

（5）试着不按本项目的安装步骤，自行组装计算机。

（6）总结能够迅速组装计算机的方法。

技能提升

1. 注意避免木桶效应

木桶效应是指一只木桶能盛多少水并不取决于最长的那块木板，而是取决于最短的那块木板，也可称为短板效应。组装计算机时也容易产生木桶效应，一个硬件选择不当就可能产生木桶效应。例如，一块主频为2666MHz的4GB DDR4内存搭配intel CORE i7 14700KF（支持最大192GB的主频为5600MHz的DDR5内存，或者主频为3200MHz的DDR4内存）处理器，内存性能存在瓶颈导致整机性能低下，处理器性能发挥不完全。在设计计算机的配置方案时，需要根据市场定位选购和搭配各种硬件，并注意以下4个问题，尽量避免出现木桶效应。

- **拒绝商家偷梁换柱：**无论是在网上还是在实体店组装计算机，最终的硬件配置和最初的配置方案都会有一定的差别，导致这种结果的原因是很多商家会通过调换配置来获得更高的利润。例如，将主板换为同芯片组但是供电更差、扩展更差的版本（如将华硕TUF GAMING B560M-PLUS重炮手换为华硕Prime B560M-A），这样商家获得了更高的利润，但计算机却因主板的短板产生了木桶效应。
- **严防商家瞒天过海：**选购CPU时，尽量选择盒装CPU，并仔细检查CPU包装，以免买到二次封装的二手CPU。
- **电源切忌“小马拉大车”：**组装计算机时经常容易忽视电源问题，低端电源或杂牌山寨电源容易出现功率虚标现象，切忌被所谓的峰值功率忽悠。
- **固态盘和硬盘的选择：**现在的硬盘逐渐成为短板硬件之一，建议选购一个固态盘作为系统盘，以加速系统的运行。如果需要存储大量的数据，可以使用固态盘（系统盘）+硬盘（存储盘）的组合。

2. 水冷散热器的安装注意事项

水冷散热器具有散热效率高和静音等优势，因此目前较为流行。为了使水冷散热器充分发挥其作用并提升其可靠性，用户必须科学地选择散热器，并正确安装。水冷散热器的安装注意事项如下。

- 水冷散热器的接触面水冷头底部必须与硬件接触面尺寸相匹配，以防压扁、压歪、损坏硬件。
- 水冷散热器的接触面必须具有较高的平整度和光洁度。建议选购接触面粗糙度≤1.6μm，平整度≤30μm的水冷散热器。安装时，硬件与散热器的接触面应保持清洁干净、无油污等。
- 安装时，要保证硬件与水冷散热器的接触面完全平行。在安装过程中，用户应通过硬件中心线施加压力，以使压力均匀分布在整个接触面。
- 在重复使用水冷散热器时，应注意检查其接触面是否光洁、平整，水腔内是否有水垢和堵塞，接触面是否出现下陷等情况，若出现上述情况应予以更换。

3. 在组装计算机时安装音箱

很多计算机都需要安装音箱，安装音箱比较复杂的操作是连接各种线缆，音箱与计算机之间的连线比较简单，通常都是一根有绿色接头的输出线，安装音箱的具体操作如下。

微课视频

在组装计算机时安装音箱

（1）购买音箱时通常会附带相应的连接线，安装音箱时，只需使用其中的双头主音频线与左右声道音频线。将所需的音频线取出并整理好，如图3-57所示。

（2）将双头主音频线分别插入音箱后面对应颜色的音频输入孔中（即红色插头插入红色输入孔，白色插头插入白色输入孔），如图3-58所示。

图3-57　整理音频线

图3-58　连接双头主音频线（1）

（3）将两根连接左右声道音箱的音频线按颜色或正负极加以区分，将裸露的线头分别插入低音炮与扬声器的左右音频输出口（即左右声道，有对应的颜色或正负极标记）中，并将塑料卡扣压紧以固定音频线，如图3-59所示。

（4）将双头主音频线的另一头插入主板或声卡的声音输出口（通常为绿色）中，如图3-60所示，完成音箱的安装。

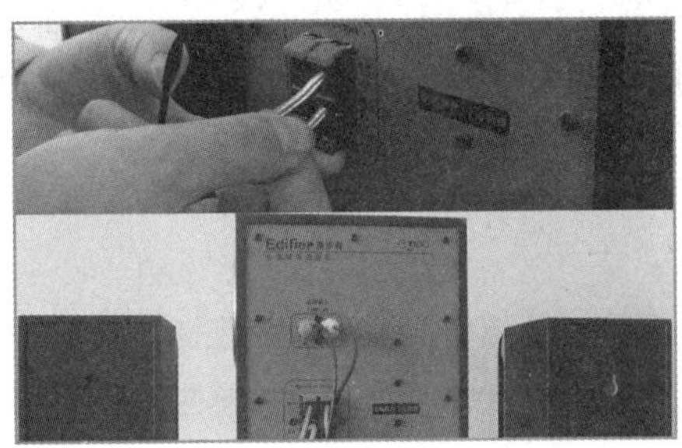
图3-59　连接左右声道音频线

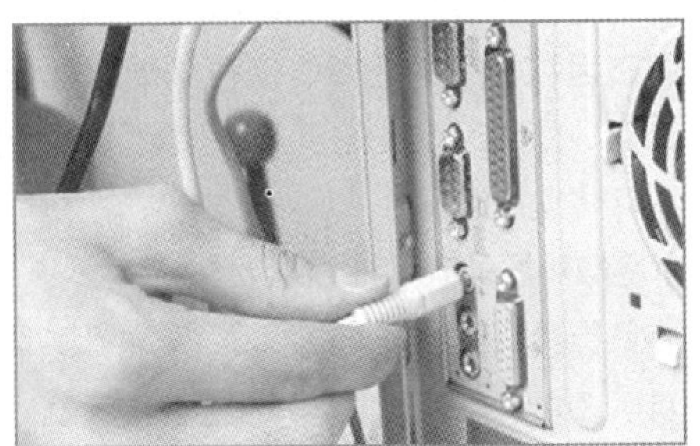
图3-60　连接双头主音频线（2）

4. 组装计算机的实用技巧

下面介绍一些组装计算机的实用技巧。

- 多看说明书。每台计算机的主板、机箱、电源等都不一样，所以安装时需要先查阅主板、显卡和散热器等硬件的说明书。
- 选择PCI-E插槽。对于有多条PCI-E插槽的主板来说，靠近CPU的PCI-E插槽通常与CPU直连，性能更优，通常应该在该插槽上安装显卡。但一些计算机的CPU散热器体积过于庞大，会影响显卡的散热，这时需要将显卡安装在第二个PCI-E插槽上。
- 注意固定主板螺丝的顺序。安装时应先将主板螺丝孔位与背板螺栓对齐，然后安装主板对角线位置的两颗螺丝，这样可以避免在安装之后主板发生位移。安装这两颗螺丝时不必拧紧，安装其余螺丝时也同样不必拧紧，全部螺丝都安装完毕之后，再依次拧紧。
- 选择安装硬件的顺序。对于组装计算机的顺序，不同的人有不同的看法，所以按照自己的习惯进行操作即可。对于组装计算机的新手而言，最好先将硬盘、电源安装到机箱，再将安装好CPU、内存的主板安装到机箱中，这样可以避免在安装电源和硬盘时失手撞坏主板。

5. 装机走线

在组装计算机的过程中，机箱内安装的硬件比较多，线缆自然也会较多。将杂乱的线缆整理并收集起来，使它们有序地放置在机箱的某个位置，这样不仅有利于机箱散热，而且可以提高机箱整体的美观度。目前主流的线缆整理方式是走背线，即从机箱背部走线进行安装（不过只有支持走背线的机箱才可以实现，并且电源线缆要足够长)。市面上常见的机箱和电源都支持走背线，图3-61所示为走背线的效果。

图 3-61　走背线的效果

AI加油站

1. AI生成组装计算机详细步骤

通常组装计算机的操作都基本相同，但不同型号的硬件在组装过程中仍然存在一定的差别。使用AI生成组装计算机的详细步骤更加适合新手或普通用户，因为AI会根据硬件的具体型号来向用户详细说明具体的组装过程，将整个组装过程分解成简单明了的步骤，每一步都有明确的指导、注意事项和常见问题提示，确保用户顺利完成组装，同时保证安全和硬件完好。同样，用户只需要向AI提供计算机的详细硬件清单，然后提出要求，AI就能够生成详细的步骤，图3-62所示为根据项目二中AI提供的“方案一：集成显卡高性价比方案”生成的组装计算机详细步骤。

2. 关于AI能否实现计算机组装全自动化的问题

从发展趋势来看，未来AI很有可能在很大程度上实现计算机组装的全自动化，但要完全实现可能还面临一些挑战。AI技术不断取得突破，其与机器人技术的融合会越来越深入，图像识别精度会更高，机器人的操作灵活性和精准度也会不断提升，能够更好地应对计算机组装中各种零部件的识别和安装。同时，AI的数据分析和处理能力也会更强，可以更高效地进行生产流程优化、质量检测和故障诊断等工作。然而，AI要实现计算机组装的全自动化也存在一些障碍。一方面，在计算机组装过程中可能会遇到各种意外情况和非标准化问题，如零部件的微小瑕疵、特殊的组装要求等，AI在处理这些复杂、不确定的情况时，可能难以像人类一样灵活和准确地做出判断和决策。另一方面，通用人工智能（Artificial General Intelligence，AGI，是指具备全面智能能力，能够理解、学习、推理、解决各种不同类型问题，并能在各种复杂环境中灵活适应和自主决策的人工智能系统）尚未完全实现，现有的AI技术大多是针对特定任务的，要让AI具备全面、通用的计算机组装能力，还需要在技术上取得更大的突破。

以下是详细的组装步骤，按照安全、规范的操作流程设计，适合新手操作。请仔细阅读并准备好工具（十字螺丝刀、扎带等）。

一、组装前准备

1. **工具与环境**
   - 十字螺丝刀（磁性头更佳）、手电筒（辅助照明）、防静电手环（可选）。
   - 在干净、干燥的桌面操作，避免静电和灰尘。
   - **防静电措施**：洗手或触摸金属物体（如机箱）释放静电。
2. **核对所有配件**
   - 确保配件齐全：CPU、主板、内存、硬盘、电源、机箱、散热器、显示器、键鼠等。
   - 保留配件包装盒和保修卡。

二、组装步骤

步骤1：安装CPU到主板

1. 打开主板CPU插槽盖：
   - 找到主板上的AM4插槽，轻按插槽旁的金属杆并向外侧推开，抬起插槽盖。
     注意！不要触碰插槽内的金属针脚。
2. 安装CPU：
   - 观察CPU左下角的金色三角标记（与主板插槽三角标记对齐），轻放CPU到插槽中，**切勿用力按压。**
   - 合上插槽盖，压下金属杆固定。
3. 安装原装散热器：

（a）

   - 拆下散热器底座保护膜，涂抹硅脂（原装散热器自带预涂硅脂，无需额外涂抹）。
   - 对齐散热器四角螺丝孔，下压并顺时针拧紧螺丝（对角线顺序）。
   - 将散热器风扇电源线插到主板标记为"CPU_FAN"的4针接口。

步骤2：安装内存

1. 打开内存插槽卡扣：
   - 主板内存插槽通常为第2、4槽优先（双通道），将两侧卡扣向外拨开。
2. 插入内存：
   - 对准内存金手指缺口与插槽凸起，**双手均匀用力垂直下压**，听到"咔嗒"声后卡扣自动闭合。
   - 重复操作安装另一根内存条。

步骤3：安装固态硬盘（M.2 NVMe）

1. 找到主板M.2插槽：
   - 微星B550M MORTAR主板通常有1~2个M.2插槽，优先选择靠近CPU的插槽（散热更好）。
2. 固定固态硬盘：
   - 将硬盘金手指以30°角插入插槽，轻轻下压并用螺丝固定尾部（螺丝一般附带在主板的配件包中）。

步骤4：安装主板到机箱

1. 安装机箱铜柱：
   - 根据主板尺寸（MATX）调整机箱铜柱位置（通常机箱已预装，需核对是否匹配）。
2. 固定主板：

（b）

图3-62　生成的组装计算机详细步骤

- 将主板I/O接口区域（USB/网口等）对准机箱背板开口，平稳放入机箱。
- 用螺丝固定主板（螺丝孔位与铜柱对齐，先拧对角螺丝）。

步骤5：安装电源

1. 固定电源：
   - 将电源风扇朝下（机箱底部有通风口）放入电源仓，用4颗螺丝固定。
2. 连接电源线：
   - **主板供电**：将24Pin电源线插入主板右侧接口。
   - **CPU供电**：将8Pin（或4+4Pin）电源线插入主板左上角接口。
   - **SATA供电**：暂时无需连接（无机械硬盘）。

步骤6：连接机箱前面板线

1. 找到主板右下角的"JFP1"针脚（前面板接口），按标记连接：
   - **电源开关**：POWER SW（不分正负）
   - **重启键**：RESET SW
   - **电源灯**：POWER LED+/-（注意正负）
   - **硬盘灯**：HDD LED
   - **USB 3.0/2.0**：插入主板对应接口（防呆设计）
   - **音频接口**：连接"HD_AUDIO"针脚

步骤7：理线与通电测试

1. 用扎带整理电源线和数据线，避免阻挡风道。

（c）

2. **暂不装侧板**，连接显示器、键鼠、电源线，短接主板上的"POWER SW"针脚（或按机箱电源键）开机。
3. 观察：
   - 主板故障灯是否亮起（正常应快速跳过）。
   - 屏幕是否显示BIOS界面（如无显示，检查内存、CPU是否插紧）。

步骤8：安装系统

1. 准备一个U盘（≥8GB），下载Windows系统镜像并制作启动盘（使用微软官方工具或第三方工具）。
2. 开机时按"Delete"键进入BIOS，设置U盘为第一启动项，保存并重启。
3. 根据提示安装系统到固态硬盘，完成后安装主板驱动（官网下载）。

三、注意事项

1. **防静电**：全程避免直接触碰电子元件金属部分。
2. **力度控制**：安装CPU、内存时需垂直施力，避免歪斜导致针脚损坏。
3. **散热器压力**：确保散热器螺丝均匀拧紧，避免CPU受压不均。
4. **理线**：合理规划走线，避免影响散热和后续维护。

完成组装后，可安装编程环境（如VS Code、IDEA）、虚拟机软件（VirtualBox）等工具，开始你的开发任务！如有问题可随时留言。

（d）

图3-62　生成的组装计算机详细步骤（续）

项目四
设置 BIOS 和硬盘分区

情景导入

在成功完成计算机的组装任务后，老洪要求米拉掌握BIOS设置和硬盘分区的相关知识，并告诉米拉，接下来的任务是进入组装好的计算机的BIOS界面，对启动顺序、系统时间等关键参数进行设置，以确保计算机能够正常启动和运行；并按照各部门的需求，对每台计算机的硬盘进行分区，以便各部门分类管理工作数据。于是，在老洪的指导下，米拉又开始工作了。

学习目标

- 了解 BIOS 的基本功能
- 熟练掌握 BIOS 的基本操作
- 熟练掌握对硬盘进行分区的基本操作
- 熟练掌握对硬盘进行格式化的基本操作

能力目标

- 能够轻松设置 BIOS
- 能够使用软件对硬盘进行分区
- 能够使用软件对硬盘进行格式化

素养目标

- 培养精益求精的工作态度

任务一　设置UEFI BIOS

BIOS是被固化在只读存储器（Read-Only Memory，ROM）中的程序，因此又称为ROM BIOS或BIOS ROM。BIOS在开机时即运行，只有运行BIOS后，硬盘中的程序才能正常工作。由于BIOS存储在ROM中，因此它只能读取不能修改，且断电后仍能保持数据不丢失。

一、任务目标

熟悉UEFI BIOS的基本功能、基本操作，以及主要设置项，并掌握常见的设置操作。

二、相关知识

统一可扩展固件接口（Unified Extensible Firmware Interface，UEFI）是一种详细描述全新类型接口的标准，是适用于计算机的标准固件接口，旨在代替BIOS并提高软件互操作性和解决BIOS的局限性问题，现在通常把具备UEFI标准的BIOS设置称为UEFI BIOS。作为传统BIOS的继任者，UEFI BIOS拥有前者不具备的诸多优势，如图形化界面、多种多样的操作方式、允许植入硬件驱动等，因此UEFI BIOS相比传统的BIOS更加易用。Windows 8操作系统在发布之初就对外宣布全面支持UEFI，这也促使众多主板厂商纷纷转投UEFI，并将此作为主板的标准配置之一。

UEFI BIOS具有以下5个特点。

- 通过保护预启动或预引导进程，抵御bootkit攻击，从而提高安全性。
- 缩短了启动时间和从休眠状态恢复的时间。
- 支持容量超过2.2TB的驱动器。
- 支持64位的现代固件设备驱动程序。
- UEFI硬件可与BIOS结合使用。

不同品牌的主板，其BIOS的设置程序可能不同，但进入BIOS设置程序的操作是相同的，即启动计算机，按【Delete】键或【F2】键。图4-1所示为微星主板的UEFI BIOS主界面。

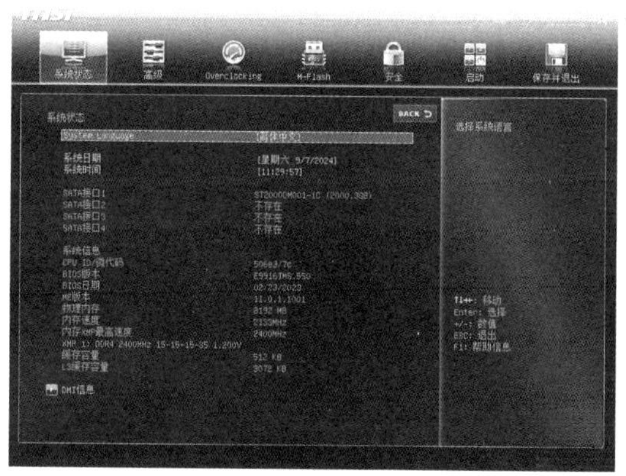

图4-1　微星主板的UEFI BIOS主界面

（一）BIOS的基本功能组成

中断服务程序、系统设置程序、开机自检程序和系统启动自举程序是BIOS的基本功能组成部分，但经常使用的只有后面3项。

- **中断服务程序：**实质上是指计算机系统中软件与硬件之间的接口，操作系统对硬盘、光驱、键盘和显示器等设备的管理都建立在BIOS的基础上。
- **系统设置程序：**计算机在对硬件进行操作前，必须了解硬件的配置信息，这些配置信息存放在一块可读写的RAM（Random Access Memory，随机存储器）芯片中，BIOS中的系统设置程序主要用来设置RAM中的各项硬件参数，这个设置参数的过程就称为BIOS设置。

- **开机自检程序：** 在按下计算机电源开关后，开机自检（Power On Self Test，POST）程序将检查各个硬件设备是否正常工作，包括对CPU、640KB基本内存、1MB以上的扩展内存、ROM、主板、CMOS存储器、串并口、显卡、软/硬盘子系统及键盘等进行检查。如果在自检过程中发现问题，系统将给出提示信息或警告。
- **系统启动自举程序：** 完成开机自检后，BIOS将先按照RAM中保存的启动顺序来搜寻软硬盘、光盘驱动器和网络服务器等有效的启动驱动器，再读入操作系统引导记录，然后将系统控制权交给引导记录，最后由引导记录完成系统的启动。

（二）BIOS的基本操作

UEFI BIOS可以直接通过鼠标操作，而进入传统的BIOS设置主界面后，可通过快捷键进行操作，这些快捷键在UEFI BIOS中同样适用。

- **【←】、【→】、【↑】、【↓】键：** 用于在各设置选项间切换和移动。
- **【+】或【Page Up】键：** 用于切换选项或快速增加某个选项的数值。
- **【-】或【Page Down】键：** 用于切换选项或快速减少某个选项的数值。
- **【Enter】键：** 用于确认执行和显示选项的所有设置值并进入选项子菜单。
- **【F1】或【Alt+H】键：** 用于打开帮助窗口，并显示所有功能键。
- **【F5】键：** 用于载入选项修改前的设置值。
- **【F6】键：** 用于载入选项的默认值。
- **【F7】键：** 用于载入选项的最优化默认值。
- **【F10】键：** 用于保存并退出BIOS设置。
- **【Esc】键：** 用于回到上一界面或主界面，或从主界面中结束设置程序。按此键也可不保存设置直接退出BIOS程序。

（三）UEFI BIOS中的主要设置项

UEFI BIOS通常是中文界面，可通过鼠标直接设置，主要设置项一般包括系统设置、高级设置、CPU设置、固件升级、安全设置、启动设置和保存退出等。这里以微星主板的UEFI BIOS为例，其主要设置项如下。

- **系统状态：** 主要用于显示和设置系统的各种状态信息，包括系统日期、时间、各种硬件信息等。
- **高级：** 主要用于显示和设置计算机系统的高级选项，包括PCI子系统、USB设置、硬件监控、整合周边设备、电源管理设置等，如图4-2所示。
- **Overclocking：** 主要用于显示和设置硬件频率和电压，包括高级内存配置、内存频率、PCH电压、内存电压、CPU规格等，如图4-3所示。
- **M-Flash：** 主要用于升级UEFI BIOS的固件，如图4-4所示。
- **安全：** 主要用于设置系统安全密码，包括管理员密码、用户密码和机箱入侵设置等，如图4-5所示。

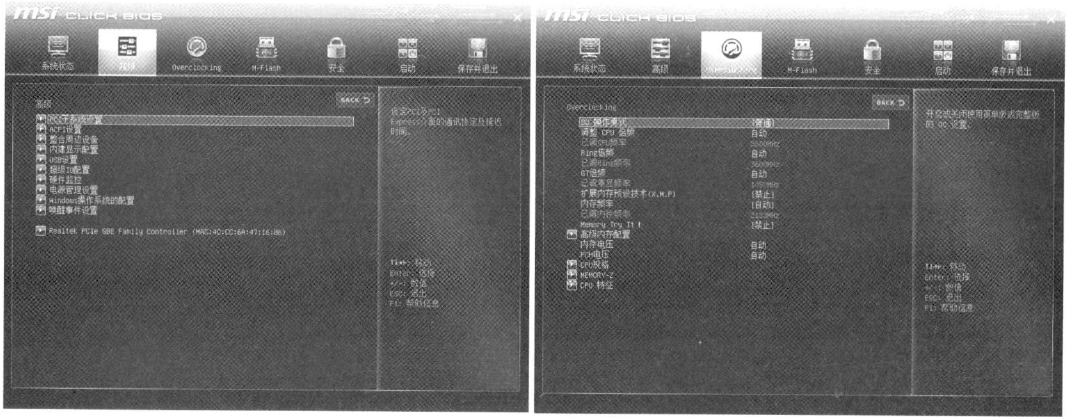

图4-2 “高级”界面　　图4-3 “Overclocking”界面

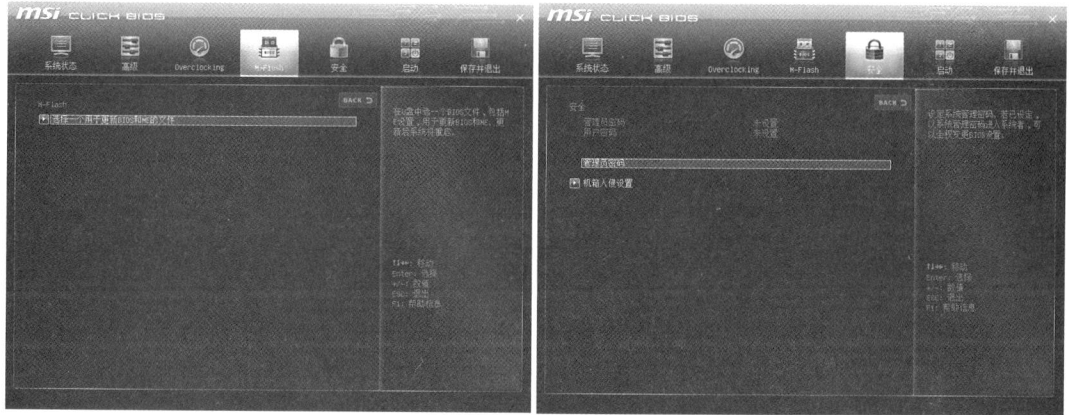

图4-4 “M-Flash”界面　　图4-5 “安全”界面

- **启动：**主要用于显示和设置系统的启动信息，包括启动配置、启动模式和启动顺序等，如图4-6所示。
- **保存并退出：**主要用于显示前面对UEFI BIOS进行过的各种设置，包括保存选项和更改的操作等，如图4-7所示。

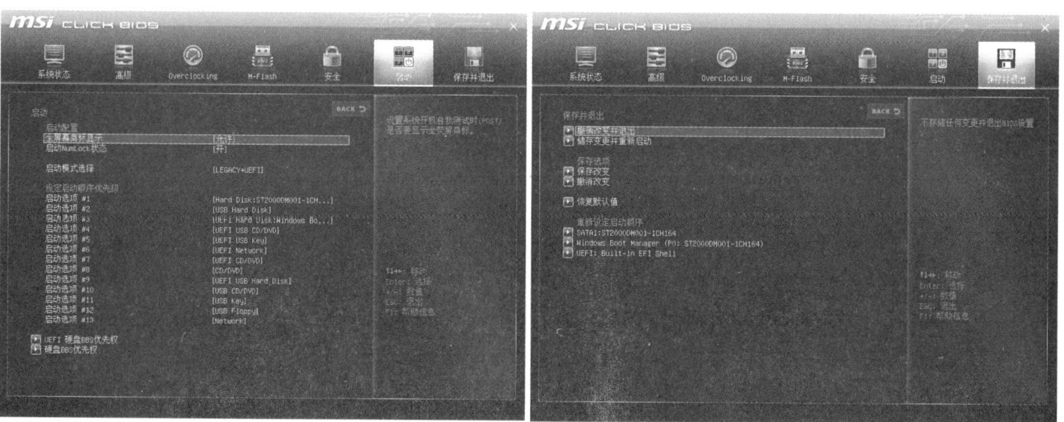

图4-6 “启动”界面　　图4-7 “保存并退出”界面

三、任务实施

（一）设置计算机启动顺序

启动顺序是指系统启动时查找并加载操作系统的驱动器顺序，需在“启动”界面中设置。下面在“启动”界面中设置计算机通过U盘启动，具体操作如下。

（1）启动计算机，当出现自检画面时按【Delete】键，进入UEFI BIOS设置主界面，单击上方的“启动”按钮，进入“启动”界面，在“设定启动顺序优先级”栏中选择“启动选项 #1”选项，如图4-8所示。

（2）在打开的“启动选项 #1”对话框中选择“USB Hard Disk”选项，如图4-9所示。

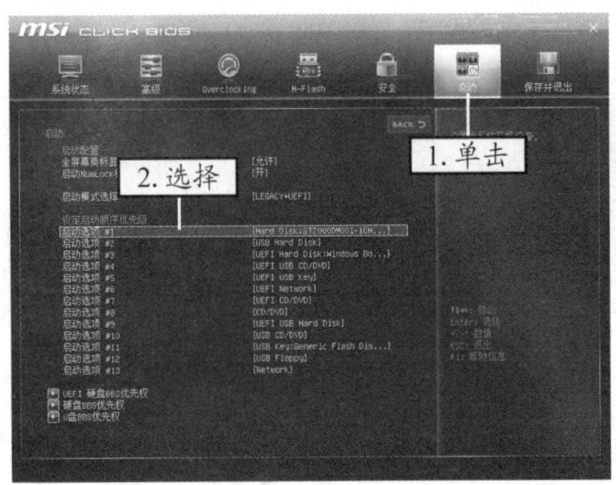

图4-8　选择启动选项

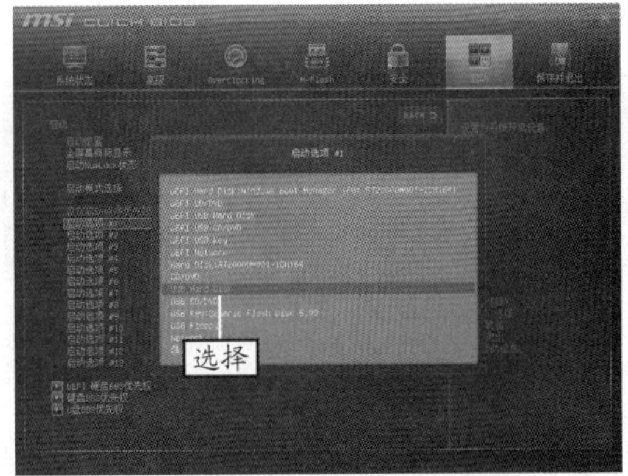

图4-9　设置U盘启动

（3）返回“启动”界面，单击上方的“保存并退出”按钮；进入“保存并退出”界面，在“保存并退出”栏中选择“储存变更并重新启动”选项，如图4-10所示。

（4）在打开的提示对话框中单击“是”按钮，如图4-11所示，完成计算机启动顺序的设置。

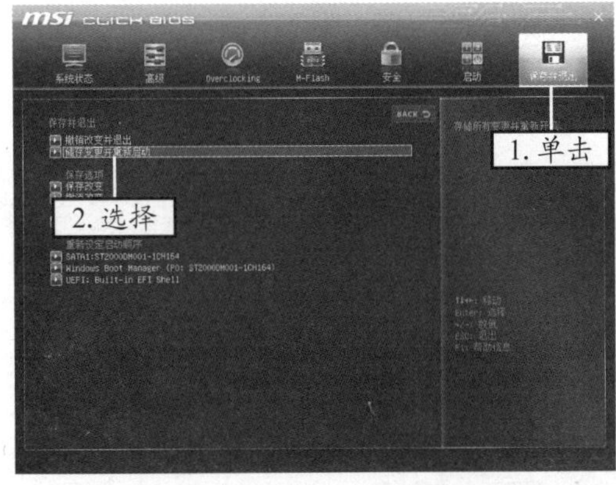

图4-10　保存更改并重新启动

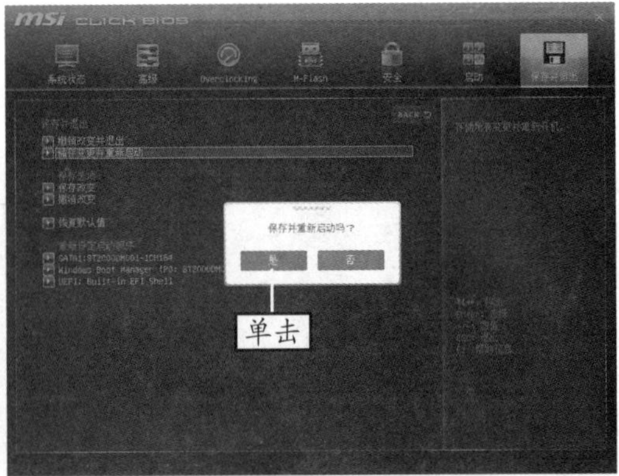

图4-11　确认设置

（二）设置BIOS管理员密码

在BIOS设置中有两种密码，一种是管理员密码，设置这种密码后，计算机开机时需要输入该密码，否则无法开机登录；另一种是用户密码，设置这种密码后，计算机可以正常开机使用，但进入BIOS需要输入该密码。下面介绍设置管理员密码的方法，具体操作如下。

微课视频

设置BIOS管理员密码

（1）进入UEFI BIOS设置主界面，单击上方的“安全”按钮；进入“安全”界面，在“安全”栏中选择“管理员密码”选项，如图4-12所示。

（2）在打开的“建立新密码”对话框中输入密码，如图4-13所示。

（3）在打开的“确认新密码”对话框中再次输入相同的密码，如图4-14所示。

（4）返回“安全”界面，显示管理员密码已设置，如图4-15所示。保存设置并重新启动计算机，将进入输入密码以登录的界面，输入刚才设置的管理员密码即可启动计算机。

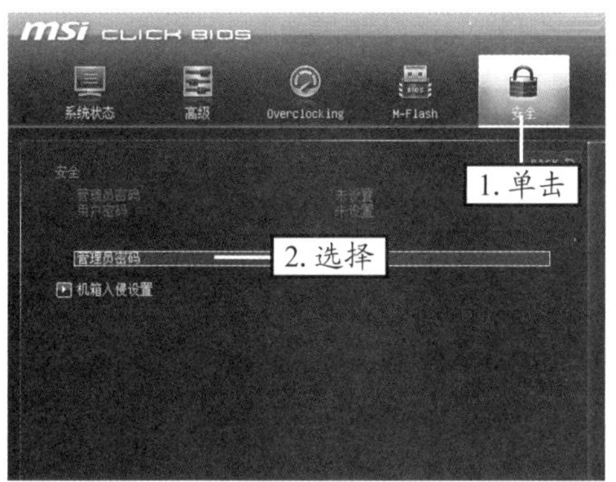

图4-12 选择“管理员密码”选项

图4-13 输入密码

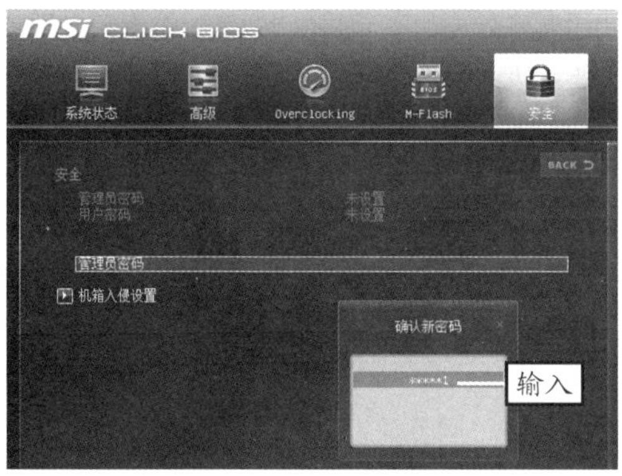

图4-14 确认密码

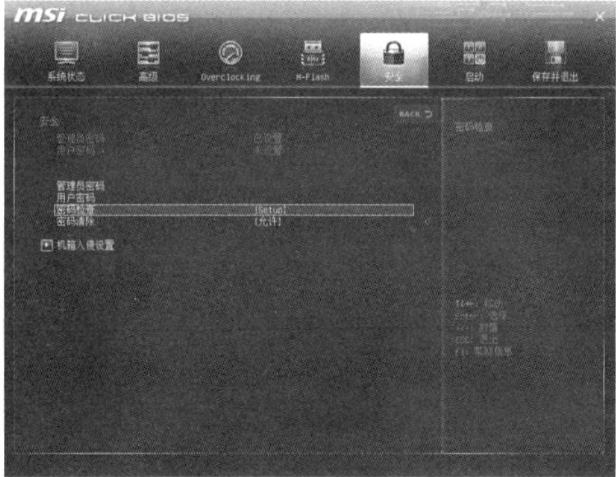

图4-15 完成密码设置

（三）设置断电恢复的状态

在计算机意外断电后，通常需要重新启动计算机，但在BIOS中进行断电恢复的设置后，一旦电源恢复，计算机将自动启动。下面在UEFI BIOS中设置来电后计算机自动重启，具体操作如下。

（1）进入UEFI BIOS设置主界面，单击上方的“高级”按钮，进入“高级”界面，在“高级”栏中选择“电源管理设置”选项，如图4-16所示。

（2）在“高级\电源管理设置”栏中选择“AC电源掉电再来电的状态”选项，如图4-17所示。

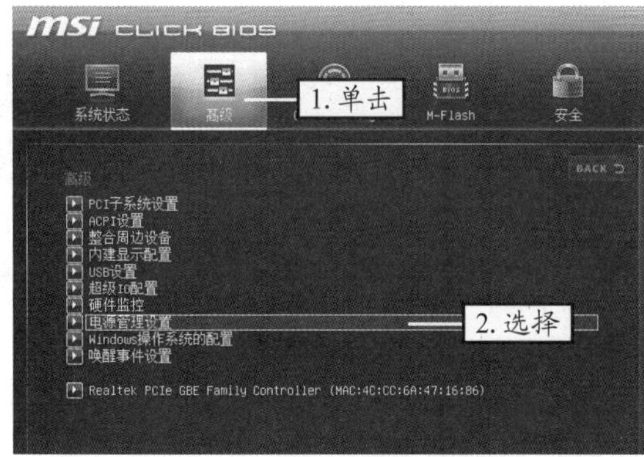

图 4-16　选择“电源管理设置”选项

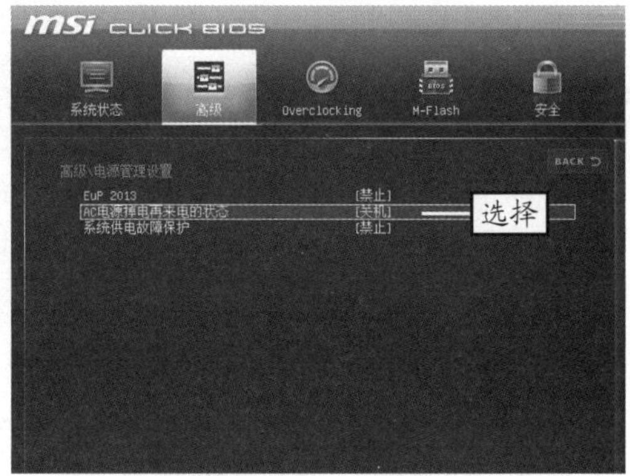

图 4-17　电源管理设置

（3）在打开的“AC电源掉电再来电的状态”对话框中选择“开机”选项，如图4-18所示，然后保存设置并重新启动计算机。

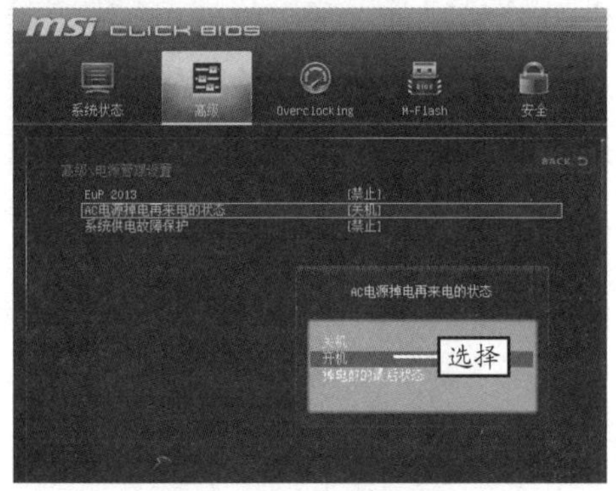

图4-18　设置断电恢复的状态

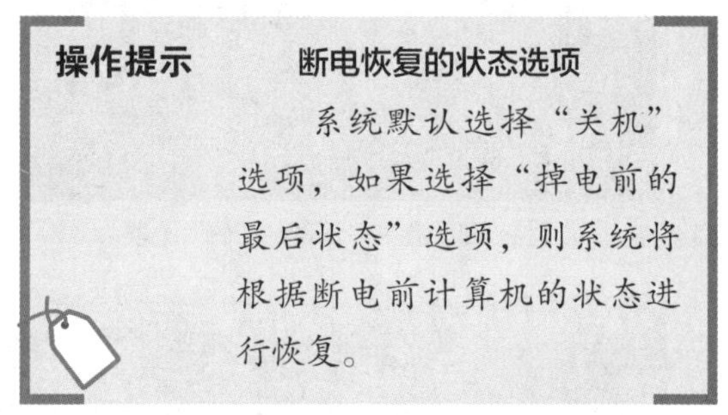

操作提示　　**断电恢复的状态选项**

系统默认选择“关机”选项，如果选择“掉电前的最后状态”选项，则系统将根据断电前计算机的状态进行恢复。

（四）升级BIOS以兼容最新硬件

可以通过升级UEFI BIOS来兼容最新的计算机硬件，从而提升计算机的性能。下面升级BIOS，具体操作如下。

（1）进入UEFI BIOS设置主界面，单击上方的“M-Flash”按钮，进入“M-Flash”界面，在“M-Flash”栏中选择“选择一个用于更新BIOS和ME的文件”选项，如图4-19所示。

（2）在打开的“选择UEFI文件”对话框中选择升级的文件，如图4-20所示，系统将自动升级BIOS并自动重新启动计算机。

操作提示　　**不保存设置退出**

如果对设置不满意，需要直接退出 BIOS，可以在 BIOS 设置主界面中单击上方的“保存并退出”按钮，进入“保存并退出”界面；在“保存并退出”栏中选择“撤销改变并退出”选项，在打开的提示对话框中单击“是”按钮，如图 4-21 所示。

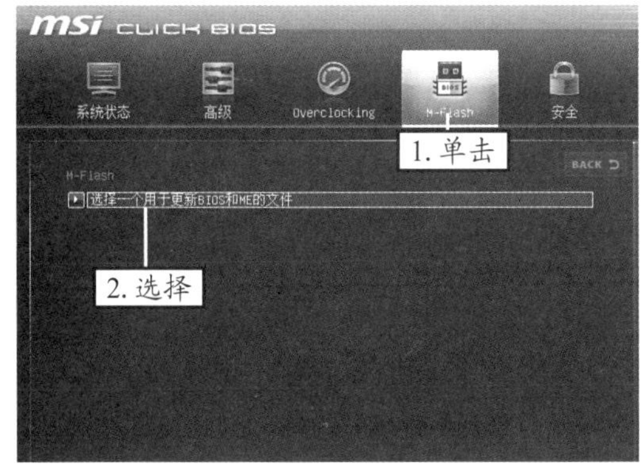

图4-19　选择M-Flash选项

图4-20　选择升级的文件

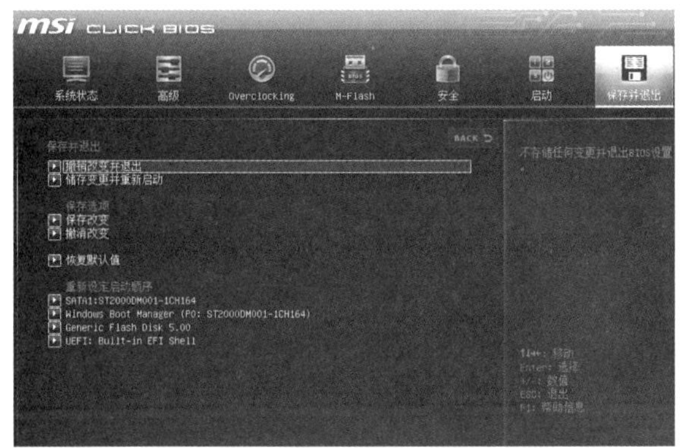

图4-21　不保存设置退出

任务二　硬盘分区

硬盘分区是指在一块物理硬盘上创建多个独立的逻辑单元，以提高硬盘利用率，并实现数据的有效管理，这些逻辑单元即通常所说的C盘、D盘和E盘等。随着硬盘容量的不断提升，过去的硬盘分区方式已经不适用于容量在2TB以上的硬盘，需要针对不同的容量，使用不同的方法对硬盘进行分区。

一、任务目标

了解硬盘分区的原因和原则，并了解分区的类型和格式，最后对不同容量的硬盘进行分区。通过本任务的学习，读者可以掌握进行硬盘分区的具体操作方法。

二、相关知识

（一）分区的原因

对硬盘进行分区的原因主要有以下两个方面。

- **引导硬盘启动：**新出厂的硬盘并没有进行分区激活，这使得计算机无法对硬盘进行读写操作。在对硬盘进行分区时，可为其设置好各项物理参数，并指定硬盘的主引导记录及引导记录备份的存放位置。只有主分区中存在主引导记录，才可以正常引导硬盘启动，从而实现操作系统的安装及数据读写。

- **方便管理：**未分区的新硬盘只有一个原始分区，这不仅会使硬盘中的数据没有条理，而且不利于发挥计算机的性能，因此有必要合理分配硬盘空间，将其划分为几个容量较小的分区。

（二）分区的原则

在对硬盘进行分区时，不可盲目分配，需按照一定的原则来完成分区操作。分区的原则一般包括合理分区、实用为主和根据操作系统的特性分区等。

- **合理分区：**合理分区是指分区数量要合理，不可过多。过多的分区将降低系统启动及读写数据的速度，并且不便于进行磁盘管理。
- **实用为主：**根据实际需要决定每个分区的容量大小，每个分区都有专门的用途。这样可以使各个分区之间的数据相互独立，不易混淆。
- **根据操作系统的特性分区：**操作系统不能支持全部类型的分区格式，因此，在分区时应考虑要安装何种操作系统，以便合理安排。

硬盘通常分为系统分区、程序分区、数据分区和备份分区，除了系统分区要考虑操作系统容量外，其余分区可平均分配。

（三）分区的类型

分区类型最早是在磁盘操作系统（Disk Operating System，DOS）中出现的，其作用是描述各个分区之间的关系。分区类型主要包括主分区、扩展分区与逻辑分区。

- **主分区：**主分区是硬盘上最重要的分区。一个硬盘最多有4个主分区，但只能有一个主分区被激活。主分区被系统默认分配为C盘。
- **扩展分区：**主分区外的其他分区统称为扩展分区。
- **逻辑分区：**逻辑分区从扩展分区中分配，只有逻辑分区的文件格式与操作系统兼容时，操作系统才能访问它。逻辑分区的盘符默认从D盘开始（前提条件是硬盘上只存在一个主分区）。

（四）传统的MBR分区格式

主引导记录（Master Boot Record，MBR）是在磁盘上存储分区信息的一种方式，分区信息包含分区从哪里开始的信息，这样操作系统才知道哪个扇区属于哪个分区，以及哪个分区可以启动。MBR存储于驱动器开始部分的一个特殊的启动扇区，这个扇区包含已安装的操作系统的启动加载器和驱动器的逻辑分区信息。如果安装了Windows操作系统，Windows启动加载器的初始信息就放在该区域中。如果MBR的信息被覆盖导致Windows不能启动，需要使用Windows的MBR修复功能使其恢复正常。MBR无法处理大于2TB容量的硬盘。MBR最多只支持4个主分区，如果想要创建更多分区，则需要创建扩展分区，并在其中创建逻辑分区。

传统的MBR分区文件格式有FAT32与NTFS两种，以NTFS为主，这种文件格式的硬盘分区占用的簇更小，支持的分区容量更大，并且引入了文件恢复机制，可最大限度地保证数据安全。Windows 系列操作系统通常使用NTFS分区文件格式。

（五）GPT分区格式

全局唯一标识分区表（GUID Partition Table，GPT）是一个正逐渐取代MBR的新分区标准，它和UEFI相辅相成——UEFI用于取代老旧的BIOS，而GPT则取代老旧的MBR。全局唯一标识符（Globally Unique Identifier，GUID）分区表的由来是因为驱动器上的每个分区都有一个GUID——这是一个随机生成的字符串，可以保证为每一个GPT分区都分配完全唯一的标识符。GPT支持大容量磁盘驱动器，同时支持几乎无限多个分区（但Windows最多支持128个GPT分区），而且不需要创建扩展分区。2TB以上的硬盘和M.2 NVMe固态盘都必须使用GPT分区格式，SATA固态盘则可以使用MBR和GPT这两种分区格式。

三、任务实施

（一）制作U盘启动盘

Windows预安装环境（Windows Preinstallation Environment，Windows PE）是常用的U盘启动盘操作系统，下面以Windows PE的大白菜软件为例介绍制作U盘启动盘的方法，具体操作如下。

（1）进入大白菜官网，下载并安装U盘启动盘制作软件（安装软件的具体操作将在项目五详细讲解），如图4-22所示。

图4-22 下载并安装U盘启动盘制作软件

（2）将一个空白U盘插入计算机的USB接口。

（3）启动U盘启动盘制作软件，在主界面的“默认模式”选项卡的“请选择”下拉列表中选择U盘对应的选项，其他设置保持默认，然后单击“一键制作成USB启动盘”按钮，如图4-23所示。

（4）弹出一个提示对话框，要求用户确认是否需要扩展EFI启动支持，在其中单击“是”按钮，如图4-24所示。

（5）制作软件开始在选择的U盘中写入数据，并将其制作成启动盘，软件主界面下方会显示制作进度，如图4-25所示。

（6）制作完成后，弹出提示对话框，提示用户启动U盘已制作成功，在其中单击“否”按钮即可，如图4-26所示。

图4-23　选择制作模式

图4-24　确认操作

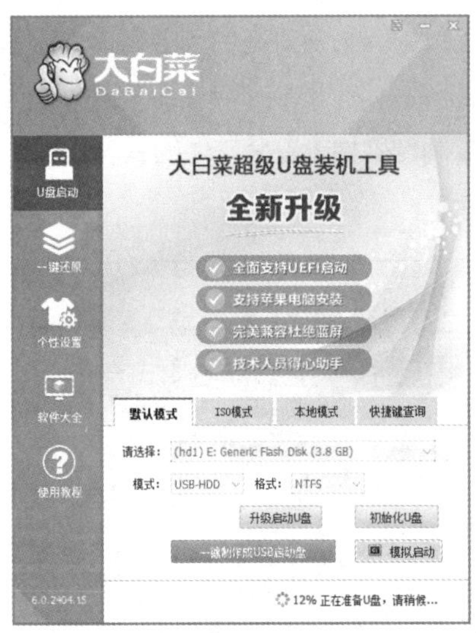

图4-25　开始制作U盘启动盘

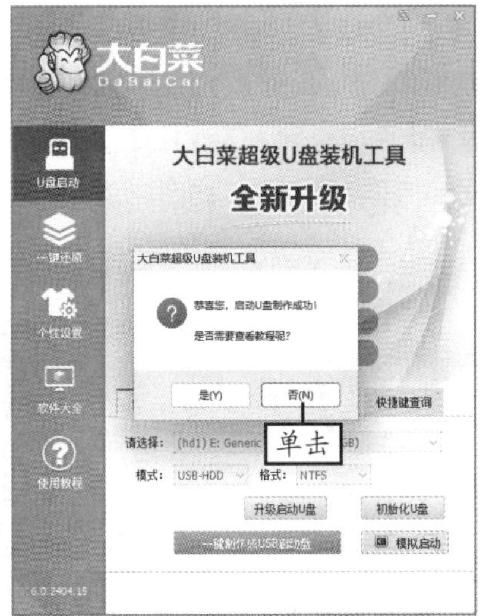

图4-26　完成制作

（二）使用DiskGenius为500GB的固态盘分区

DiskGenius是Windows PE自带的专业硬盘分区软件，可以对目前所有容量的硬盘进行分区。下面使用DiskGenius将500GB的固态盘分为两个区，具体操作如下。

（1）使用制作好的U盘启动盘启动计算机，进入Windows PE的操作界面，在其中双击“分区工具”图标，如图4-27所示。

（2）进入DiskGenius操作界面后，在左侧的列表框中选择需要分区的500GB固态盘对应的选项（显示为“466GB”），在上方的“基本GPT”栏中单击 “空闲465.8GB”硬盘区域，然后在工具栏中单击“新建分区”按钮，如图4-28所示。

图4-27　双击“分区工具”图标

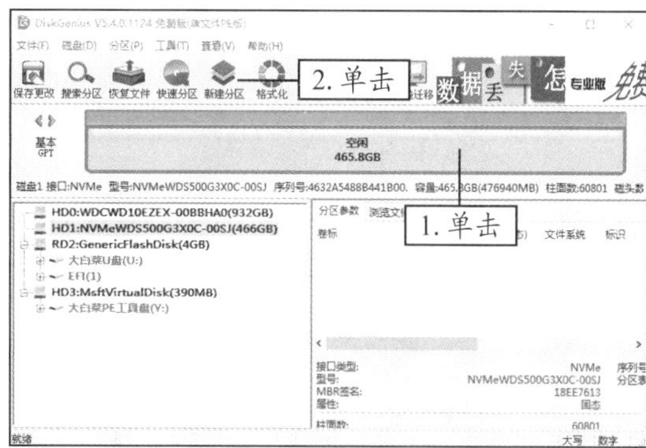

图4-28　选择要分区的硬盘

（3）在打开的“建立新分区”对话框的“请选择分区类型”栏中选中“主磁盘分区”单选项，在“请选择文件系统类型”下拉列表中选择“NTFS”选项，在“新分区大小”数值框中输入“300”，在右侧的下拉列表中选择“GB”选项，然后单击“确定”按钮，如图4-29所示。

（4）返回DiskGenius操作界面，可看到已经划分好的硬盘主磁盘分区，单击“空闲165.8GB”硬盘区域，再单击“新建分区”按钮，如图4-30所示。

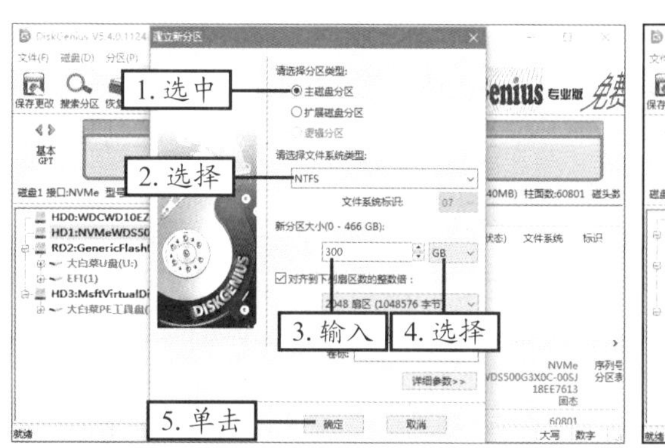

图4-29　建立主磁盘分区

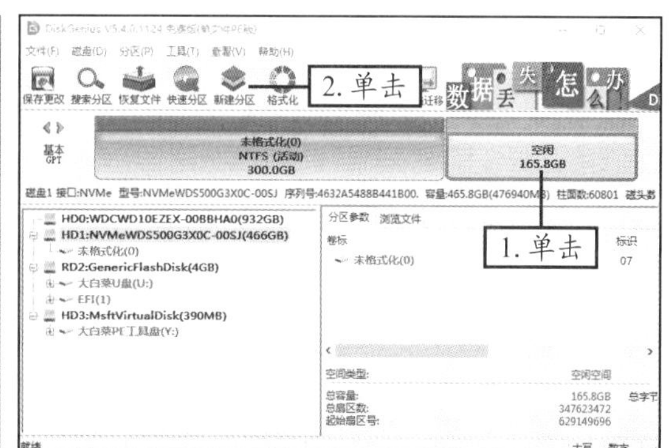

图4-30　新建分区

（5）在打开的“建立新分区”对话框的“请选择分区类型”栏中选中“扩展磁盘分区”单选项，其他设置保持默认，然后单击“确定”按钮，如图4-31所示。

（6）返回DiskGenius操作界面，可看到已经将刚才选择的硬盘空闲空间全部划分为扩展磁盘分区，单击“空闲165.8GB”硬盘区域，再单击“新建分区”按钮，如图4-32所示。

（7）在打开的“建立新分区”对话框的“请选择分区类型”栏中选中“逻辑分区”单选项，在“请选择文件系统类型”下拉列表中选择“NTFS”选项，其他设置保持默认，然后单击“确定”按钮，如图4-33所示。

（8）返回DiskGenius操作界面，可看到已经将刚才选择的硬盘划分为两个分区。在上方的工具栏中单击“保存更改”按钮，打开提示对话框，要求用户确认是否保存对分区表的所有更改，在其中单击“是”按钮，如图4-34所示。

（9）再次弹出一个提示对话框，询问用户是否对新建立的硬盘分区进行格式化，单击“是”按钮，如图4-35所示。

（10）返回DiskGenius操作界面，完成硬盘分区，如图4-36所示。将硬盘分区并格式化后，即可用于安装操作系统和应用软件，以及进行数据读写等操作。

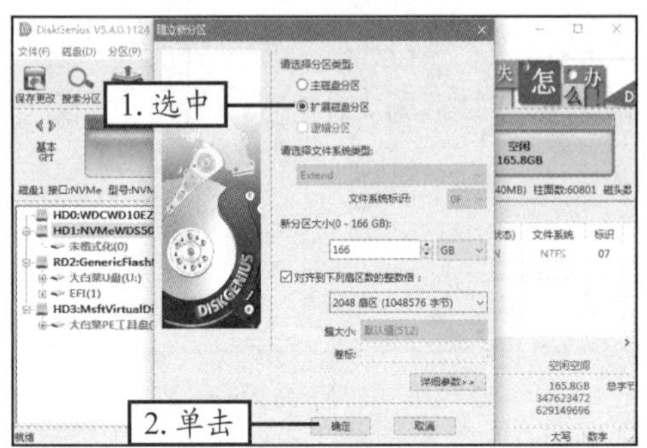

图4-31　建立扩展分区

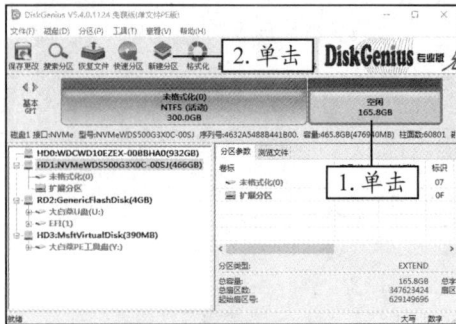

图4-32　继续创建分区

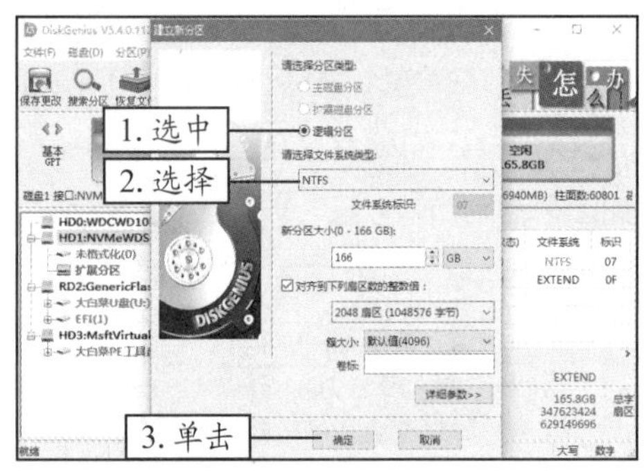

图4-33　建立逻辑分区

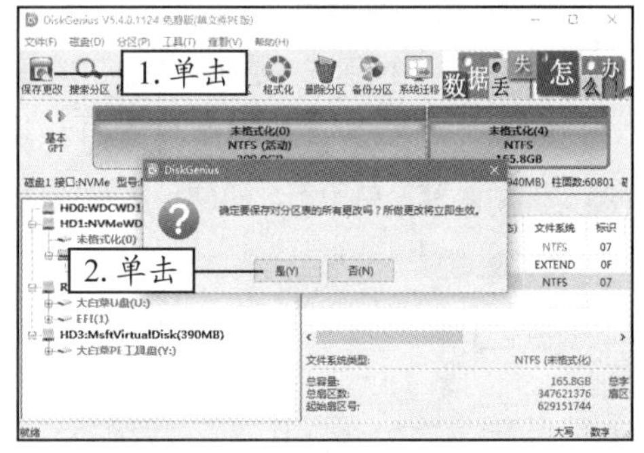

图4-34　确认分区操作

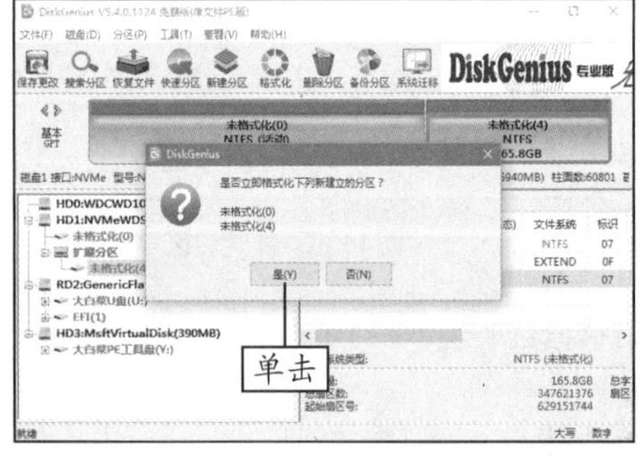

图4-35　确认格式化操作

图4-36　完成硬盘分区

知识补充　　**硬盘格式化**

硬盘格式化是指对创建的分区进行初始化，并确定数据的写入区，只有经过格式化的硬盘才可以安装软件及存储数据。格式化操作会删除硬盘中原有的数据。

（三）使用DiskGenius为1TB的硬盘分区

下面使用DiskGenius的自动分区功能将1TB的机械硬盘分为3个区，具体操作如下。

使用DiskGenius为1TB的硬盘分区

（1）在DiskGenius操作界面左侧的列表框中选择需要分区的1TB机械硬盘对应的选项（显示为“932GB”），在上方的“基本MBR”栏中单击“空闲931.5GB”硬盘区域，然后在工具栏中单击“快速分区”按钮，如图4-37所示。

（2）在打开的“快速分区”对话框左侧的“分区表类型”栏中选中“MBR”单选项，在“分区数目”栏中选中“3个分区”单选项；在“高级设置”栏中保持软件默认的分区大小和文件格式，在右侧第一行的“卷标”下拉列表中选择“办公”选项，在右侧第二行的“卷标”下拉列表中选择“娱乐”选项，在右侧第三行的“卷标”下拉列表中选择“数据”选项；其他设置保持默认，然后单击“确定”按钮，如图4-38所示。

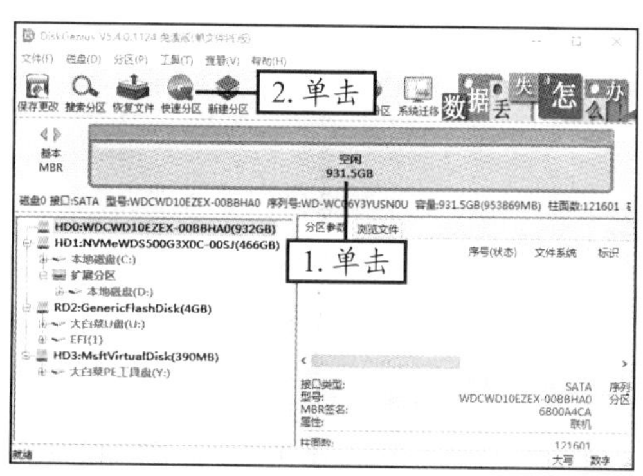

图4-37　快速分区

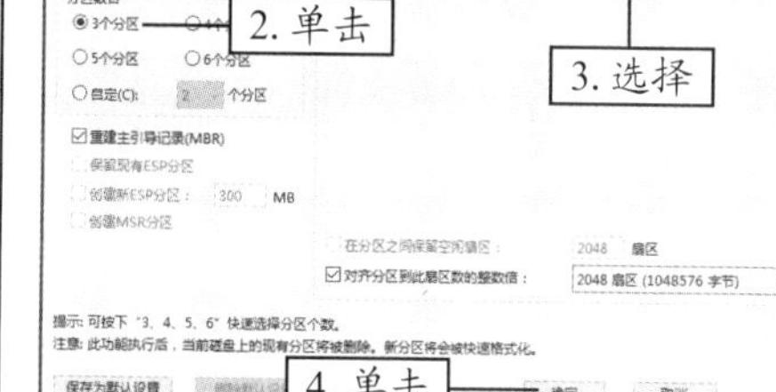

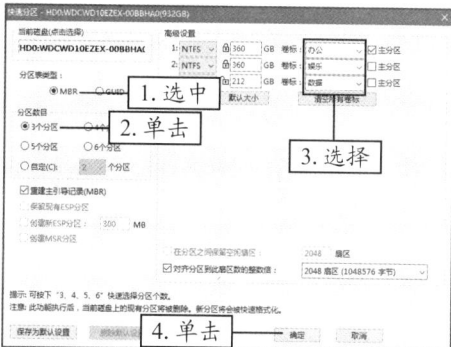

图4-38　设置快速分区

知识补充

大容量硬盘的分区表选项

如果硬盘的容量在2TB及以上，或者使用的是M.2 NVMe固态盘，则在“快速分区”对话框左侧的“分区表类型”栏中应该选中“GUID”单选项。

（3）DiskGenius将按照设置对硬盘进行分区，并在分区完成后自动对分区进行格式化。操作完成后返回DiskGenius操作界面，即可看到硬盘分区的最终效果，如图4-39所示。

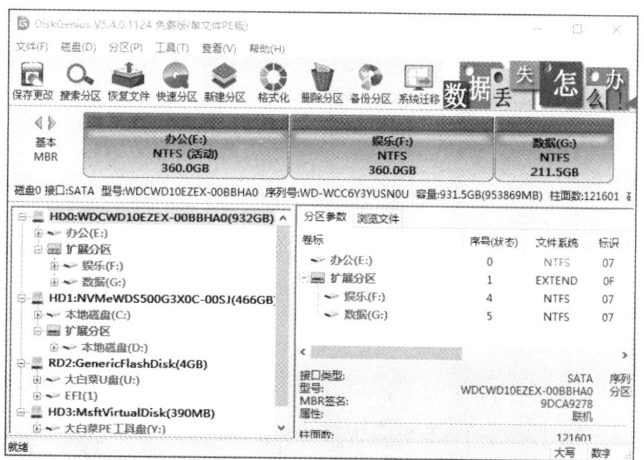

图4-39　硬盘分区的最终效果

知识补充 **将硬盘设置为数据存储设备**

机械硬盘的“办公(E:)”分区是活动分区，也可以作为系统盘在其中安装操作系统。同时，用户可通过设置将该机械硬盘作为数据存储设备，具体方法为：启动DiskGenius，选择硬盘，单击“快速分区”按钮；在打开的“快速分区”对话框中取消选中“重建主引导记录（MBR）”复选框，然后选择该硬盘的活动分区，单击鼠标右键，在弹出的快捷菜单中选择“取消分区激活状态”命令；在弹出的对话框中单击“是”按钮，接着在该活动分区上单击鼠标右键，在弹出的快捷菜单中选择“转换为逻辑分区”命令；最后在工具栏中单击“保存更改”按钮，在弹出的对话框中单击“是”按钮。这样做可以在进行硬盘分区时不为硬盘划分系统盘，而是将硬盘的所有分区都划分为扩展分区。

实训一　用U盘启动计算机并进行分区和格式化

微课视频

用U盘启动计算机并进行分区和格式化

【实训要求】

通过U盘启动计算机，然后利用Windows PE中的DiskGenius对计算机中的一个10TB的硬盘进行分区和格式化操作。

【实训思路】

本实训的主要步骤包括设置计算机为U盘启动、进入Windows PE、进行硬盘分区并格式化，操作过程如图4-40所示。

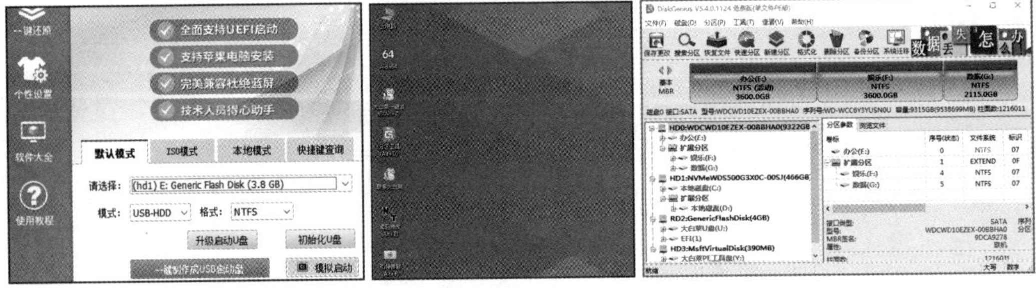

图4-40　使用U盘启动计算机并进行分区和格式化的操作过程

【步骤提示】

（1）插入U盘启动盘，进入BIOS设置，再进入“Advanced Mode”界面，切换到“启动”选项卡，选择“启动设置”选项，在展开的选项栏中单击“启动选项#1”选项右侧的下拉按钮，在下拉列表中选择与U盘对应的选项。

（2）重新启动计算机，打开大白菜启动菜单，选择“运行Windows PE”选项，进入Windows PE系统，选择【开始】/【所有程序】/【装机工具】/【DiskGenius】命令，启动DiskGenius。

（3）先创建主分区，设置其容量为360GB，然后将硬盘剩余的空间划分为两个逻辑分区。

（4）完成分区后，分别对分区进行格式化。

实训二　在BIOS中设置中文界面和U盘启动

【实训要求】

在BIOS中设置中文界面和U盘启动

启动计算机后进入BIOS，然后将BIOS的操作界面设置为中文，接着设置计算机的启动顺序，将计算机的第一启动项设置为U盘，第二启动项设置为硬盘。

【实训思路】

本实训主要包括将BIOS设置为中文界面、将计算机的第一启动项设置为U盘、将第二启动项设置为硬盘三大步骤，操作过程如图4-41所示。

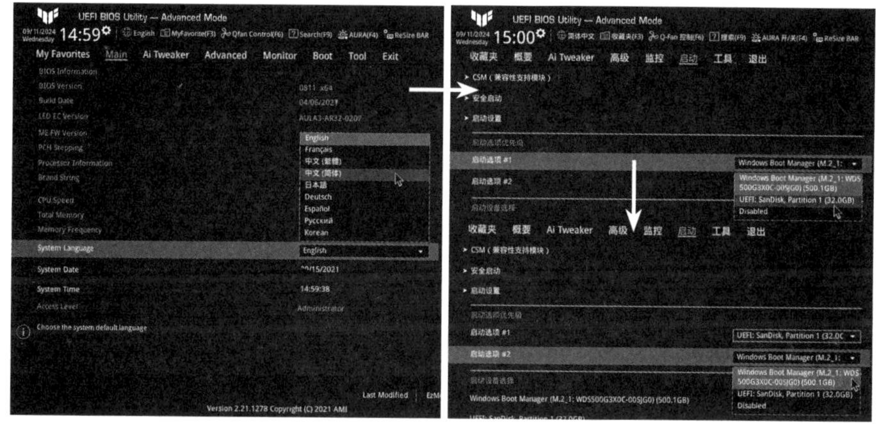

图4-41　在BIOS中设置中文界面和U盘启动的操作过程

【步骤提示】

（1）启动计算机，当屏幕出现自检画面时按【Delete】键，进入UEFI BIOS设置主界面，单击界面右下角的“Advanced Mode”，进入“Advanced Mode”界面。

（2）在“Main”选项卡中单击“System Language”选项右侧的下拉按钮，在下拉列表中选择“中文（简体）”选项。

（3）在“Advanced Mode”界面中切换到“启动”选项卡，选择“启动设置”选项，在展开的选项栏中单击“启动选项#1”选项右侧的下拉按钮，在下拉列表中选择与U盘对应的选项。

（4）单击“启动选项#2”选项右侧的下拉按钮，在下拉列表中选择与硬盘对应的选项。

课后练习

（1）在某台计算机中进入BIOS，设置日期为2025年1月1日。

（2）在某台计算机中设置BIOS的管理员密码。

（3）在某台计算机中设置开机顺序为固态盘、U盘、硬盘。

（4）在某台计算机中使用DiskGenius对其中的硬盘进行分区，要求划分为两个主分区和一个逻辑分区，然后对分区进行格式化。

（5）尝试使用其他软件对硬盘进行分区和格式化操作，如Fdisk或Windows自带的分区工具。

（6）使用PartitionMagic对某台计算机中的硬盘进行分区，要求将其划分为两个主分区和一个逻辑分区，然后对分区进行格式化。

技能提升

1. 传统BIOS设置

传统BIOS与现在的UEFI BIOS有较大区别，在维护计算机时，需要掌握相关的操作。传统BIOS主要有AMI BIOS和Phoenix-Award BIOS两种，以Phoenix-Award BIOS为主。启动计算机，按【Delete】键即可进入Phoenix-Award BIOS的主界面。

- **标准CMOS设置（Standard CMOS Features）：** 主要用于对日期和时间、硬盘和光驱，以及启动检查等选项进行设置。
- **高级BIOS特性设置（Advanced BIOS Features）：** 主要用于对CPU的运行频率、病毒报警功能、磁盘引导顺序和密码检查方式等选项进行设置。
- **高级芯片组设置（Advanced Chipset Features）：** 主要用于对主板采用的芯片组运行参数进行设置，以更好地发挥主板芯片的功能。但高级芯片组的设置非常复杂，稍有不慎就会导致系统无法开机或出现死机现象，所以不建议用户更改其中的任何参数。
- **外部设备设置（Integrated Peripherals）：** 主要用于对外部设备运行的相关参数进行设置，包括芯片组内第一和第二个Channel的PCI IDE界面、第一和第二个IDE主控制器下的PIO模式、USB控制器、USB键盘支持及AC97音效等。
- **电源管理设置（Power Management Setup）：** 主要用于对计算机的电源进行管理，以降低系统的耗电量。计算机可以根据设置的条件自动进入不同的省电模式。
- **PnP/PCI配置设置（PnP/PCI Configuration）：** 主要用于对PCI总线部分的系统进行设置。PnP/PCI配置设置技术性较强，不建议普通用户对其进行设置，以免出现问题，一般采用系统默认值就好。
- **频率和电压控制设置（Frequency/Voltage Control）：** 主要用于调整CPU的工作电压和核心频率，以帮助CPU进行超频。
- **载入最安全默认值（Load Fail-Safe Defaults）：** 最安全默认值是BIOS为用户提供的保守设置，以牺牲一定的性能为代价，最大限度地保证计算机中硬件的稳定性。用户可在BIOS主界面中选择“Load Fail-Safe Defaults (Y/N)? Y”选项将其载入。
- **载入最优化默认值（Load Optimized Defaults）：** 最优化默认值是指在BIOS中，将各项参数自动调整为针对该主板硬件配置的最优化配置方案。用户可在BIOS主界面中选择“Load Optimized Defaults (Y/N)? Y”选项将其载入。
- **退出BIOS：** 在BIOS主界面中选择“Save&Exit Setup”选项可保存更改并退出BIOS系统；选择“Exit Without Saving”选项，可不保存更改并退出BIOS系统。

2. 传统BIOS设置U盘启动

在不同类型的BIOS中，设置U盘启动的方法不同。

- **Phoenix-Award BIOS：** 启动计算机，进入BIOS设置界面，选择“Advanced BIOS Features”选项，在“Advanced BIOS Features”界面中选择“Hard Disk Boot Priority”选项，进入BIOS开机启动项优先级选择界面，选择“USB-FDD”或者“USB-HDD”之类的选项（计算机会自动识别插入的U盘）；或在“Advanced BIOS Features”界面中选择“First Boot Device”选项，在打开的界面中选择“USB-FDD”等U盘选项。
- **其他BIOS：** 启动计算机，进入BIOS设置界面，按方向键选择“Boot”选项，在“Boot”界面中选择“Boot Device Priority”选项，然后选择“1st Boot Device”选项，在该选项中选择插入计算机中的U盘作为第一启动设备。

3. 2TB以上大容量硬盘分区的注意事项

对2TB以上的大容量硬盘进行分区时，必须使用GPT分区才可以识别并使用硬盘的全部容量。如果使用GPT分区，系统盘需要采用GPT格式，则对计算机的硬件有以下要求。

- 必须使用采用UEFI BIOS的主板。
- 主板的南桥驱动要求兼容Long LBA。
- 必须安装64位的操作系统。

4. 在Windows 11操作系统中进行硬盘分区

Windows 11操作系统自带硬盘分区工具，可用于对目前各种容量的硬盘进行分区。用户首先需要在硬盘中安装好Windows 11操作系统，然后安装一块硬盘，利用自带的分区工具对第二块硬盘进行分区，具体操作步骤如下。

（1）在系统桌面的“此电脑”图标上单击鼠标右键，在弹出的快捷菜单中选择“管理”命令，打开“计算机管理”窗口。

（2）在“计算机管理”窗口左侧的导航栏中展开“存储”选项，选择“磁盘管理”选项，这时右边的窗格中会加载磁盘管理工具，如图4-42所示。

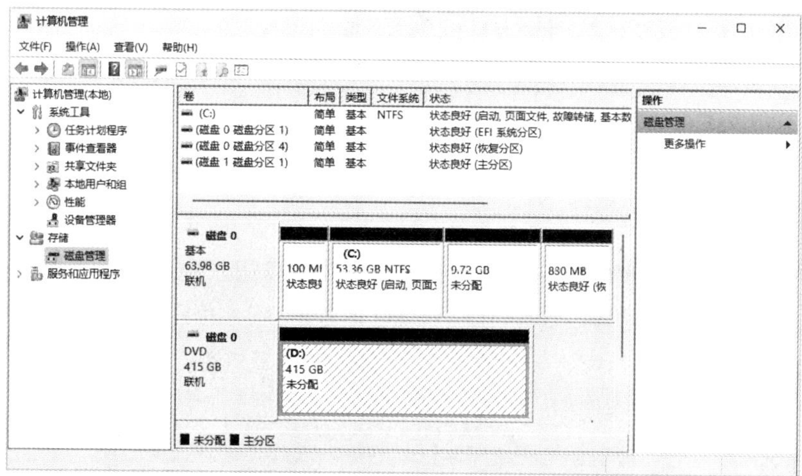

图4-42 “计算机管理”窗口

（3）在磁盘1（第二块硬盘）中的“未分配”选项上单击鼠标右键，在弹出的快捷菜单中选择“新建简单卷”命令。

（4）在打开的“新建简单卷向导”对话框中单击“下一页”按钮，进入“指定卷大小”界面，在“简单卷大小”数值框中输入数值，设定分区大小，单击“下一页”按钮。

（5）进入“分配驱动器号和路径”界面，在“分配以下驱动器号”单选项右侧的下拉列表中选择一个盘符，单击“下一页”按钮。

（6）进入“格式化分区”界面选中“按下列设置格式化这个卷”单选项，并在下面的“文件系统”下拉列表中选择“NTFS”选项，单击“下一页”按钮。

（7）进入“新建简单卷向导”的完成界面，单击“完成”按钮。

5. 主板上的BIOS按钮与接口

目前，越来越多的主板设置了快捷的BIOS按钮与接口，这大大提高了BIOS设置的便利程度和易用性。

- **Clear CMOS按钮：**按下该按钮可以重置CMOS，使其恢复出厂设置，在一些主板上也被标识为“CLR_CMOS”。
- **Flash BIOS按钮：**Flash BIOS允许用户在不启动计算机，甚至未安装CPU、GPU的情况下，通过USB闪存驱动器（如U盘）便捷地更新主板的BIOS。这个操作需要U盘和主板的USB接口都支持Flash BIOS。在一些主板上，该按钮被标识为“BIOS FLBK”或“BIOS Flashback”。
- **Flash BIOS USB接口：**这种USB接口位于主板的对外接口面板上，旁边会有“BIOS”“Flash BIOS”等字样，将存储了BIOS文件的U盘插入该接口并按下Flash BIOS按钮，主板即可自行读取其中的BIOS文件并安装，十分方便。

AI加油站

1. 现阶段计算机BIOS中的AI辅助系统

现阶段，已经应用到计算机BIOS中的AI辅助系统主要具有以下两大功能。

（1）智能硬件监控与调优

计算机的BIOS嵌入AI算法后，能够持续收集如CPU温度、使用率，内存的占用情况等计算机硬件的数据，然后基于这些数据，通过机器学习模型实时分析硬件的运行状态。当检测到计算机运行大型游戏时，AI能自动调整BIOS中的参数，提高CPU和GPU的性能，保证游戏的流畅度，而在计算机闲置时，降低硬件功耗以节省能源。例如，华擎的部分主板BIOS就应用了AI智能超频技术，该技术支持主板依据硬件状态自动调整频率，以此提升计算机性能。

（2）异常行为监测与安全防护

AI辅助系统可以学习计算机正常启动和运行时的行为模式，构建行为基线。一旦发现有异常的启动程序或者数据访问行为，如有恶意软件试图修改BIOS设置或者在启动阶段注入非法代码，AI

辅助系统就能迅速识别并采取防护措施，如阻止异常程序运行、发出安全警报等，增强计算机的安全性。

2. 未来计算机BIOS中极具潜力的AI技术

将AI应用于计算机BIOS可带来诸多创新，未来可能出现的新技术如下。

（1）个性化BIOS设置

未来的AI能够通过分析用户日常使用的软件、进行的操作类型等数据，为用户提供个性化的BIOS设置方案。例如，对经常进行视频编辑的用户，AI可以自动调整BIOS中与显卡性能、内存分配相关的设置，以满足专业软件的需求；对于普通办公用户，则可以优化电源管理设置，延长笔记本计算机的续航时间等。

（2）自然语言交互控制

结合自然语言处理技术，用户可以通过语音指令与BIOS进行交互。例如，用户只需说出“提高CPU性能”“开启节能模式”等指令，AI就能理解用户的意图，并自动调整BIOS中的相应设置。这将大大提高用户与BIOS交互的便捷性，尤其对于不熟悉计算机技术的普通用户来说，降低了操作门槛。

（3）AI驱动的硬件自动适配

当用户安装新的硬件设备时，AI可以自动识别硬件的型号和规格，并在BIOS中快速找到最适合该硬件的设置参数，实现硬件的自动适配，确保硬件与计算机系统完美兼容，让新硬件立即发挥最佳性能。

项目五 安装操作系统和常用软件

情景导入

在为组装的计算机设置好BIOS，并对硬盘进行分区后，老洪为米拉安排了为这些计算机安装操作系统和常用软件的任务。老洪告诉米拉，完成这个任务需要掌握Windows操作系统安装、国产操作系统安装、硬件驱动程序安装、常用软件下载与卸载等技能。随后，在老洪的指导下，米拉提前从官方网站下载了操作系统的镜像文件，并使用镜像文件逐一为组装的计算机安装操作系统。

学习目标

- 了解安装操作系统、驱动程序、常用软件的相关知识
- 熟练掌握安装操作系统的基本操作
- 熟练掌握安装驱动程序的基本操作
- 熟练掌握安装与卸载常用软件的基本操作

能力目标

- 学会安装 Windows 11 操作系统
- 学会安装常用国产操作系统
- 能安装各种硬件的驱动程序
- 能根据不同的用途和需要安装与卸载各种常用软件

素养目标

- 认识到操作系统自主可控的重要性，将推动国产操作系统的发展作为使命

任务一 安装Windows操作系统

操作系统是计算机软件的核心，是计算机正常运行的基础。应用软件只能在安装了操作系统后安装，没有操作系统的支持，应用软件也不能发挥作用。Windows系列操作系统是使用较多的操

作系统，目前主流的版本为Windows 11。

一、任务目标

在计算机中安装64位Windows 11操作系统。通过本任务的学习，读者可以掌握安装Windows操作系统的相关操作。

二、相关知识

在安装操作系统前，需要选择安装的方式，了解Windows 11操作系统对硬件配置的要求，以及了解常用局域网的类型。

（一）选择安装方式

操作系统的安装方式通常有两种——升级安装和全新安装。

1. 升级安装

升级安装是指在计算机中已安装有操作系统的情况下，将其升级为更高版本的操作系统。例如，计算机中已安装有Windows 10操作系统，可以采用升级安装方式，将其升级为Windows 11操作系统。

2. 全新安装

全新安装是指在计算机中没有安装任何操作系统的基础上安装全新的操作系统。首先从官方网站下载操作系统的镜像文件（一种文件存储格式，扩展名通常为“.iso”，其本质与压缩文件类似，都是将特定的一系列文件按照一定的格式制作成单一的文件，以方便用户下载和使用，通常可以用压缩解压缩软件进行管理），将其解压到移动存储设备（推荐使用U盘）中，然后通过移动存储设备启动计算机，并自动安装操作系统。

（二）Windows 11操作系统对硬件配置的要求

Windows操作系统对计算机硬件配置的要求可分为两种，一种是Microsoft官方要求的最低配置，另一种是工作中能够得到较满意运行效果的配置（没有统一标准，但一般高于官方最低配置）。Windows 11操作系统对硬件配置的具体要求如下。

- **CPU：**1GHz或更快，在兼容的64位处理器或芯片上的系统上。
- **内存：**4GB或更大。
- **硬盘：**64GB或更大的可用磁盘空间。
- **显卡：**与DirectX 12或更高版本兼容，具有WDDM 2.0驱动程序。
- **BIOS：**UEFI，支持安全启动。
- **显示器：**高清（720P）显示器。

（三）局域网

安装操作系统和软件都需要使用计算机网络，现在常见的计算机网络是局域网。局域网是指在某一区域内由多台计算机连接形成的计算机组，可以实现计算机间的文件共享、应用软件共享、打印机共享、电子邮件和传真通信等。局域网既可以由一定区域内的两台计算机组成，又可以由一定区域内的上千台计算机组成。下面介绍3种不同类型的局域网。

- **无交换机的局域网：**这种局域网中的网络终端（计算机、多功能一体机等）数量较少，通常可通过路由器或光调制解调器的端口连接上网，家庭局域网常用这种类型。
- **有交换机的局域网：**这是目前比较常见的局域网类型，这种局域网通常会将一定数量的网络终端连接到一台交换机上，由交换机连接到路由器，由路由器连接到光调制解调器的端口，如图5-1所示。
- **无线局域网：**这种局域网通常没有网线，可由无线路由器连接到光调制解调器的端口，其他网络终端通过无线网络连接无线路由器，如图5-2所示。

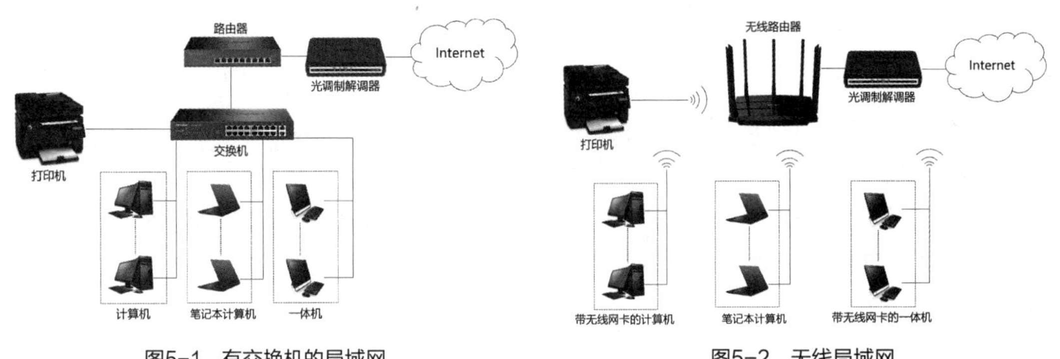

图5-1　有交换机的局域网　　图5-2　无线局域网

三、任务实施

（一）下载Windows 11操作系统安装程序

Windows 11操作系统的安装程序可以直接在微软的官方网站下载。下面将下载Windows 11操作系统的安装程序，并解压到U盘（由于Windows 11操作系统的安装程序文件大小超过6GB，因此U盘需要具备8GB及以上容量且文件格式为NTFS，因为NTFS支持超过4GB的单个文件的传输与保存），具体操作如下。

（1）在另外一台计算机中打开Microsoft的官方网站，进入Windows 11操作系统的下载页面，在“下载Windows 11磁盘映像（ISO）”栏的下拉列表中选择“Windows 11（multi-edition ISO）”选项，单击“下载”按钮，展开“选择产品语言”栏，在下拉列表中选择“简体中文”选项，单击“确认”按钮，如图5-3所示。

（2）展开“Windows 11简体中文”栏，单击“64-bit Download”按钮，开始下载Windows 11的镜像文件，浏览器中会显示下载进度，如图5-4所示。

（3）下载完成后，将U盘插入计算机的USB接口中，然后使用WinRAR打开下载的Windows 11镜像文件，在工具栏中单击“解压到”按钮，如图5-5所示。

（4）在打开的“解压路径和选项”对话框右侧的列表框中选择U盘对应的选项，单击“确定”按钮，如图5-6所示，将镜像文件解压到U盘中。

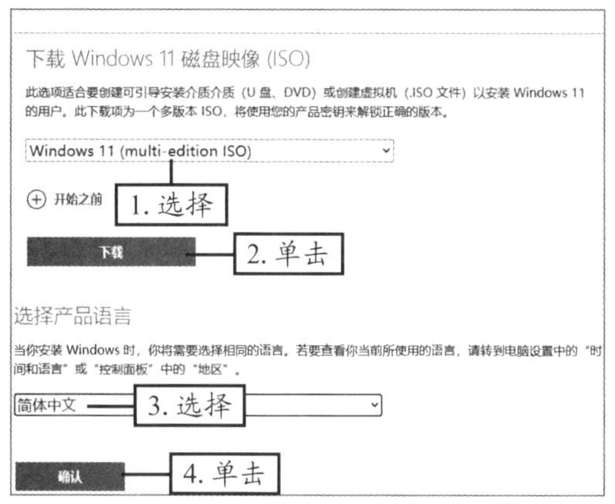

图5-3 下载操作系统

图5-4 下载镜像文件

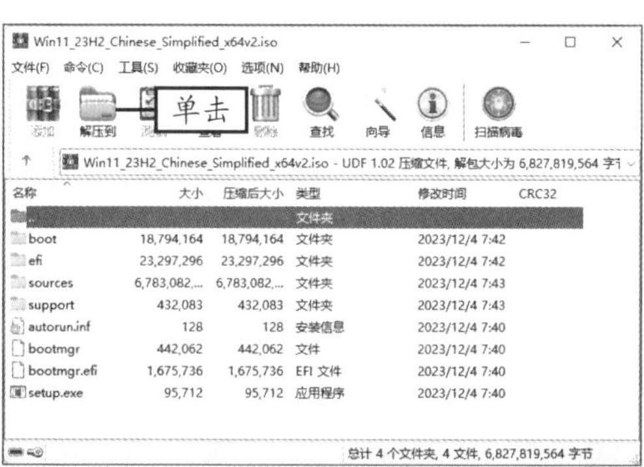

图5-5 解压缩镜像文件

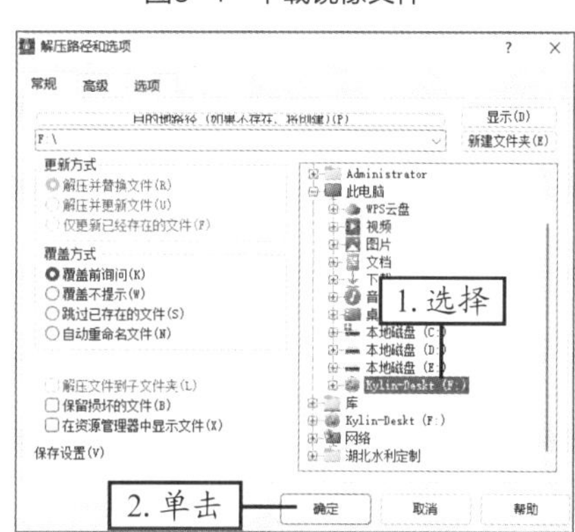

图5-6 设置解压缩的位置

（二）使用U盘安装Windows 11操作系统

下面使用U盘安装Windows 11操作系统，具体操作如下。

（1）将U盘插入需要安装操作系统的计算机中，启动计算机后，将自动运行安装程序，并加载安装需要的文件，如图5-7所示。

（2）文件加载完毕，运行Windows 11的安装程序，在打开的窗口中设置系统语言，这里保持默认设置，单击“下一页”按钮，如图5-8所示。

图5-7 载入安装文件

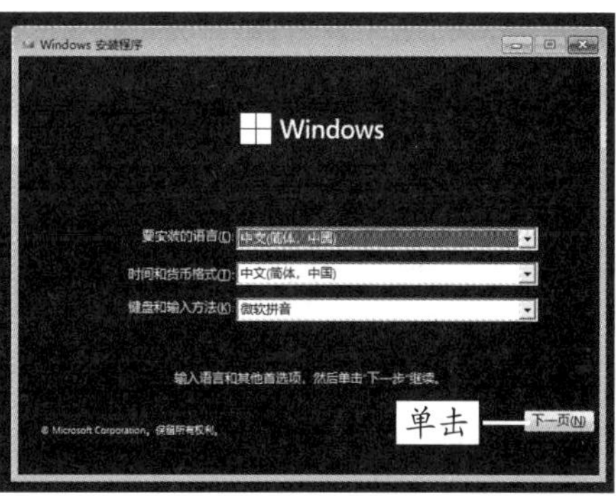

图5-8 设置系统语言

（3）在打开的窗口中单击“现在安装”按钮，安装Windows 11，如图5-9所示。

（4）进入“激活Windows”界面，具体激活操作将在任务实施（三）中详细介绍，这里直接单击“我没有产品密钥”按钮，如图5-10所示。

图5-9　开始安装

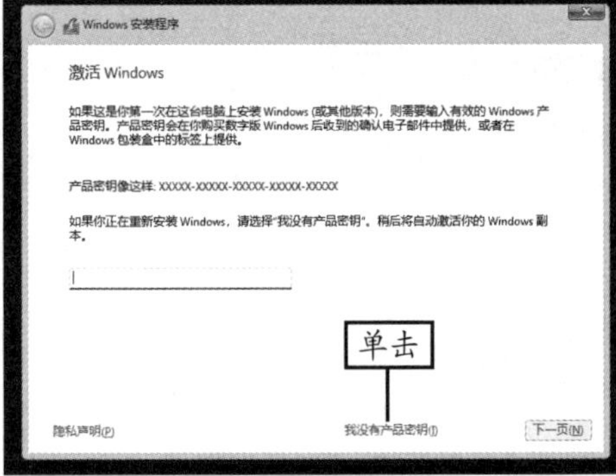

图5-10　“激活Windows”界面

（5）进入“选择要安装的操作系统”界面，在列表框中选择要安装的操作系统的版本，这里选择“Windows 11专业版”选项，单击“下一页”按钮，如图5-11所示。

（6）进入“适用的声明和许可条款”界面，选中“我接受Microsoft软件许可条款。如果某组织授予许可，则我有权绑定该组织。”复选框，单击“下一页”按钮，如图5-12所示。

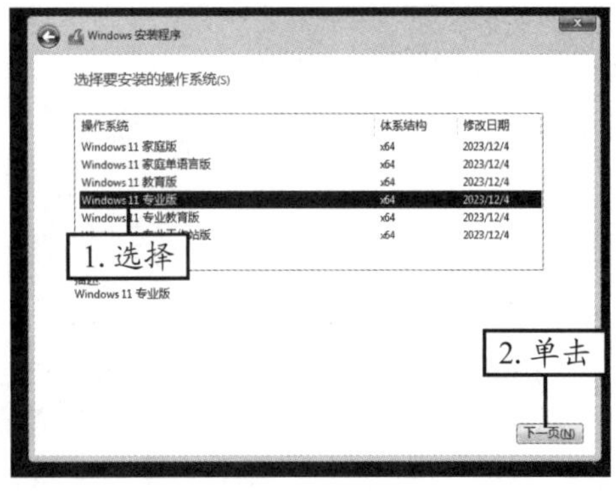

图5-11　选择操作系统版本

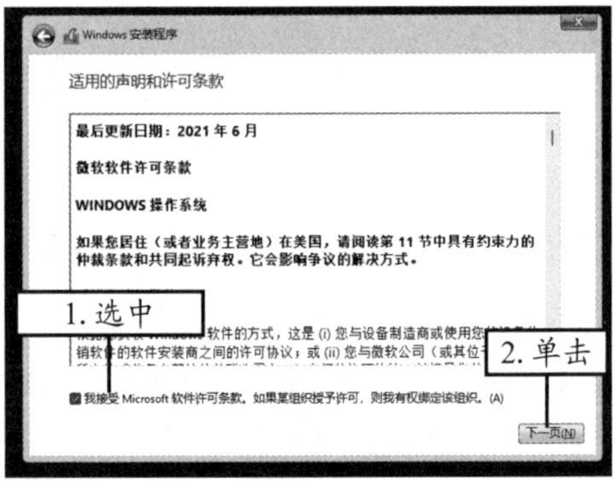

图5-12　接受许可条款

（7）进入“你想执行哪种类型的安装？”界面，选择“自定义：仅安装Windows（高级）”选项，如图5-13所示。

（8）进入“你想将Windows安装在哪里？”界面，在列表框中选择安装Windows 11的磁盘分区，单击“下一页”按钮，如图5-14所示。

（9）进入“正在安装Windows”界面，页面中会显示安装状态，并以百分比的形式显示安装进度，如图5-15所示。

（10）在安装Windows的过程中会重启计算机，Windows 11将准备好相关的系统设置，如图5-16所示。

（11）准备就绪后，进入“这是正确的国家（地区）吗？”界面，设置国家（地区），这里选择“中国”选项，单击“是”按钮，如图5-17所示。

（12）进入“此键盘布局或输入法是否合适？”界面，选择一种输入法，这里选择“微软拼音”选项，完成后单击“是”按钮，如图5-18所示。

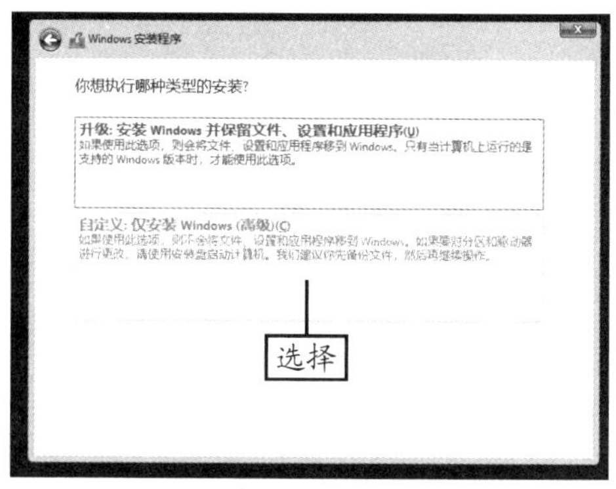

图5-13　选择安装类型

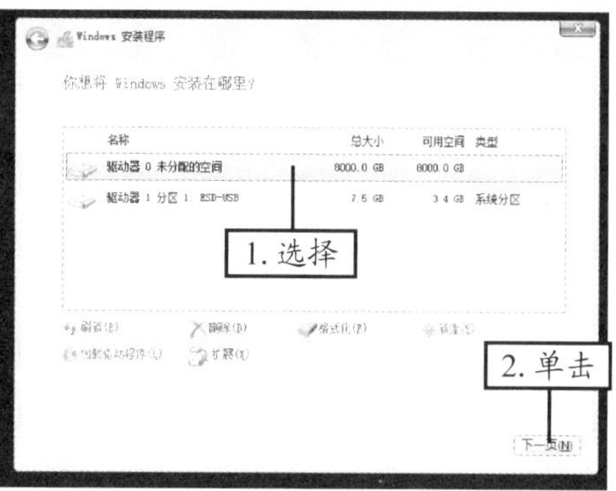

图5-14　选择安装分区

图5-15　正在安装Windows

图5-16　准备系统设置

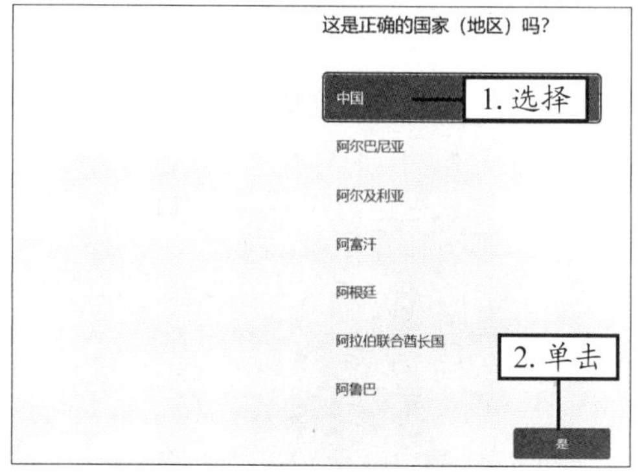

图5-17　设置国家（地区）

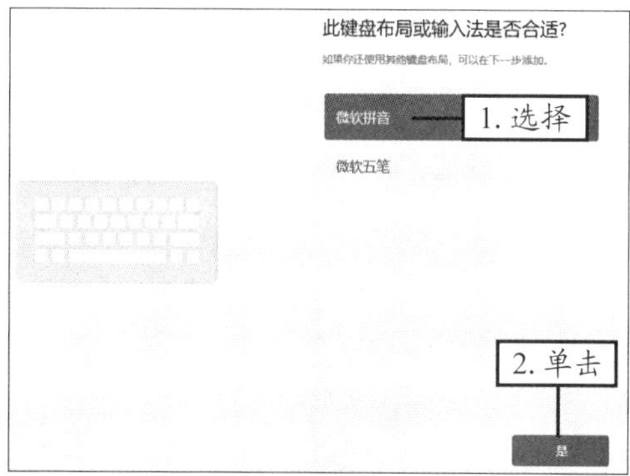

图5-18　设置输入法

（13）进入“是否想要添加第二种键盘布局”界面，通常可以直接单击“跳过”按钮，如图5-19所示。

（14）进入“让我们命名你的设备”界面，在文本框中输入计算机名称，单击“下一个”按钮，如图5-20所示。

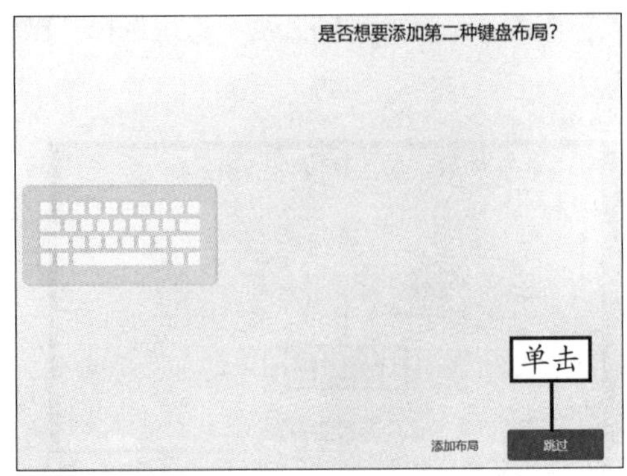

图5-19　设置键盘布局

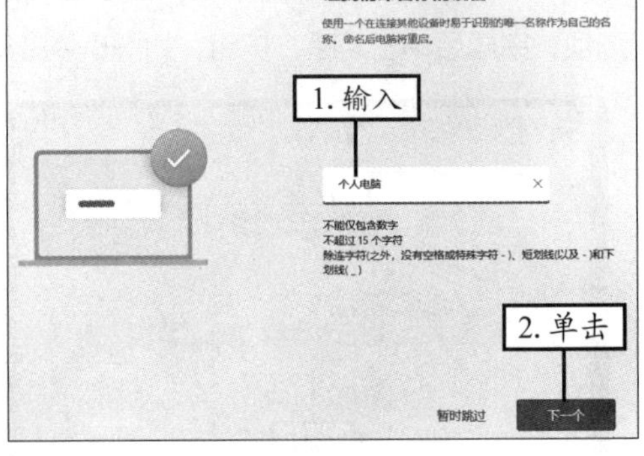

图5-20　命名设备

（15）进入“你想要如何设置此设备？”界面，设置账户类型，这里选择“针对个人使用进行设置”选项，单击“下一步”按钮，如图5-21所示。

（16）进入“解锁你的Microsoft体验”界面，了解账户信息，单击“登录”按钮，如图5-22所示。

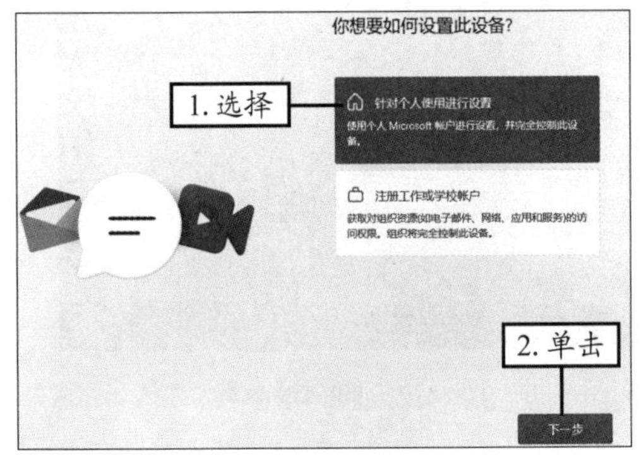

图5-21　设置账户类型

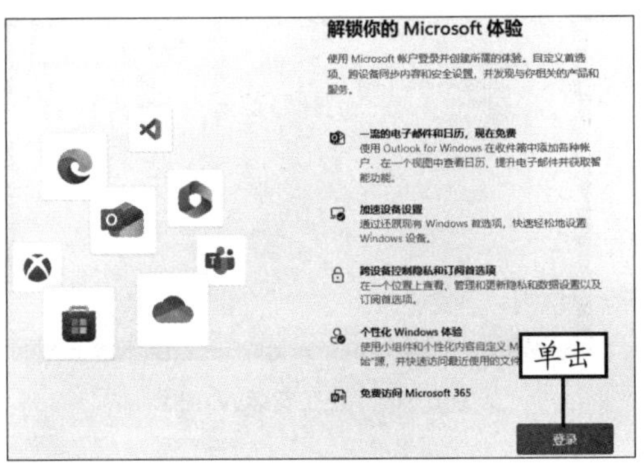

图5-22　了解账户信息

（17）进入“让我们来添加你的Microsoft账户”界面，在“登录”文本框中输入微软的账户名称或者电子邮箱、手机号，这里输入电子邮箱，单击“下一步”按钮，如图5-23所示。

（18）展开“输入密码”文本框，输入登录密码，单击“登录”按钮，如图5-24所示。

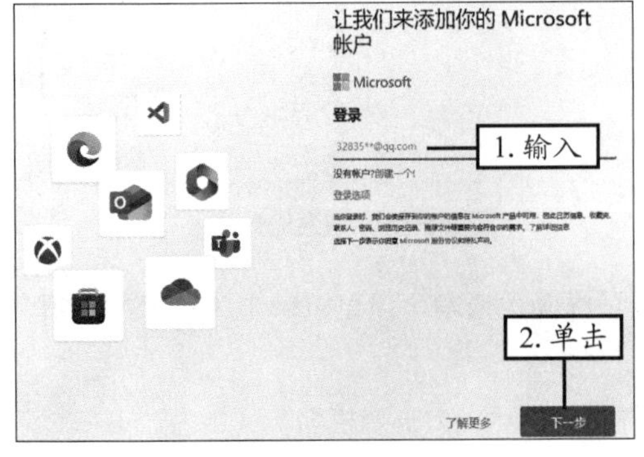

图5-23　输入电子邮箱

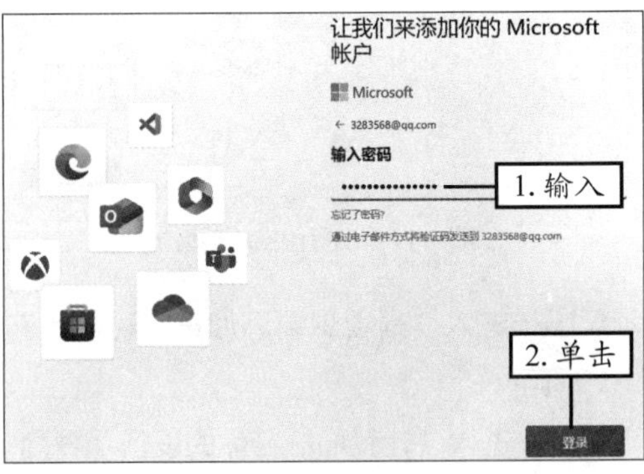

图5-24　输入密码（1）

（19）进入“谁将使用此设备？”界面，在“输入你的姓名”文本框中输入登录计算机的名称，单击“下一页”按钮，如图5-25所示。

（20）进入“创建容易记住的密码”界面，在“输入密码”文本框中输入登录计算机的密码，单击“下一页”按钮，如图5-26所示。

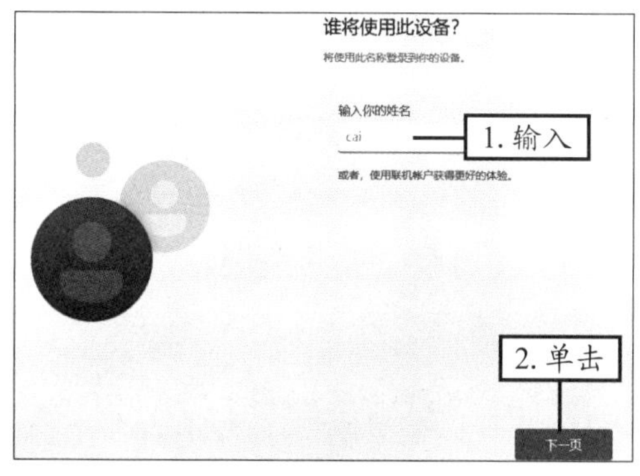

图5-25　输入名称

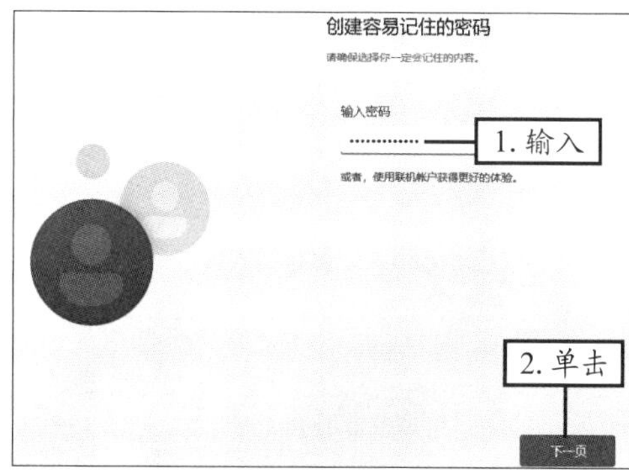

图5-26　输入密码（2）

（21）进入“确认你的密码”界面，在“密码确认”文本框中再次输入登录计算机的密码，单击“下一页”按钮，如图5-27所示。

（22）进入“现在添加安全问题”界面，在“安全问题”下拉列表中选择一个安全问题，在其下的文本框中输入安全问题的答案，单击“下一页”按钮，如图5-28所示。

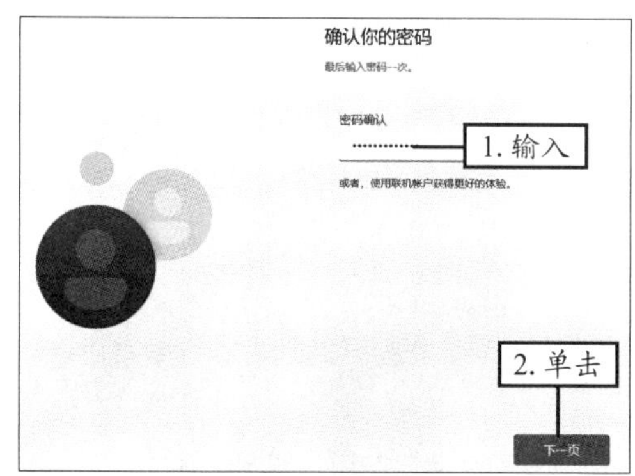

图5-27　确认密码

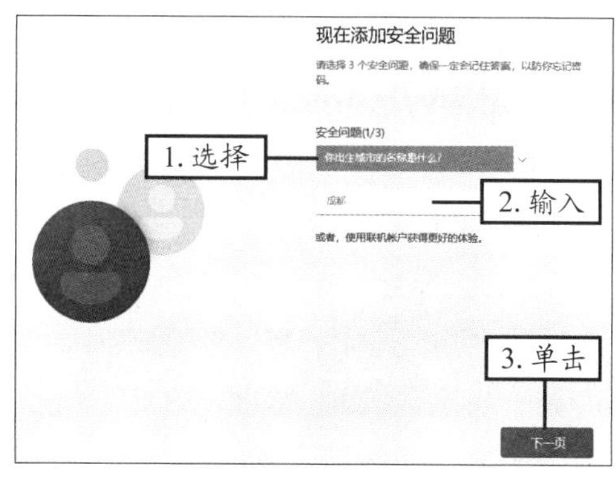

图5-28　添加安全问题

（23）使用同样的方法再添加两个安全问题。

（24）进入“为你的设备选择隐私设置”界面，设置各种隐私选项，单击“下一页”按钮，如图5-29所示。继续设置隐私选项，单击“接受”按钮，如图5-30所示。

Windows 11操作系统的安装程序将按照前面的设置，对操作系统进行设置，这可能需要花费几分钟的时间。

（25）设置完成后，进入“同意个人数据跨境传输”界面，单击“下一步”按钮，如图5-31所示。

（26）继续安装系统，安装完成后，进入Windows 11操作系统桌面，完成Windows 11的安装，如图5-32所示。

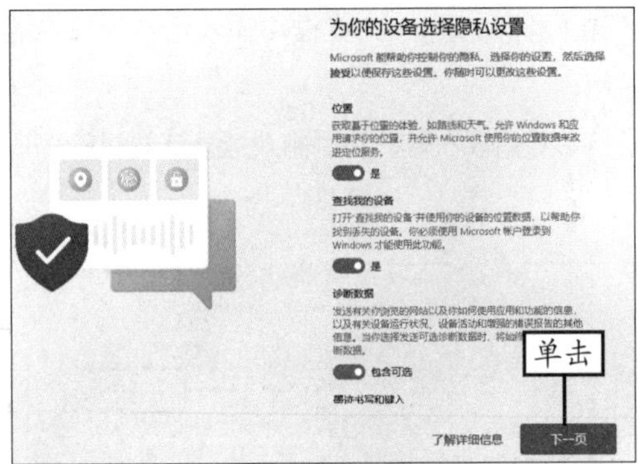

图5-29　设置隐私选项

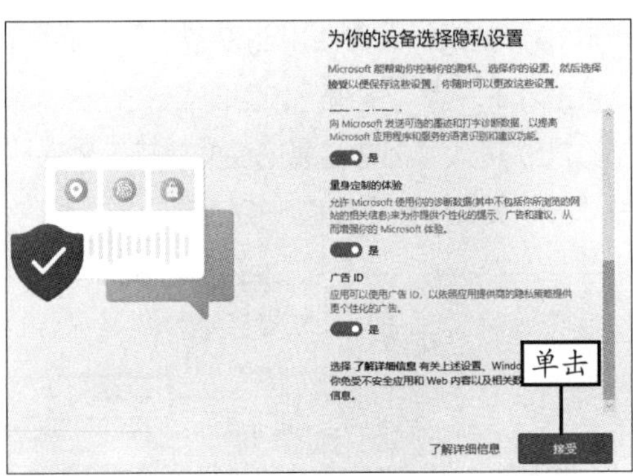

图5-30　接受设置

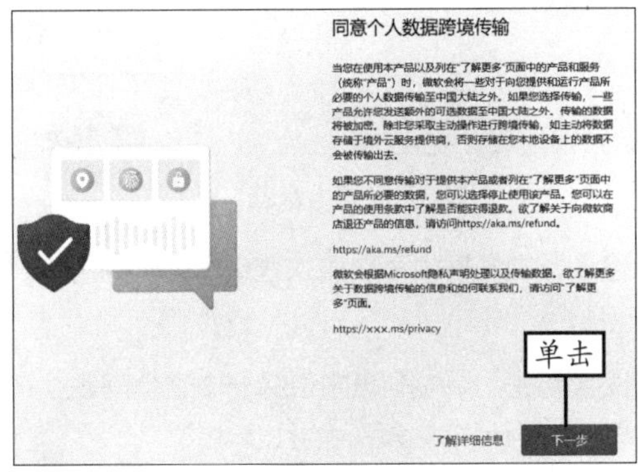

图5-31　同意数据传输

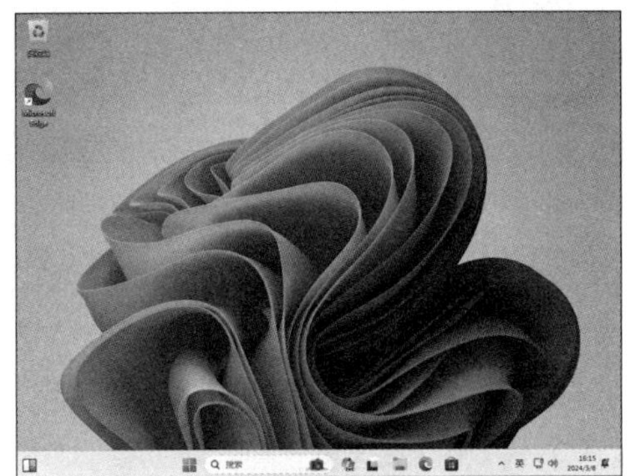

图5-32　Windows 11操作系统桌面

（三）激活Windows 11操作系统

激活操作系统的目的是获得操作系统的完整功能、安全更新和微软官方的技术支持。下面使用购买的产品密钥激活Windows 11操作系统，具体操作如下。

（1）在Windows 11操作系统桌面中单击“开始”按钮，在打开的开始窗格中单击“设置”按钮，如图5-33所示。

（2）在打开的“设置”窗口的“主页”栏中单击“立即激活”按钮，如图5-34所示。

图5-33　单击“设置”按钮

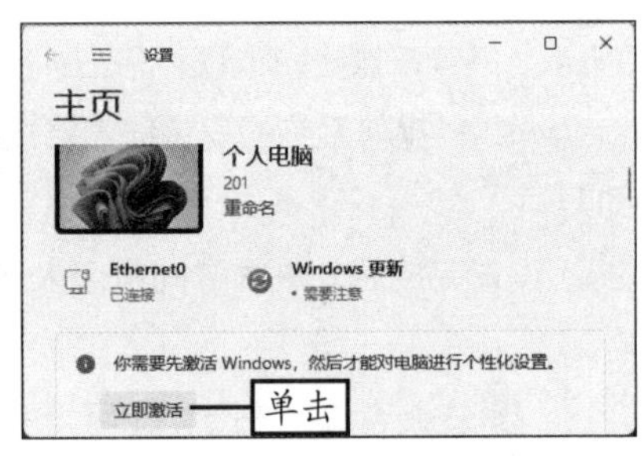

图5-34　激活Windows

（3）进入“激活”界面，单击“更改产品密钥”选项右侧的“更改”按钮，如图5-35所示。

（4）在打开的“输入产品密钥”对话框的“产品密钥”文本框中输入产品密钥，单击“下一页”按钮，如图5-36所示。

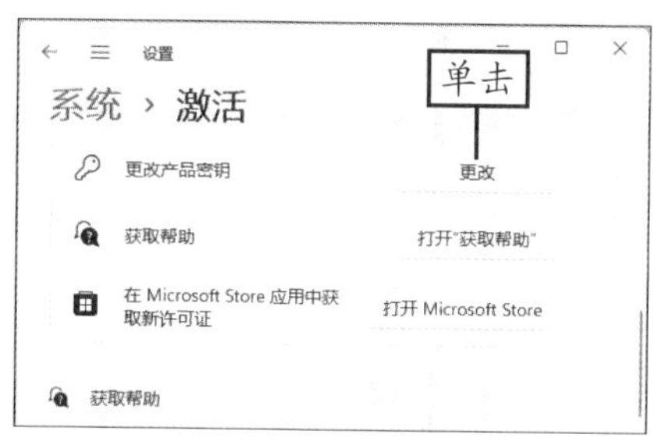

图5-35　更改产品密钥

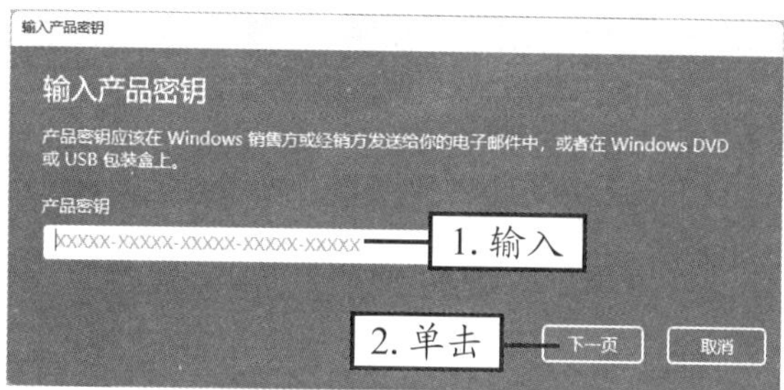

图5-36　输入产品密钥

（5）在打开的“激活Windows”对话框中单击“激活”按钮，如图5-37所示。

（6）Windows操作系统将进行系统激活操作，完成后返回“系统”界面，选择“激活”选项，进入“激活”界面，“激活状态”选项中显示“已激活”，如图5-38所示。

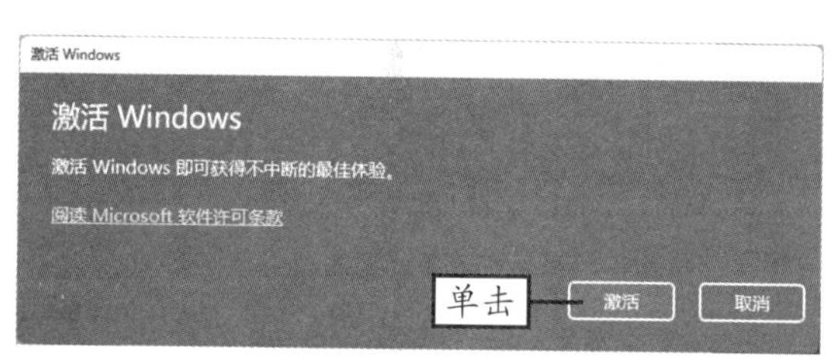

图5-37　确认激活操作

图5-38　成功激活操作系统

（四）配置有线网络

家庭或企业的计算机网络通常配备了路由器或交换机，所以配置计算机的有线网络通常包含两个重要操作：一是为路由器设置ADSL（Asymmetric Digital Subscriber Line，非对称数字用户线）拨号连接，二是为网络中的计算机设置单独的IP地址。安装好Windows 11操作系统后，计算机通常会自动获取IP地址，如果网络中的计算机较多，则需要为每台计算机单独设置IP地址。

1. 设置路由器

设置路由器是指为路由器设置拨号上网，具体操作如下。

（1）在计算机中打开浏览器，在地址栏中输入“192.168.0.1”或者路由器网址（具体可以查看路由器的用户手册），按【Fnter】键进入路由器的设置界面。

（2）在“创建管理员密码”设置界面的“设置密码”和“确认密码”文本框中输入相同的密码，该密码用于以后管理路由器登录界面，单击“确定”按钮，如图5-39所示。

（3）进入“上网设置”界面，这时，路由器会自动检测上网方式，通常ADSL用户需要选择“宽带拨号上网”“PPPoE（ADSL虚拟拨号）”“让路由器自动选择上网方式”等选项。

（4）在“宽带账号”和“宽带密码”文本框中输入ADSL的账号和密码，单击“下一步”按钮，如图5-40所示。

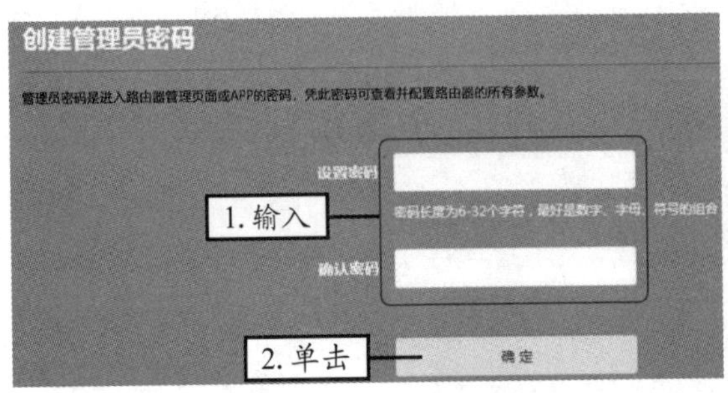

图5-39　设置管理员密码

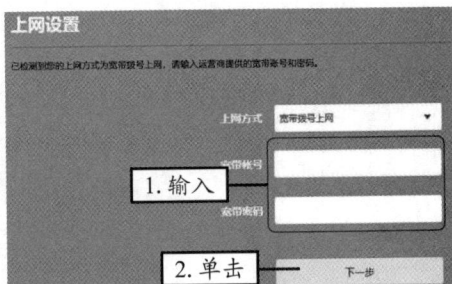

图5-40　输入上网账号和密码

（5）设置路由器的IP地址，通常选择“自动获得IP地址”选项，单击“下一步”按钮，如图5-41所示。

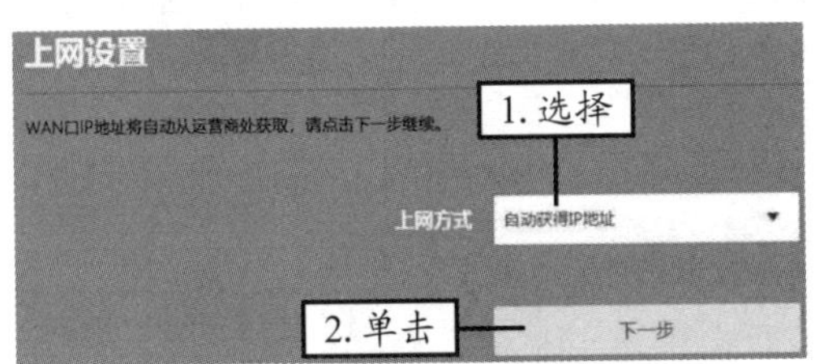

图5-41　设置IP地址

（6）在确认设置无误后，保存设置并退出路由器设置界面。

2. 设置计算机的IP地址

设置好路由器后，计算机通常可以自动获取IP地址，用户也可以手动为计算机设置IP地址，具体操作如下。

（1）在Windows 11操作系统桌面右下角的网络图标上单击鼠标右键，在弹出的快捷菜单中选择“网络和Internet设置”命令，如图5-42所示。

（2）进入“网络和Internet”界面，单击“属性”按钮，如图5-43所示。

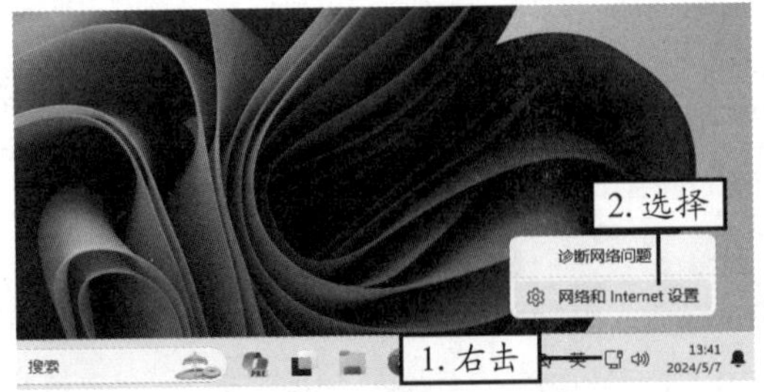

图5-42　选择“网络和Internet设置”命令

图5-43　设置网络属性

（3）进入“以太网”界面，单击“IP分配”选项右侧的“编辑”按钮，如图5-44所示。

（4）在打开的“编辑IP设置”对话框的下拉列表中选择“手动”选项，在“IPv4”栏中单击滑块，使其处于“开”状态，展开IP设置的相关选项，在“IP地址”文本框中为计算机设置IP地址，然后输入子网掩码、网关和首选DNS，单击“保存”按钮，如图5-45所示。

图5-44　进行IP分配

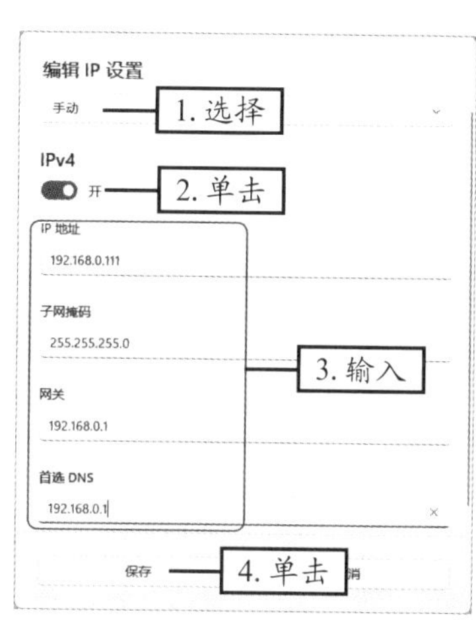

图5-45　编辑IP设置

（五）配置无线网络

现在计算机网络通常都会接入笔记本计算机、手机和平板电脑等无线设备，所以也需要配置无线网络。配置无线网络通常有两个重要操作：打开路由器的无线功能并进行设置和为计算机设置单独的IP地址。具体操作如下。

（1）在浏览器的地址栏中输入“192.168.0.1”或者路由器网址，按【Enter】键进入路由器的设置界面，在“密码”文本框中输入设置的管理员密码，单击“确定”按钮。

（2）在“路由设置”界面中选择“无线设置”选项，进入“无线设置”界面，在“无线功能”栏中选中“开”单选项，开启路由器的无线功能，然后在“无线名称”和“无线密码”文本框中输入无线网络的名称和密码，最后单击“保存”按钮，如图5-46所示。

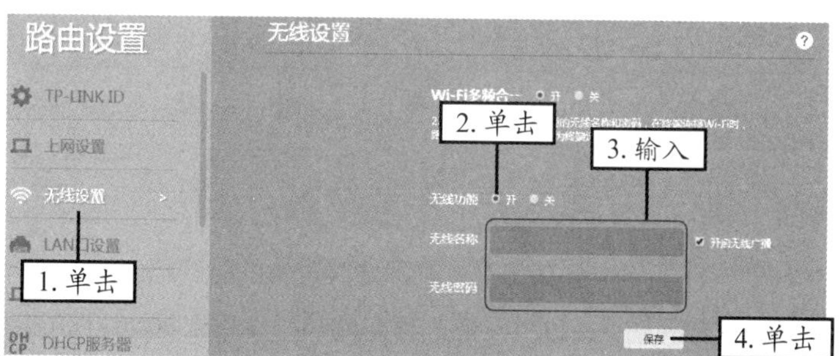

图5-46　设置无线路由器

（3）在笔记本计算机或装有无线网卡的台式机中设置IP地址。在操作系统桌面右下角的网络图标上单击鼠标右键，在弹出的快捷菜单中选择“网络和Internet设置”命令，具体操作与在有线网络中的设置基本一致，这里不赘述。

任务二 安装驱动程序

驱动程序是设备驱动程序（Device Driver）的简称，其中包含有关硬件设备的信息，它其实是添加到操作系统中的一小段代码，其作用是给操作系统解释如何使用相应的硬件设备。如果没有驱动程序，计算机中的硬件将无法正常工作。

一、任务目标

本任务将讲解驱动程序的安装方式，即通过软件安装驱动程序和从网上下载。通过本任务的学习，读者可以掌握计算机中各种硬件驱动程序的安装方法。

二、相关知识

在Windows 11操作系统桌面的“开始”按钮上单击鼠标右键，在弹出的快捷菜单中选择“设备管理器”命令，打开“设备管理器”窗口，如图5-47所示，在其中可以查看已经安装的硬件设备。展开硬件对应的选项，在选项上单击鼠标右键，在弹出的快捷菜单中选择“属性”命令，打开该硬件的属性对话框，切换到“驱动程序”选项卡，可以查看该硬件驱动程序的详细信息，如图5-48所示。

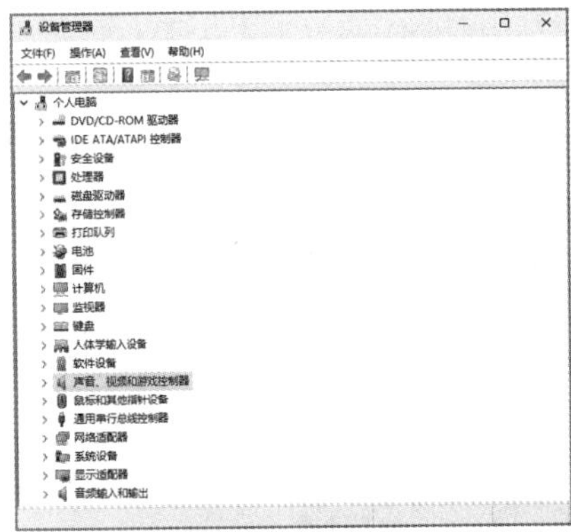

图5-47 “任务管理器”窗口

图5-48 硬件驱动程序的详细信息

（一）通过网络下载驱动程序

用户可以通过两种方式在网络中查找和下载各种硬件设备的驱动程序。

- **访问硬件厂商的官方网站：**在硬件厂商的官方网站可以找到驱动程序的各种版本。
- **访问专业的驱动程序下载网站：**比较著名的专业驱动程序下载网站有“驱动之家”，在该网站中几乎能找到所有硬件设备的驱动程序，并且有多个版本供用户选择。

（二）选择驱动程序的版本

硬件设备的驱动程序有很多版本，如公版、非公版、加速版、测试版和WHQL版等，用户可以根据需要及硬件的具体情况，下载不同的版本进行安装。

- **公版：**由硬件厂商开发的驱动程序，兼容性好，适用于使用该硬件的所有产品。例如，NVIDIA官方网站的所有显卡驱动都属于公版。
- **非公版：**由硬件厂商为其生产的产品量身定做的驱动程序。硬件厂商会根据具体硬件产品的功能对驱动程序进行改进，并加入一些调节硬件属性的工具，以最大限度地提高硬件产品的性能。这类驱动程序通常由技术实力雄厚的硬件厂商开发。
- **加速版：**由硬件爱好者对公版驱动程序进行改进后的版本，其目的是使硬件设备的性能达到最佳，不过其兼容性和稳定性要低于公版和非公版驱动程序。
- **测试版：**硬件厂商在发布正式版驱动程序前，通常会提供测试版驱动程序供用户测试，这类驱动程序分为Alpha版和Beta版，其中，Alpha版是厂商内部人员自行测试的版本，Beta版是公开测试版本。此类驱动程序的稳定性未知，适合喜欢尝新的用户。
- **WHQL版：**WHQL（Windows Hardware Quality Labs，Windows硬件质量实验室）主要负责测试硬件驱动程序的兼容性和稳定性，验证其是否能在Windows系列操作系统中稳定运行。WHQL版的特点是通过了WHQL认证，可以最大限度地保障操作系统和硬件的稳定运行。

三、任务实施

（一）通过软件安装驱动程序

Windows 11操作系统自带大部分硬件的驱动程序，用户安装Windows 11操作系统后，可以通过专业的驱动软件来安装和升级计算机硬件的驱动程序。下面使用360驱动大师安装驱动程序，具体操作如下。

（1）启动360驱动大师，选择“驱动安装”选项，软件将自动检测计算机硬件，找到需要安装和可以升级的驱动程序，并向用户提示。这里选中需要升级的主板驱动程序左侧的复选框，单击“升级”按钮，如图5-49所示。

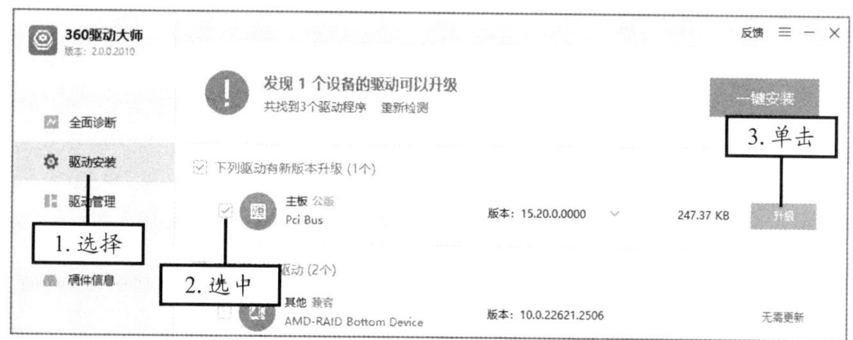

图5-49 通过软件安装驱动程序

（2）360驱动大师先备份已经安装的主板驱动程序，然后下载并安装最新的驱动程序。

（3）安装完成后，提示需要重新启动计算机才能使驱动程序生效，单击“重启启动”按钮，如图5-50所示，完成主板驱动程序的升级。

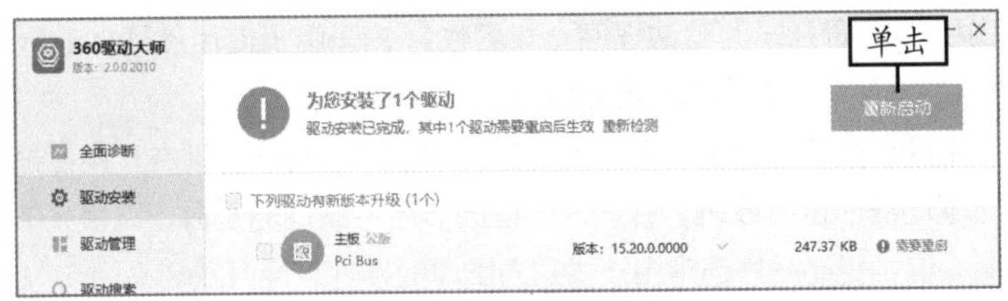

图5-50 重启计算机

（二）安装网上下载的驱动程序

微课视频

安装网上下载的驱动程序

网上下载的驱动程序通常保存在硬盘或U盘中，找到并启动其安装程序即可进行安装。下面安装从网上下载的声卡驱动程序，具体操作如下。

（1）在硬盘或U盘中找到下载的声卡驱动程序，双击安装程序，进入声卡驱动程序的安装界面，单击“下一步”按钮，如图5-51所示。

（2）驱动程序开始检测计算机的声卡设备，并显示进度，检测完毕，开始安装声卡驱动程序。

（3）安装完成后，保持默认设置，单击“完成”按钮，如图5-52所示。重新启动计算机，完成声卡驱动程序的安装。

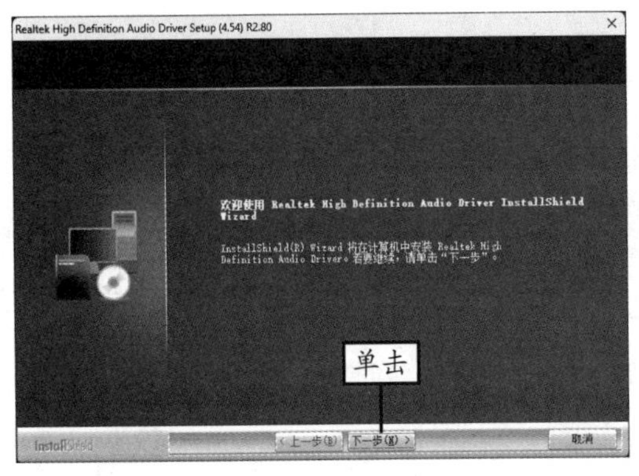

图5-51 开始安装

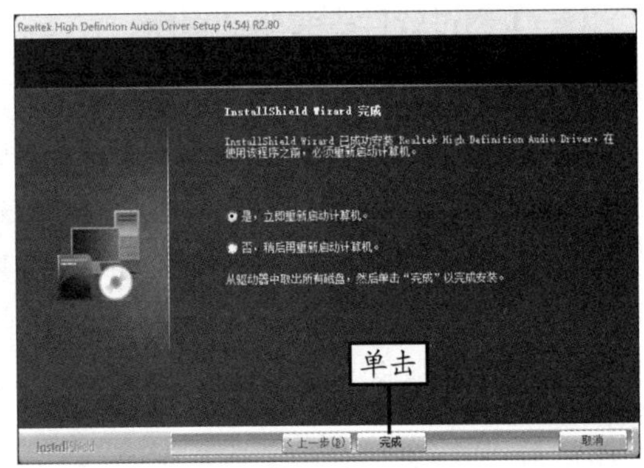

图5-52 完成安装

操作提示

驱动程序的安装文件

从网上下载的驱动程序安装文件通常为压缩文件，用户在安装时需找到启动安装文件的可执行文件，其名称一般为“setup.exe”或“install.exe”，有的以驱动程序的名称和版本号命名。

任务三 安装与卸载常用软件

安装常用软件是组装计算机的重要步骤，只有安装了软件，计算机才能进行各种操作。例如，安装WPS Office软件进行文档制作和数据计算，安装剪映软件进行视频剪辑和编辑，安装360安全卫士软件进行系统维护等。

一、任务目标

本任务将讲解安装与卸载常用软件的相关操作。通过本任务的学习，读者可以掌握计算机中各种软件的安装与卸载方法。

二、相关知识

安装常用软件前，需要了解软件的获取和安装方式，以及软件的版本等基础知识。

（一）获取和安装软件的方式

首先需要获取软件，然后通过各种方式来安装。

1. 软件的获取途径

获取常用软件的途径主要是从网上下载。用户通常需要登录软件的官方网站，进入下载界面，单击下载超链接下载安装文件。

2. 软件的安装方式

软件安装主要是指将软件安装到计算机中的过程。下载的安装文件通常有可执行文件和压缩包两种形式。可执行文件可以直接运行，压缩包则需要使用解压缩软件解压，再启动安装程序。安装时，用户需要按照安装向导的提示进行操作。

（二）软件的版本

了解软件的版本有助于用户选择合适的软件，软件版本主要有以下4种类型。

- **测试版：**软件测试版的各项功能并不完善，也不稳定。开发者会根据使用测试版的用户反馈的信息对软件进行改进，通常这类软件会在软件名称后面标注测试版或Beta版。
- **试用版：**试用版是软件开发者将正式版软件有限制地提供给用户使用的版本，如果用户觉得软件符合要求，可以通过付费的方法解除限制。试用版又分为全功能限时版和功能限制版。
- **正式版：**正式版是正式上市，用户购买后即可使用的版本，它经过了开发者的测试，且能稳定运行。对于普通用户来说，应该尽量选用正式版的软件。
- **升级版：**升级版是软件上市一段时间后，软件开发者在原有功能基础上增加部分功能，并修复已经发现的错误和漏洞，然后推出的更新版本。安装升级版需要先安装软件的正式版，然后在其基础上安装更新或补丁程序。

三、任务实施

（一）安装软件

软件的版本虽然很多，但安装过程大致相似，下面安装从网上下载的驱动精灵软件，具体操作如下。

（1）双击从网上下载的安装程序，进入软件的安装界面，单击“同意并安装”按钮，如图5-53所示。

（2）开始安装驱动精灵软件，并显示进度，如图5-54所示。

（3）安装完成后将打开驱动精灵的操作界面。

图5-53 单击“同意并安装”按钮

图5-54 安装软件

操作提示 **安装软件的注意事项**

最好将应用软件安装在非系统盘中（更改安装路径），并统一安装在某个文件夹中。另外，现在很多网上下载的软件都捆绑了一些其他软件，在安装时可以通过设置不安装捆绑的软件。

（二）卸载软件

用户若对安装的软件不满意或不需要再使用软件，可以将其从计算机中卸载，以释放磁盘空间。卸载软件的操作通常都在“设置”窗口中进行。下面以驱动精灵软件为例介绍卸载软件的方法，具体操作如下。

（1）在Windows 11操作系统桌面中单击“开始”按钮，在打开的开始窗格中单击“设置”按钮，打开“设置”窗口。

（2）选择“应用”选项，在右侧的“应用”界面中选择“安装的应用”选项，如图5-55所示。

（3）进入“安装的应用”界面，在列表框中单击“驱动精灵”选项右侧的 ··· 按钮，在弹出的列表中选择“卸载”选项，然后在弹出的提示对话框中单击“卸载”按钮，如图5-56所示。

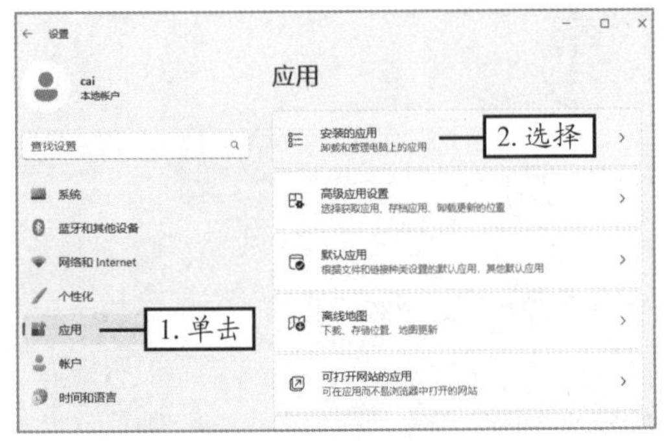

图5-55 选择“安装的应用”选项

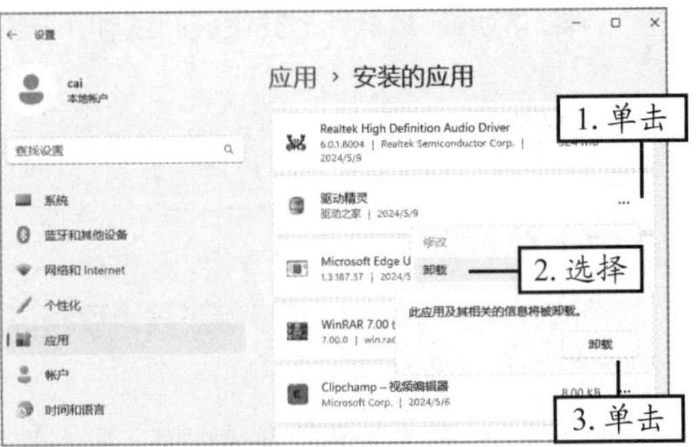

图5-56 选择卸载的软件

（4）在打开的驱动精灵的卸载对话框中单击“继续卸载”按钮。

（5）在打开的确认卸载对话框中可以设置删除驱动文件及备份，这里单击“继续卸载”按钮，如图5-57所示。

（6）在打开的卸载完成对话框中反馈卸载软件的原因，单击“完成”按钮，如图5-58所示。

图5-57　卸载软件　　　　图5-58　完成卸载

实训一　安装银河麒麟操作系统

【实训要求】

国产操作系统已经广泛应用在党政、教育、金融、交通、通信、能源等重点领域，为国家和企业的网络安全、信息安全提供了强有力的保障。本实训将在计算机中安装2023年发布的银河麒麟操作系统V10 SP1 2303，以帮助读者进一步掌握安装操作系统的操作。

【实训思路】

完成本实训需要先从网上下载银河麒麟操作系统的安装程序，然后制作U盘启动盘，接着在BIOS中设置U盘启动计算机，最后安装操作系统，操作过程如图5-59所示。

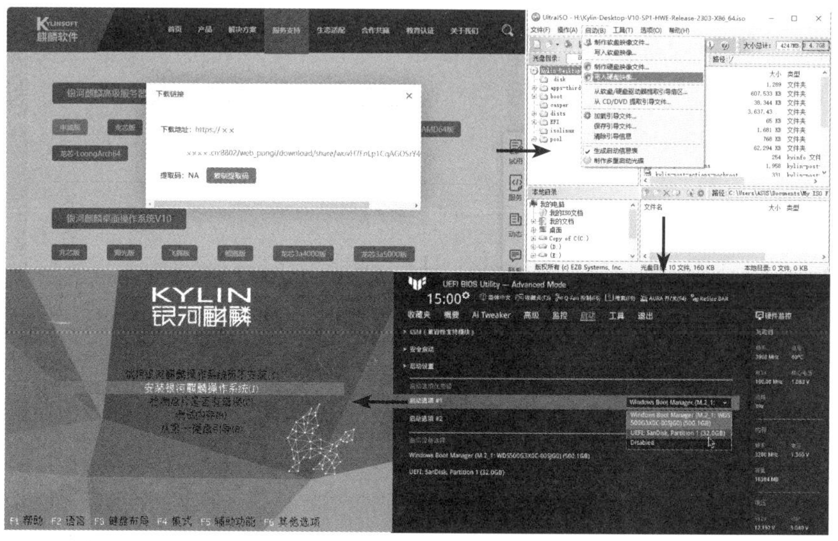

图5-59　安装银河麒麟操作系统

【步骤提示】

（1）准备一个容量在4GB以上的U盘，在浏览器中打开银河麒麟操作系统的官方网站，打开“银河麒麟桌面操作系统”页面，单击“申请试用”按钮，然后按照提示将操作系统的安装文件下载到计算机中。

（2）在计算机中安装软碟通软件，将U盘插入计算机，启动软碟通，选择【文件】/【打开】命令，在打开的对话框中选择下载的银河麒麟操作系统的安装文件，单击“打开”按钮。

（3）返回软碟通操作界面，选择【启动】/【写入硬盘映像】命令，在打开的对话框的“硬盘驱动器”下拉列表中选择插入的U盘对应的选项，单击“写入”按钮，然后根据提示进行U盘启动盘的制作。

（4）启动需要安装银河麒麟操作系统的计算机，进入UEFI BIOS设置界面，将U盘设置为计算机的第一启动项，保存设置并退出UEFI BIOS。

（5）将U盘插入计算机，启动计算机，计算机将自动运行U盘启动盘中的安装程序。进入银河麒麟桌面操作系统V10的安装引导界面，在该界面中选择“安装银河麒麟操作系统”选项。

（6）按照安装向导的提示，先选择安装的语言，然后阅读并同意许可协议条款，接着选择时区、安装路径、安装方式，并设置全盘安装和创建用户。

（7）设置完成后，单击“开始安装”按钮，安装银河麒麟操作系统，在安装过程中会重新启动计算机，最后按照提示拔出U盘，登录并进入银河麒麟操作系统桌面。

实训二　安装Windows 11和银河麒麟双操作系统

【实训要求】

在计算机中安装Windows 11和银河麒麟两个操作系统，以进一步熟悉安装操作系统的方法。

【实训思路】

完成本实训主要包括安装Windows 11并设置磁盘、制作U盘启动盘、安装银河麒麟操作系统3个步骤，安装完成后即可看到双系统启动菜单，操作过程如图5-60所示。

【步骤提示】

（1）按照前面介绍的方法，在计算机中安装好Windows 11操作系统。

（2）在Windows 11操作系统桌面的“开始”按钮上单击鼠标右键，在弹出的快捷菜单中选择“计算机管理”命令。在打开的窗口左侧选择“磁盘管理”选项，在右侧选择安装银河麒麟操作系统的磁盘，单击鼠标右键，在弹出的快捷菜单中选择“压缩卷”命令。在打开的对话框的“输入压缩空间量”数值框中输入60000以上的数值，单击“压缩”按钮。

（3）从网上下载并安装LinuxLive USB Creator软件，插入U盘，然后启动该软件。先选择U盘，然后选择银河麒麟操作系统的ISO文件，接着取消选中“在Windows上运行LinuxLive（需通过网络安装）”复选框，选中“使用FAT32格式化优盘（优盘上所有数据将被擦除！）”复选框。单击左下角闪电样式的按钮，按照提示制作U盘启动盘（在制作过程中需要将银河麒麟操作系统的ISO文件解压缩到U盘中）。

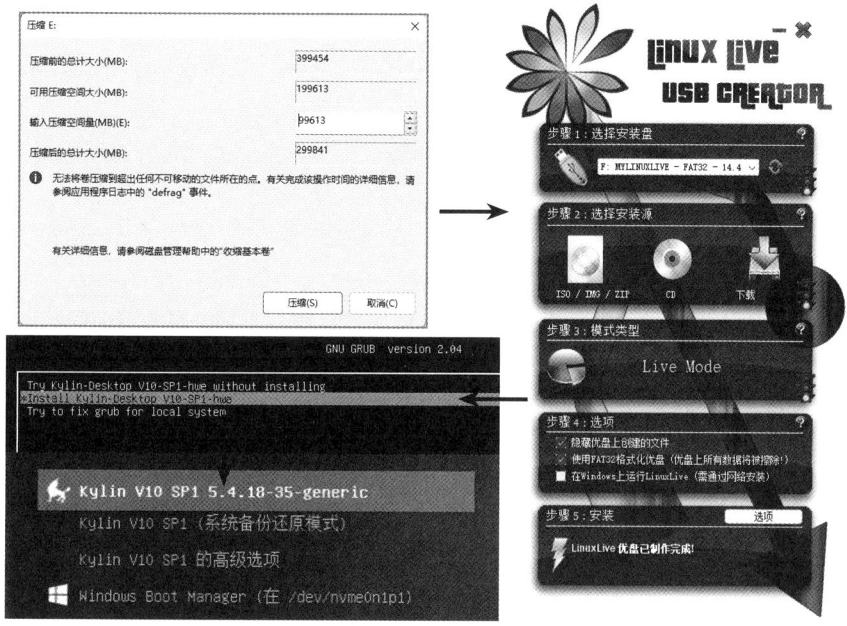

图5-60　安装双操作系统的操作过程

（4）重新启动计算机，进入BIOS设置，将第一启动项设置为U盘。

（5）再次重新启动计算机，选择“Install Kylin-Desktop V10-SP1-hwe”选项，进入银河麒麟操作系统的安装界面，按照向导提示进行安装。在选择安装方式时，需要手动创建分区表。打开“自定义安装”选项卡，选择前面压缩卷的磁盘空间对应的选项，单击选项右侧的“新建分区”按钮，进入“新建分区”界面；在“挂载点”下拉列表中选择“/boot”选项，在“大小（MiB）”数值框中输入“1024”，单击“确定”按钮。继续选择空闲的磁盘分区，在“挂载点”下拉列表中选择“/”选项，继续创建新分区，最后完成系统安装。

（6）完成双系统的安装后重启计算机，在启动过程中将显示启动菜单，用户可以选择“Kylin V10 SP1”对应的选项，启动银河麒麟操作系统，或选择“Windows Boot Manager”对应的选项，启动Windows 11操作系统。

课后练习

（1）尝试在自己的计算机中安装银河麒麟操作系统。

（2）在驱动之家网站的驱动中心页面中搜索并下载主板或显卡的最新驱动程序，然后将下载的驱动程序安装到计算机上。

（3）在计算机中安装QQ和WPS Office，熟悉安装软件的方法。

（4）在计算机上卸载一些软件，以节省更多的磁盘空间。

技能提升

1. 了解装机常用软件

在组装计算机的过程中，为了保证安装正常进行，通常需要安装一些应用软件。

- **制作U盘启动盘的软件：**这种软件用于将U盘制作成能够启动计算机的启动程序，常见的有软碟通（UltraISO）、大白菜或老毛桃等。
- **解压缩软件：**这种软件能够压缩和解压计算机中各种类型的文件，常见的有WinRAR、360压缩、迅捷压缩等。
- **安全防护软件：**这种软件是为计算机提供安全防护的程序，常见的有360安全卫士、360杀毒、卡巴斯基反病毒软件、江民杀毒软件等。
- **备份与还原软件：**这种软件用于备份与还原操作系统，常见的有一键还原精灵、小白一键重装系统、Ghost、DiskGenius等。
- **磁盘软件：**这种软件用于进行硬盘的分区和格式化，常见的有PQmagic分区魔术师、Daemon Tools精灵虚拟光驱等。
- **硬件检测软件：**这种软件用于检测计算机硬件的性能和健康状况，常见的有鲁大师、硬盘哨兵、HDD Health、CPU-Z等。

2. 安装Windows 10操作系统

Windows 10操作系统也是比较常见的操作系统，其安装操作与Windows 11操作系统类似，只是在安装前需要制作U盘启动盘，具体操作如下。

（1）在能够正常工作并联网的计算机中打开Microsoft的官方网站，进入Windows 10操作系统的下载页面，单击“立即下载工具”按钮，下载Windows10操作系统的安装程序。

（2）网页中弹出下载结果的对话框，单击该对话框中的“打开文件”超链接。

（3）将制作启动盘的U盘插入计算机，按照向导提示制作U盘启动盘，制作完成后，向导提示“你的U盘已准备就绪”，如图5-61所示。

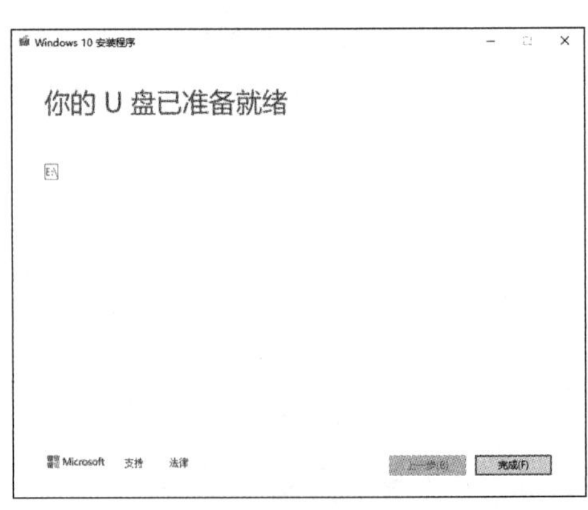

图5-61　制作Windows 10操作系统的U盘启动盘

（4）使用U盘启动盘启动需要安装操作系统的计算机，按照向导提示安装Windows 10操作系统。

（5）在Windows 10操作系统中进行激活，完成操作系统的安装。

3. 使用鲁大师检测计算机硬件

鲁大师是一款专业的硬件检测软件。下面使用鲁大师检测计算机的硬件，具体操作如下。

（1）启动鲁大师软件，在其工作界面中选择“硬件评测”选项。

（2）进入鲁大师的计算机性能测试界面，单击“开始评测”按钮。

（3）鲁大师开始对计算机的主要硬件进行检测，包括处理器、显卡、内存和磁盘等，这个过程需要花费较长的时间，在检测过程中，显示器可能出现闪烁或停顿的现象。

（4）检测完成后，工作界面中将显示计算机的综合性能得分，并单独显示各主要硬件的性能得分，如图5-62所示。

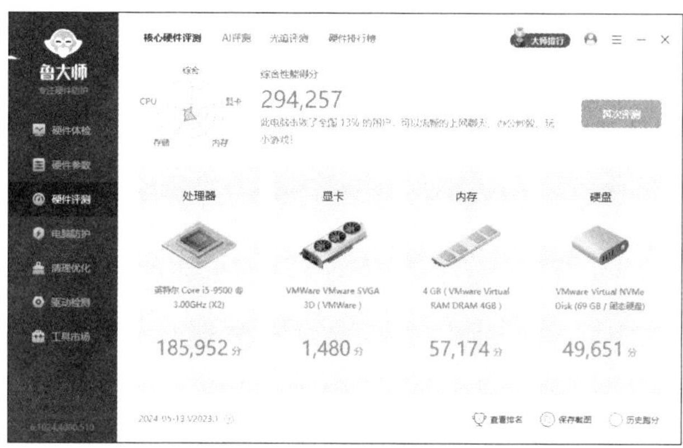

图5-62 硬件测试结果

4. 升级软件

升级软件一般是指安装软件的最新版本。用户可以使用360软件管家进行软件升级，具体操作为：打开360软件管家，选择“升级”选项，在需要更新的软件右侧单击“快升”或“升级”按钮，如图5-63所示。

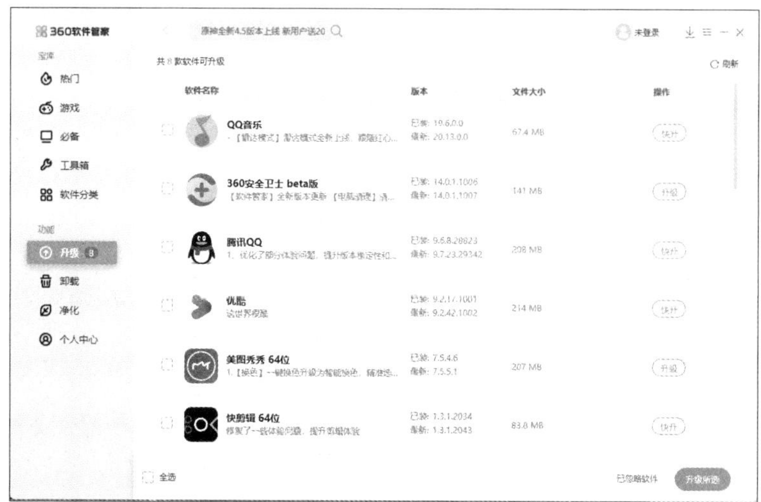

图5-63 升级软件

AI加油站

1. 国产操作系统与AI的结合

随着AI的广泛应用，国产操作系统也在大规模嵌入AI引擎，提升系统性能。

（1）银河麒麟操作系统

2024年中国操作系统产业大会上，国产桌面操作系统银河麒麟发布首个AI版本，可实现端侧推理能力，构建高效的国产操作系统端侧智能引擎，支持离线状态下的大模型推理。该AI版本打造了与系统深度融合的Kylin AI-SDK、Kylin DLA框架，同源支持不同的AI芯片，实现不同AI芯片之间的混合推理，综合调度各种模型与算力资源，为产业提供一致的AI生态支持。该AI版本的应用场景涵盖办公、交通、医疗、教育等领域，如在自动驾驶场景中能实时处理传感器数据，支持汽车决策与控制系统；在医疗健康领域可用于医疗图像分析、基因分析和新药研发等，提供智能计算支持和诊断服务。

（2）深度操作系统

深度操作系统将多项自研应用进行了智能化升级，包括具备自然语言搜索、图片内容搜索和文档内容搜索的全局搜索功能；可根据主题智能生成邮件内容，还能处理邮件主题、总结等的邮件智能处理功能；浏览器增加了聊天问答、快捷浮窗（支持AI翻译、AI总结和AI改写等）、自定义提示词功能等。另外，深度操作系统成功接入国内外多个主流AI大模型，并将其封装为AI公共底层接口，甚至计划将该AI版本的源代码开放，进一步提升操作系统的可靠性和稳定性。

（3）统信UOS操作系统

2024年，统信软件正式发布了UOS AI的随航功能。这一新功能标志着国产操作系统在人工智能领域的重要进展，进一步拓展了UOS操作系统在多端融合、云化服务和智能化应用3个关键方向的实现路径。另外，UOS AI自推出以来，已覆盖90%的主流开源大模型与框架，通过实现AI模型的本地部署和训练，摆脱网络依赖，避免数据上传至云端带来的隐私风险，同时结合统信UOS 的访问控制机制和数据加密技术，保障用户数据安全。

2. 国产软件与AI的结合

AI也被广泛应用于软件领域，很多国产软件也具备了一定的AI功能。

（1）办公软件

以金山WPS和腾讯文档为代表，将AI集成于软件中，在文档编辑时，可充当智能写作助手，帮助用户校对文本、调整格式、续写内容、检查语法错误、提供写作思路等。在表格处理方面，能快速进行数据统计分析、智能数据归类等操作。制作演示文稿时，用户输入主题和要点，它可推荐合适的模板和设计布局，辅助快速生成美观的PPT。

（2）设计软件

以创客贴和美图秀秀为代表，主要AI功能包括智能修图，可自动识别图片中的一些常见问题并进行修复，如优化色彩、对比度等；智能扩图，能按照用户需求对图片进行拓展，增加画面内容和尺寸；智能绘画，可根据用户输入的关键词生成创意图片；智能抠图，能快速准确地将图片中的主体与背景分离等。

（3）视频软件

以万兴播爆和腾讯智影为代表，主要AI功能包括数字人视频生成，适用于产品介绍、知识科普、企业培训等多种短视频场景；智能视频剪辑，能根据用户选择的主题和素材，自动剪辑生成具有一定故事性和观赏性的视频等。

（4）搜索软件

以360搜索和知乎直达为代表，将搜索与AI大模型结合，通过多场景模型协同工作，可自动提炼、整合、重组搜索信息，帮助用户快速获取所需信息，并直接呈现最终答案，提升了搜索效率和精准度，支持多种搜索方式和功能。

（5）智能助手

以文心一言和讯飞星火为代表，具有文本生成、语言理解、知识问答、逻辑推理、数学能力、代码能力、多模交互等能力，可与人对话互动、回答问题、协助创作，涵盖知识增强、检索增强和对话增强等技术优势，能够在多个领域为用户提供丰富的知识和灵感，还可进行代码生成、文本摘要、绘画等操作。

项目六
构建虚拟计算机配装平台

情景导入

老洪接到一个临时任务，在公司的计算机中安装以统信UOS为代表的国产操作系统。老洪准备把这个任务交给米拉，考虑到米拉对国产操作系统并不熟悉，于是，老洪先为米拉介绍了一款虚拟机软件——VMware Workstation，让米拉通过虚拟机软件练习安装操作系统的相关操作，熟练后再进行实践操作。

学习目标

• 认识虚拟机软件——VMware Workstation（VM）	• 熟练掌握 VM 中虚拟机的创建与配置 • 熟练掌握在 VM 中安装操作系统的方法

能力目标

• 加强对操作系统安装的认识和理解，能够熟练安装各种操作系统	• 掌握虚拟机软件的各种操作

素养目标

• 在学习中做好分类计划，合理规划时间，培养高效学习的能力

任务一 创建和配置虚拟机

VMware Workstation（VM）是一款比较专业的虚拟机软件，可以同时运行多个虚拟的操作系统，当需要在计算机中进行重装系统、安装多系统或BIOS升级等操作时，可以使用VW模拟这些操作。VM在软件测试等专业领域使用较多，属于商业软件，普通用户需要付费购买。

一、任务目标

本任务以VM为例，介绍创建虚拟机，并对其进行设置的相关操作。通过本任务的学习，读者可以掌握VM的基本操作，同时对虚拟机的功能有基本的了解。

二、相关知识

在进行各种操作前，应该学习VM的一些基本知识。

（一）VM的基本概念

VM的功能相当强大，应用也非常广泛。在使用VM之前，需了解相关的专有名词，下面对专有名词进行介绍。

- **虚拟机：**虚拟机是指通过软件模拟的具有计算机系统功能，且运行在一个完全隔离的环境中的完整计算机系统。通过虚拟机软件，可以在一台物理计算机上模拟一台或多台虚拟计算机，这些虚拟计算机（简称虚拟机）可以像真正的计算机一样工作，如安装操作系统和应用程序等。也可以说，虚拟机是安装在物理计算机上的一个软件层，虚拟机内部运行的应用程序能够得到与直接在物理计算机上运行几乎无异的操作环境和结果。
- **主机：**主机是指运行虚拟机软件的物理计算机，即用户使用的计算机。
- **客户机系统：**客户机系统是指虚拟机中安装的操作系统，也称客户操作系统。
- **虚拟机硬盘：**由虚拟机在主机上创建的一个文件，其容量大小受主机硬盘的限制，即存放在虚拟机硬盘中的文件不能超过主机硬盘的大小。
- **虚拟机内存：**虚拟机运行所需内存是由运行虚拟机的物理计算机分配的一部分具体物理内存空间，其容量不能超过主机的内存容量。

知识补充

主板上集成的硬件

通过虚拟机软件，计算机可以同时运行Linux各种发行版、Windows各种版本、DOS和UNIX等各种操作系统。虚拟机的窗口中模拟了多个计算机真实按键，分别代表打开虚拟机电源、关闭虚拟机电源和Reset键等。

（二）VM支持的操作系统

VM几乎支持所有操作系统，具体如下。

- **Microsoft Windows：**从Windows 3.1一直到最新的Windows 11。
- **Linux：**各种Linux版本，从Linux 2.2.x内核到Linux 6.x内核64位，以及国产Debian多个版本、Red Hat多个版本等。
- **VMware ESX：**VMware ESX/ESXi 4和VMware ESXi 8及更高版本。
- **其他操作系统：**MS-DOS、eComStation、FreeBSD、NetWare、Solaris等。

（三）VM热键

热键是指自身或与其他按键组合能够起到特殊作用的按键，VM中的热键默认为【Ctrl】键。

在虚拟机运行过程中，【Ctrl】键与其他键组合能实现的功能如下。

- **【Ctrl+B】组合键：**开机。
- **【Ctrl+E】组合键：**关机。
- **【Ctrl+R】组合键：**重启。
- **【Ctrl+Z】组合键：**挂起。
- **【Ctrl+F4】组合键：**退出所选择虚拟机的概要或控制视图。如果打开了虚拟机，会出现确认对话框。
- **【Ctrl+G】组合键：**为虚拟机捕获鼠标指针和键盘焦点。
- **【Ctrl+Alt+Enter】组合键：**进入全屏模式。
- **【Ctrl+Alt】组合键：**返回正常（窗口）模式。

（四）设置虚拟机

创建虚拟机时，需要对其进行简单设置，如新建虚拟硬盘、设置内存的大小等，虚拟机创建完成后，用户可以对这些设置进行修改。进入VM主界面，在创建的虚拟机选项卡中单击“编辑虚拟机设置”超链接，打开“虚拟机设置”对话框，在其中可对虚拟机进行设置，如图6-1所示。

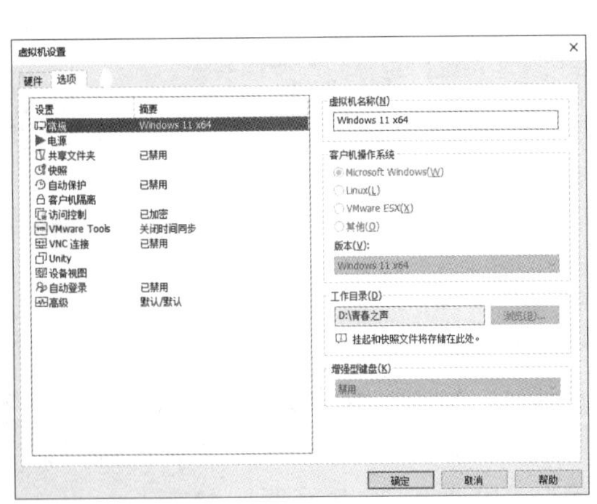

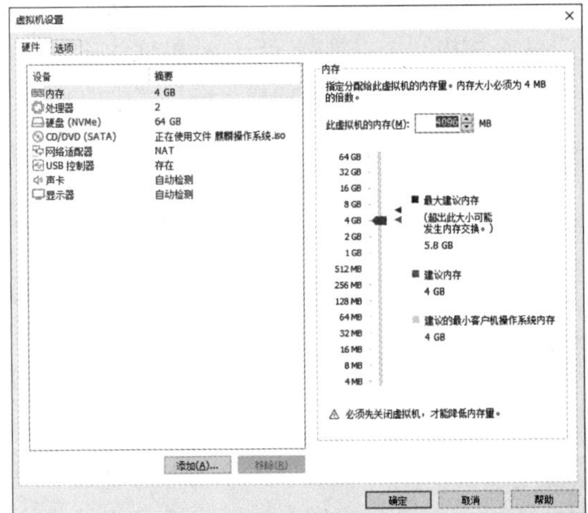

图6-1 “虚拟机设置”对话框

三、任务实施

（一）创建虚拟机

在VM的官方网站可以下载最新版本的软件，将其安装到计算机中后，就可以创建和使用虚拟机了。下面创建一个运行统信UOS的虚拟机，具体操作如下。

（1）启动VMware Workstation，进入主界面，单击“创建新的虚拟机”按钮，如图6-2所示。

（2）在打开的“新建虚拟机向导”对话框中选择配置的类型，这里选中“典型”单选项，单击“下一步”按钮，如图6-3所示。

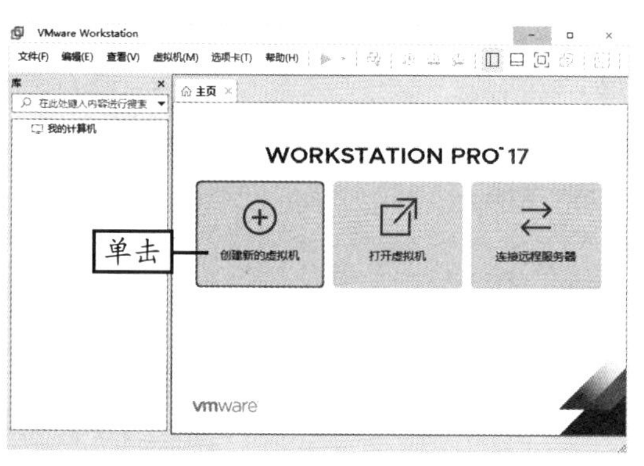

图6-2　创建新的虚拟机

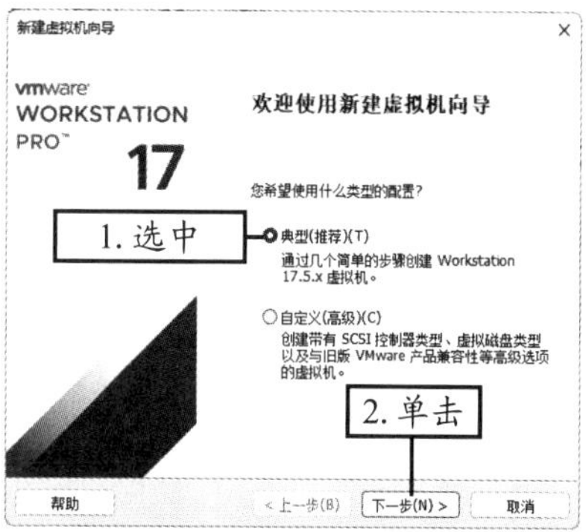

图6-3　选择配置类型

（3）进入“安装客户机操作系统”界面，选中“安装程序光盘映像文件（iso）”单选项，单击“浏览”按钮，如图6-4所示。

（4）在打开的“浏览ISO映像”对话框中选择操作系统的安装映像文件，这里选择从网上下载的统信UOS的映像文件，单击“打开”按钮，如图6-5所示。

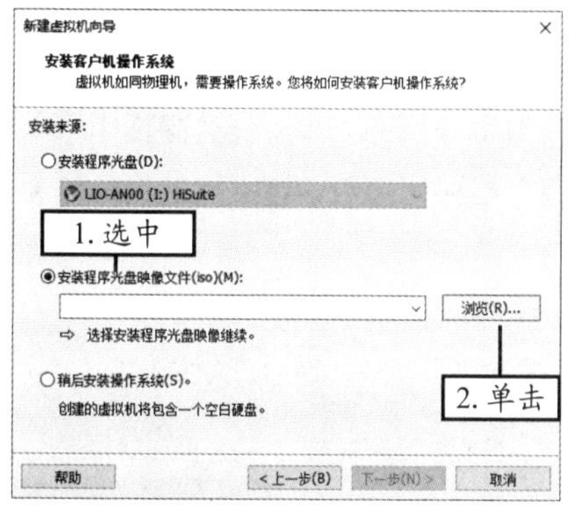

图6-4　选择安装来源

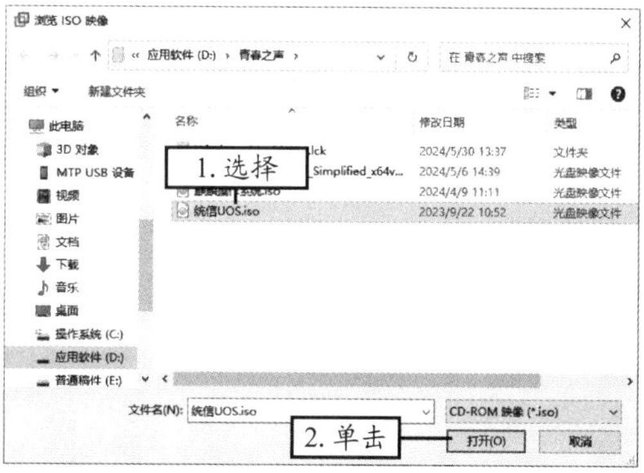

图6-5　选择映像文件

（5）返回“安装客户机操作系统”界面，单击“下一步”按钮，如图6-6所示。

（6）进入“选择客户机操作系统”界面，在“客户机操作系统”栏中选中需要创建的虚拟机的操作系统，这里选中“Linux”单选项，在“版本”下拉列表中选择该操作系统的版本，这里选择“Ubuntu”选项，单击“下一步”按钮，如图6-7所示。

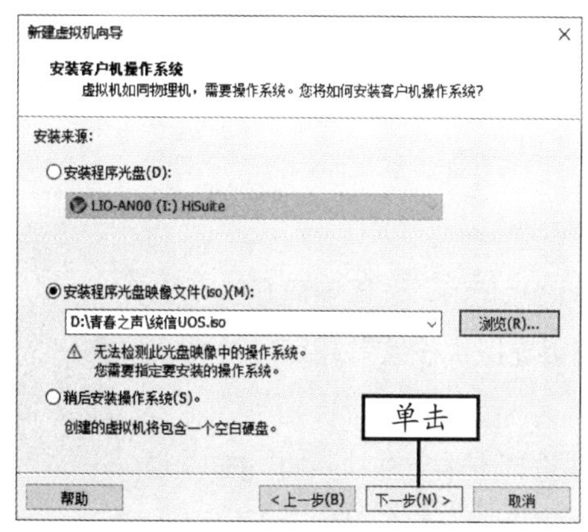

图6-6　确认安装

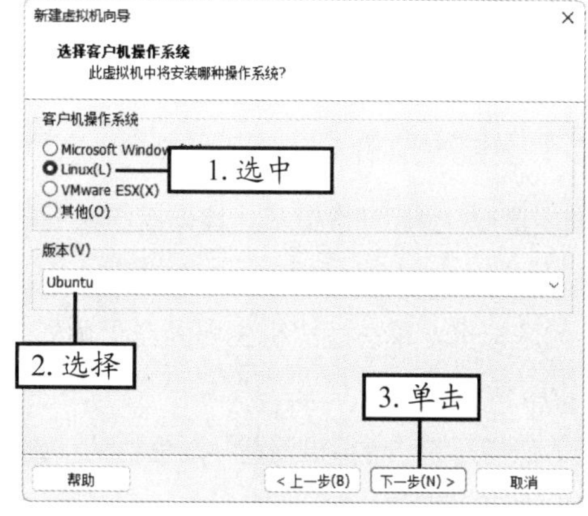

图6-7　设置虚拟机的操作系统

（7）进入“命名虚拟机”界面，在“虚拟机名称”和“位置”文本框中分别输入新建虚拟机的名称和保存位置，单击“下一步”按钮，如图6-8所示。

（8）进入“指定磁盘容量”界面，在“最大磁盘大小”数值框中输入虚拟机的磁盘大小，这里输入“64.0”，选中“将虚拟磁盘存储为单个文件”单选项，单击“下一步”按钮，如图6-9所示。

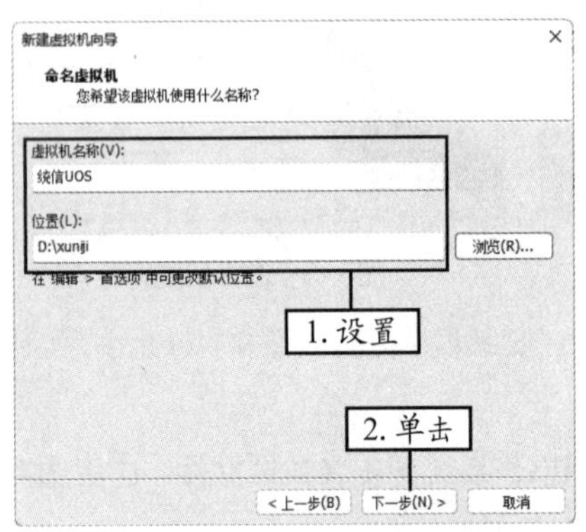

图6-8　设置名称和保存位置

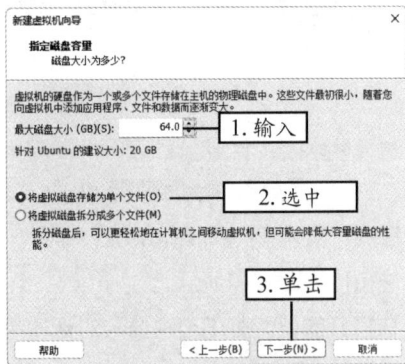

图6-9　指定磁盘容量

（9）进入“已准备好创建虚拟机”界面，单击“完成”按钮，如图6-10所示。

（10）VM开始创建虚拟机。创建完成后，在VM主界面左侧的“库”任务窗格中可以看到创建好的虚拟机，在右侧的“统信UOS”选项卡的“设备”栏中可查看该虚拟机的相关信息，在右下方可以查看虚拟机的详细信息，如图6-11所示。

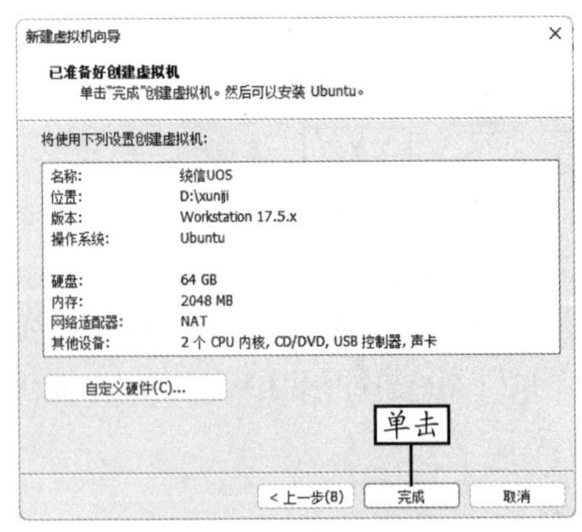

图6-10　准备创建虚拟机

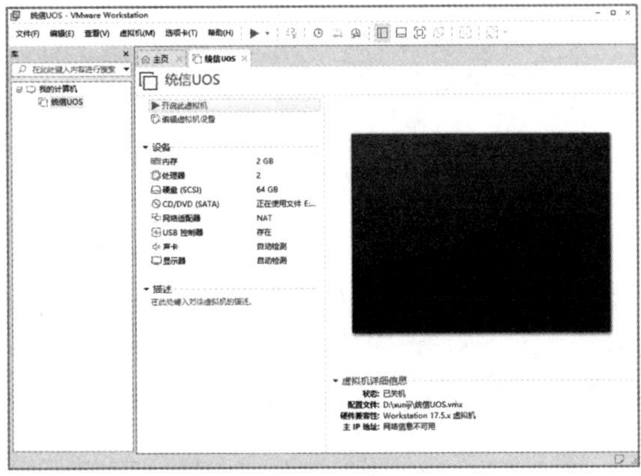

图6-11　创建好的虚拟机

（二）设置虚拟机

下面设置用U盘启动虚拟机，具体操作如下。

（1）将U盘连接到计算机，启动VMware Workstation，选择创建好的统信UOS虚拟机，单击虚拟机主界面左上角的“编辑虚拟机设置”超链接，如图6-12所示。

（2）在打开的“虚拟机设置”对话框的“硬件”选项卡中单击“添加”按钮，如图6-13所示。

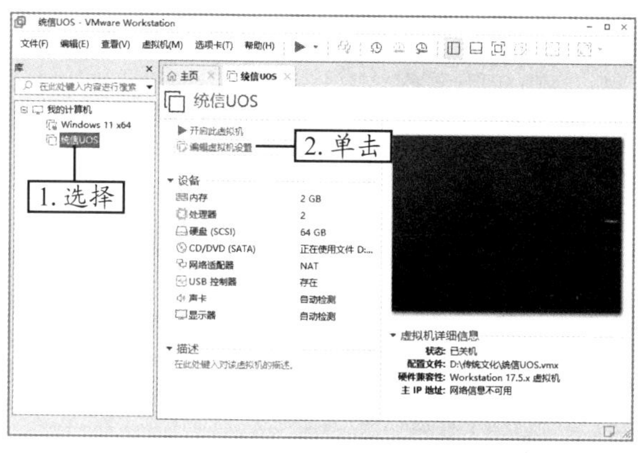

图6-12 编辑虚拟机设置

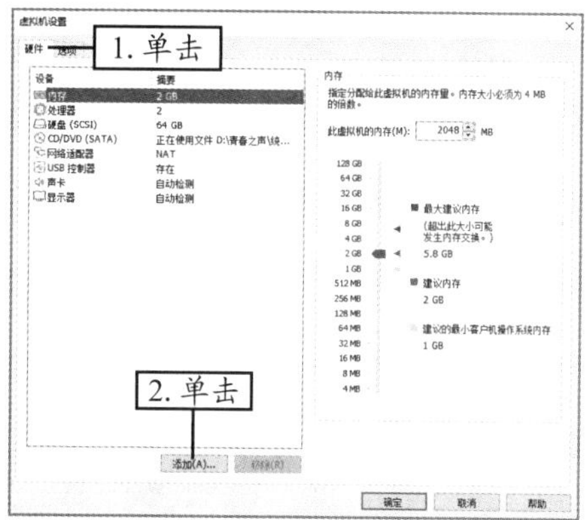

图6-13 单击“添加”按钮

（3）在打开的“添加硬件向导”对话框的“硬件类型”列表框中选择“硬盘”选项，单击“下一步”按钮，如图6-14所示。

（4）进入“选择磁盘类型”界面，在“虚拟磁盘类型”栏中选中“IDE”单选项，单击“下一步”按钮，如图6-15所示。

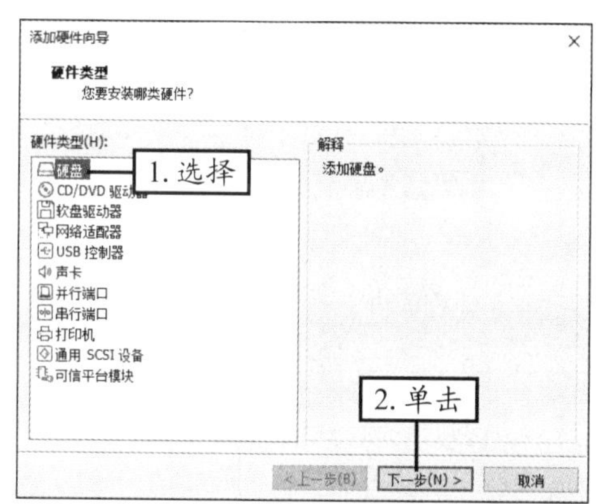

图6-14 选择硬件类型

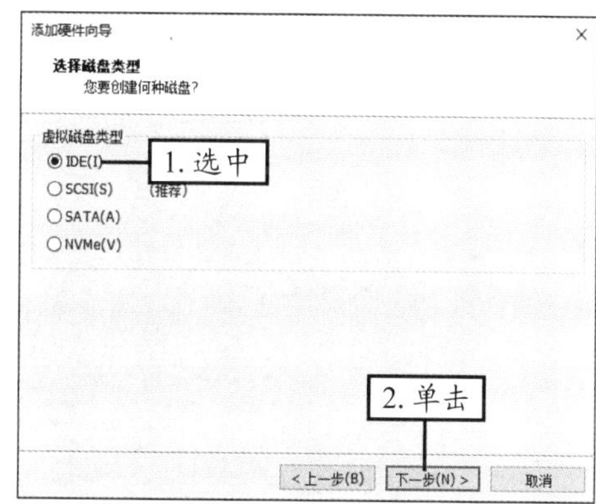

图6-15 选择磁盘类型

（5）进入“选择磁盘”界面，在“磁盘”栏中选中“使用物理磁盘（适用于高级用户）”单选项，单击“下一步”按钮，如图6-16所示。

（6）进入“选择物理磁盘”界面，在“设备”下拉列表中选择U盘对应的选项（PhysicalDrive代表物理磁盘，右侧的0、1 等数字表示物理磁盘在计算机中的顺序，U盘通常是最下面的一个选项），在“使用情况”栏中选中“使用整个磁盘”单选项，单击“下一步”按钮，如图6-17所示。

（7）进入“指定磁盘文件”界面，在其中设置磁盘文件的保存位置，通常保持默认设置，单击“完成”按钮，如图6-18所示。

（8）返回“虚拟机设置”对话框，可看到新建的设备“新硬盘（IDE）”，单击“确定”按钮，如图6-19所示。

（9）返回统信UOS虚拟机的主界面，在左侧的“设备”栏中可以看到创建的硬盘设备，单击左上角的“开启此虚拟机”超链接，如图6-20所示。

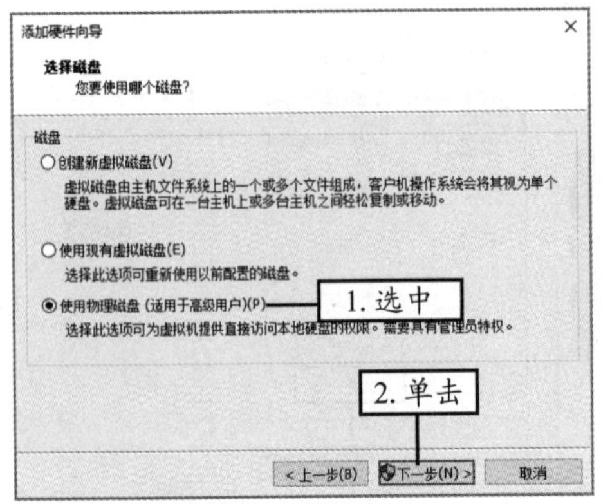

图6-16　选择磁盘

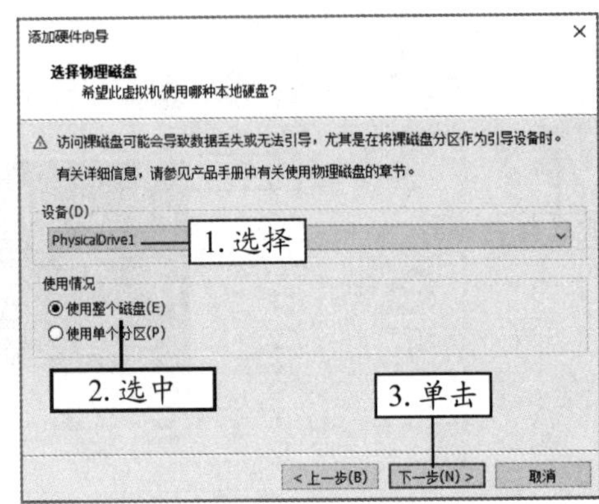

图6-17　选择物理磁盘

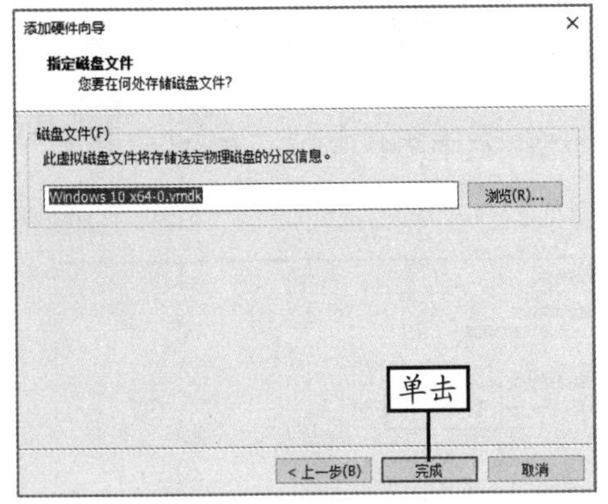

图6-18　指定磁盘文件

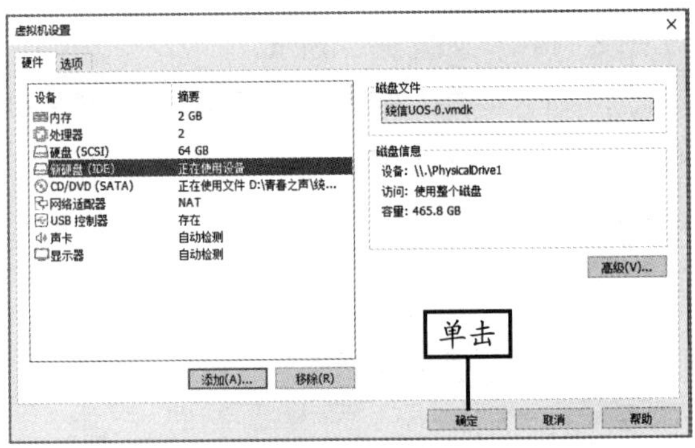

图6-19　完成设置

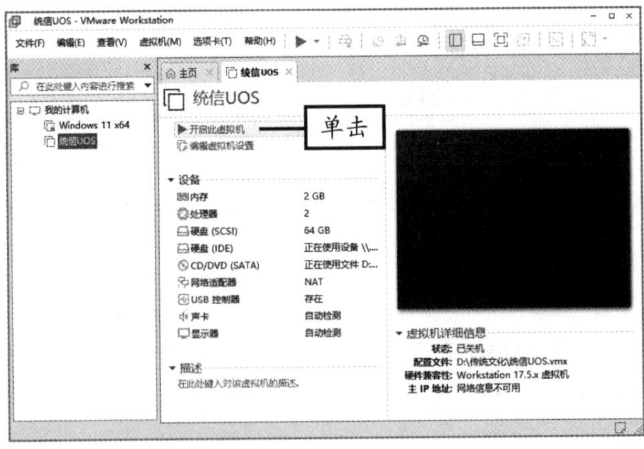

图6-20　启动虚拟机

（10）VM开始启动虚拟机，当进入图6-21所示的界面时，按【F2】键，或选择【虚拟机】/【电源】/【打开电源时进入固件】命令，如图6-22所示。

（11）进入虚拟机的BIOS设置界面，按【↑】或【↓】键，选择U盘对应的选项，然后按【Enter】键，如图6-23所示，虚拟机将重新通过U盘启动。

当U盘中有启动程序时，即可开始启动计算机。

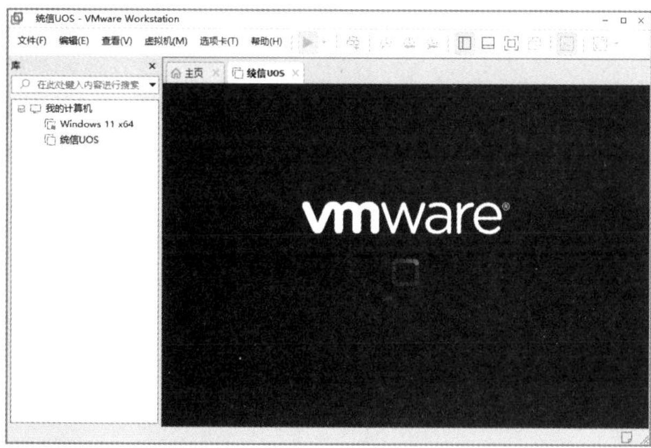

图6-21　进入BIOS

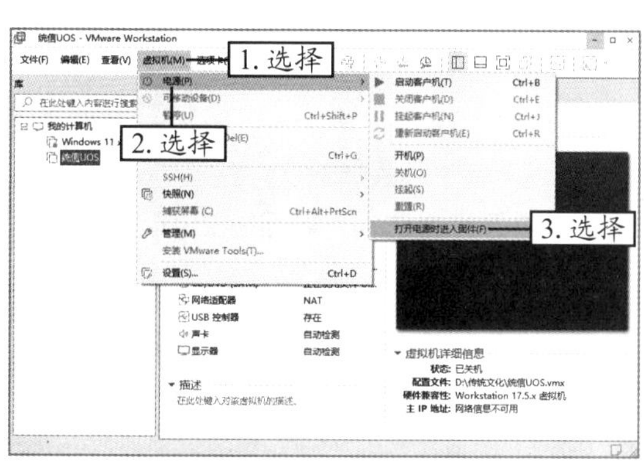

图6-22　选择“打开电源时进入固件”命令

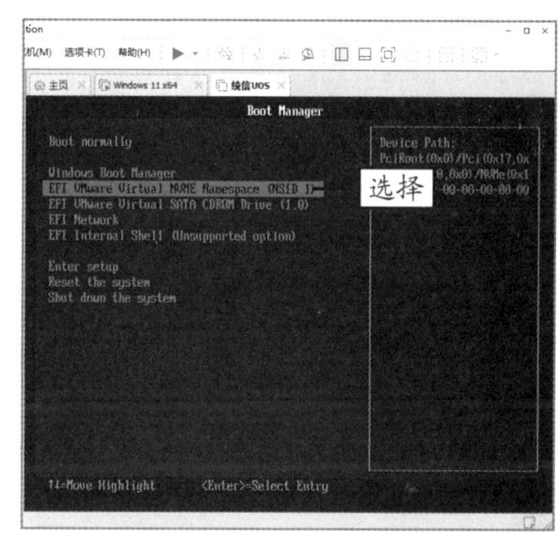

图6-23　选择通过U盘启动

操作提示

在 VM 中设置 U 盘启动的注意事项

要在 VM 中进入 BIOS，应该先将鼠标指针定位到 VM 启动的虚拟机中，否则可能无法进入 BIOS。另外，在 BIOS 中选择启动的 U 盘时，可能存在多个 U 盘启动项，如 VMware Virtual SCSI Hard Drive（0:0）和 VMware Virtual IDE Hard Drive（0:0）等。

任务二　在VM中安装统信UOS

在VM中安装操作系统的操作与在计算机中安装操作系统基本相同，只在处理方式上有细微差别，为了方便可不进行分区。

一、任务目标

在VM中安装统信UOS。通过本任务的学习，读者可以掌握在虚拟机中安装操作系统的方法。

二、相关知识

VM是虚拟机，自然可以同时运行两个或两个以上的操作系统，但需要注意的是，计算机的内存容量要满足在VM中安装多个操作系统和运行计算机自身操作系统的需要，否则计算机的系统资源占用率将非常高，从而可能影响计算机的正常运行。

三、任务实施

下面在创建好的统信UOS虚拟机中安装统信UOS，具体操作如下。

（1）启动VMware Workstation，进入其主界面，在左侧的“库”任务窗格中展开“我的计算机”选项，选择“统信UOS”选项，在右侧的“统信UOS”选项卡中单击“开启此虚拟机”超链接。

（2）VM将自动启动统信UOS的安装程序，进入“选择语言”界面，选择“简体中文”选项，选中下方相关协议对应的复选框，单击“下一步”按钮，如图6-24所示。

（3）进入“校验镜像”界面，检验成功后，单击“下一步”按钮。

（4）进入“安装方式”界面，选择“全盘安装（推荐）”选项，如图6-25所示。

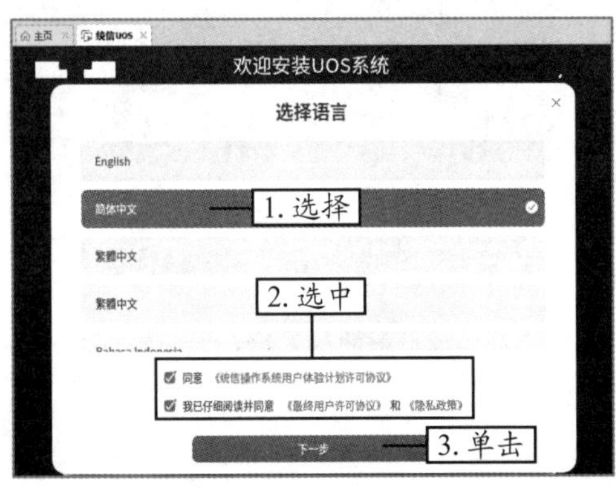

图6-24 选择语言

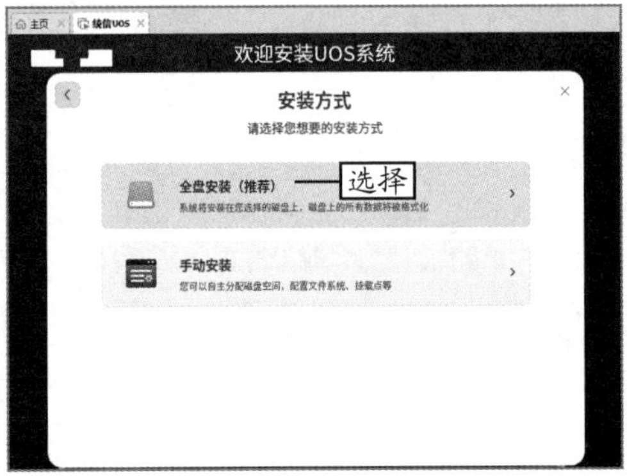

图6-25 选择安装方式

（5）进入“全盘安装”界面，确认安装设置，单击“下一步”按钮。

（6）进入“创建账户”界面，检验成功后，在对应的文本框中输入用户名、计算机名、密码，单击“下一步”按钮，如图6-26所示。

（7）进入“准备安装”界面，确认安装信息，选中“创建初始化备份”复选框，单击“开始安装”按钮，如图6-27所示。

（8）开始安装统信UOS，并显示安装进度。安装完成后将提示安装成功，单击“立即重启”按钮，重新启动虚拟机。

（9）重启后，进入图6-28所示的登录界面，在文本框中输入设置的密码，按【Enter】键。

（10）进入统信UOS的桌面，如图6-29所示，完成统信UOS的安装。

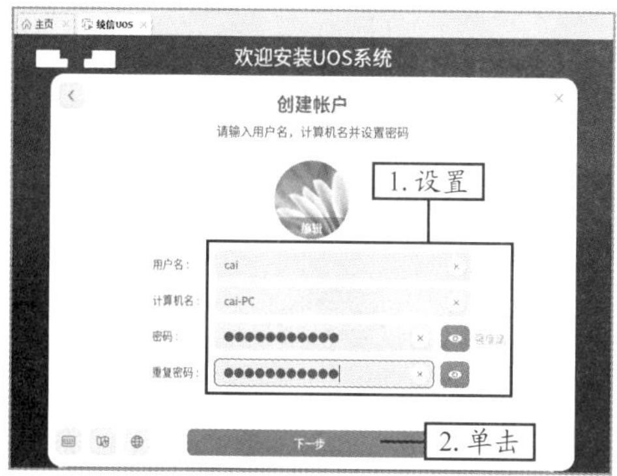

图6-26　创建账户

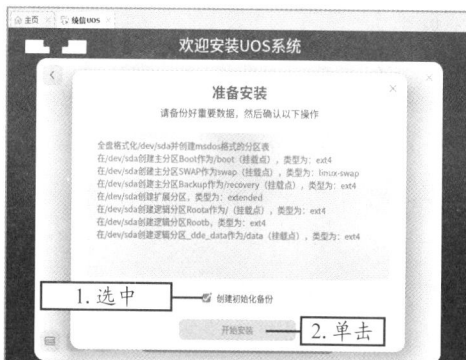

图6-27　准备安装

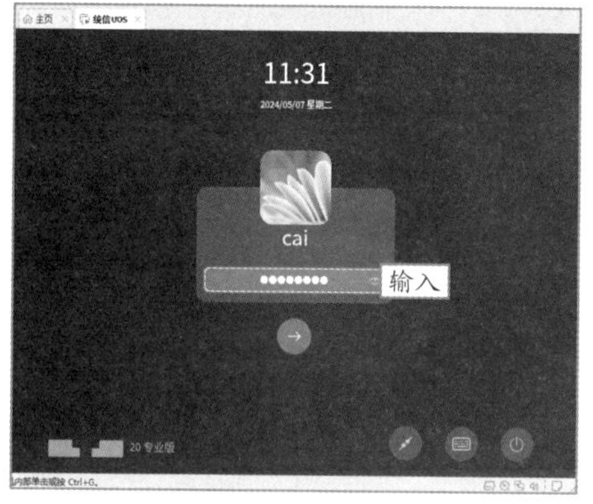

图6-28　登录界面

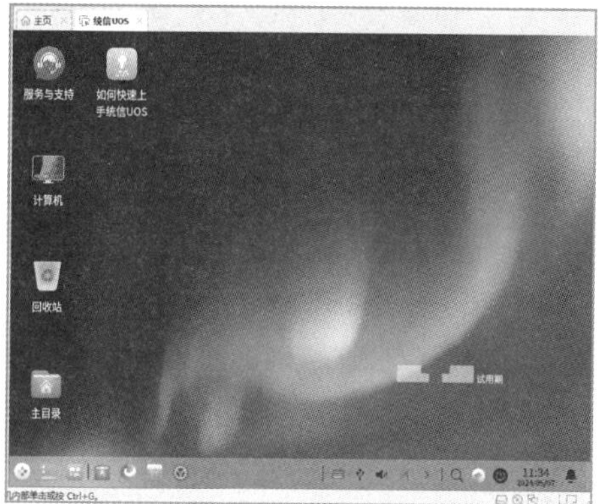

图6-29　统信UOS的桌面

实训　利用VM安装Windows 11操作系统

【实训要求】

利用VM安装Windows 11操作系统。

【实训思路】

完成本实训包括新建虚拟机和安装操作系统两大步骤，操作过程如图6-30所示。

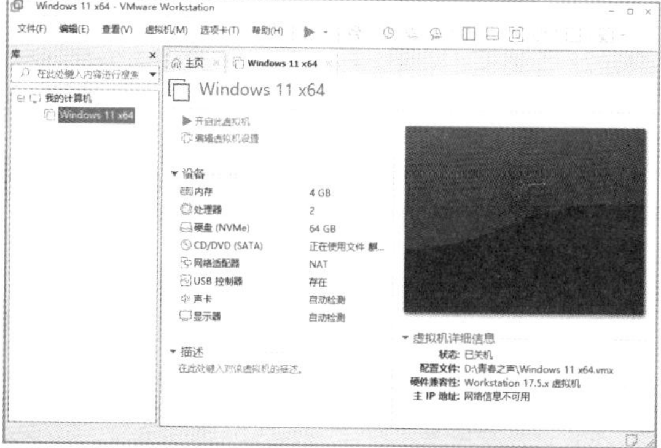

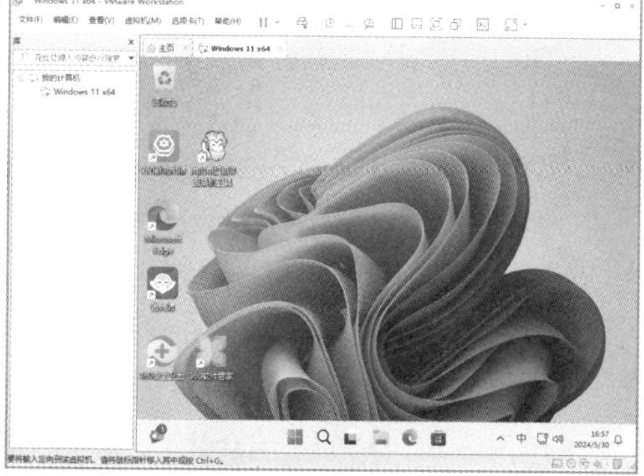

图6-30　利用VM安装Windows 11操作系统的操作过程

【步骤提示】

（1）启动VM，新建一个虚拟机，按照向导提示进行操作，设置安装来源时，选择Windows 11的光盘映像文件。

（2）创建好虚拟机后，启动电源，安装Windows 11操作系统，在安装过程中，可以对虚拟硬盘进行分区和格式化操作。

课后练习

（1）下载并安装最新版本的VM。

（2）在VM中创建3个虚拟机，并分别安装Windows 11、统信UOS和银河麒麟操作系统。

（3）为新建的3个虚拟机安装对应的操作系统。

技能提升

1. 目前流行的虚拟机软件

目前流行的虚拟机软件有VM、Microsoft Virtual PC和Oracle VM Virtual Box。

- **Microsoft Virtual PC：**该软件是一款由微软公司开发、支持多个操作系统的虚拟机软件，具有功能强大和使用方便的特点，主要应用于重装系统、安装多系统、BIOS升级等，该软件的缺点是更新较慢，无法跟上操作系统的更新步伐。
- **Oracle VM Virtual Box：**该软件是一款功能强大的虚拟机软件，操作简单、完全免费、升级速度快，非常适合普通用户使用。

2. VM使用中的常见问题

VM使用过程中的常见问题如下。

- **如何使用中文版：**可以从网上下载汉化程序，然后将汉化文件全部复制到VM的安装文件夹中，替换以前的文件即可。
- **如何使用物理计算机中的文件夹：**可以设置共享文件夹，在虚拟机中打开“虚拟机设置”对话框，切换到“选项”选项卡，在左侧的列表框中选择“共享文件夹”选项，在右侧的“文件夹共享”栏中选中“总是启用”单选项，单击“添加”按钮，在打开的“添加共享文件夹向导”对话框的提示下，选择需要共享的文件夹。
- **如何直接复制物理计算机中的文件：**VM支持通过安装VMware Tools来启用直接复制物理计算机文件到虚拟机中的功能，用户可以将所需文件拖动（也称自由拖拽）至虚拟机的文件夹内，实现便捷的复制粘贴操作。使用这种方法可以不设置共享文件夹。
- **如何安装VMware Tools：**VMware Tools是VM自带的增强工具，安装方法比较简单，选择【虚拟机】/【安装VMware Tools】命令，然后从VM的安装文件中找到VMware Tools的压缩文件，按照安装向导的提示进行安装即可。在虚拟机中安装VMware Tools后，主机与虚拟机之间可以进行文件共享，鼠标指针可在虚拟机与主机之间自由移动（不用再按【Ctrl+Alt】组合键），虚拟机屏幕可实现全屏化。

AI加油站

1. 虚拟机软件与AI的结合

目前，以VMware Workstation和VirtualBox为代表的虚拟机软件都在深度应用AI技术，研发新功能和改进产品性能。其中，VMware在整体业务布局上积极拥抱AI，并在AI领域有深入的技术探索和业务拓展，例如，与英伟达合作推出VMware Private AI Foundation with NVIDIA 平台，帮助企业使用自有业务数据来定制和部署生成式AI应用。

2. 关于AI是否能够构建虚拟计算机的问题

构建一个完整的虚拟计算机系统（如VMware Workstation）需要依赖底层的虚拟化技术（如硬件虚拟化、全虚拟化或半虚拟化），而AI本身并不直接具备构建虚拟化环境的能力。不过，AI可以通过优化虚拟机的资源分配、故障预测或自动化运行和维护等方式间接参与虚拟化技术的优化和管理。

项目七
备份与优化操作系统

情景导入

米拉终于完成了为公司计算机安装操作系统和软件的任务。老洪给米拉提了一个建议，对计算机系统进行备份和优化，以便在操作系统出现故障时，利用备份将计算机快速恢复到正常状态，并提升计算机的工作效率。

学习目标

- 熟练掌握利用 Ghost 备份和还原系统的操作
- 熟练掌握注册表的备份与还原
- 熟练掌握优化操作系统的相关操作

能力目标

- 掌握系统备份和还原的相关操作，能排除系统故障
- 通过优化操作系统提高计算机的性能

素养目标

- 培养严谨认真的工作态度，树立职业自信

任务一　利用Ghost备份操作系统

对计算机操作系统进行备份的目的是在计算机出现系统故障时，能够迅速将操作系统还原到故障出现之前的状态，从而提高计算机的工作效率。

一、任务目标

利用Ghost备份和还原操作系统。通过本任务的学习，读者可以掌握备份和还原操作系统的相关知识。

二、相关知识

Ghost是一款专业的系统备份和还原软件，使用它可以将某个磁盘分区或整个硬盘上的内容镜像复制到其他的磁盘分区或硬盘上，或压缩为一个镜像文件。使用Ghost备份与还原系统通常都在DOS中进行。

Ghost功能强大、使用方便，但多数版本只能在DOS中运行，Windows PE操作系统也自带Ghost软件，通过U盘启动计算机后，即可利用Ghost备份系统。

三、任务实施

（一）制作Ghost镜像文件

备份操作系统最好在安装驱动程序后进行，因为此时的系统最“干净”，也最不容易出现问题。另外，用户也可在安装完各种软件并连接网络后进行备份，这样在还原系统时可省略重装驱动程序、重装应用软件等操作。下面通过U盘启动盘中自带的Ghost来备份操作系统，具体操作如下。

（1）使用U盘启动计算机，进入Windows PE操作系统后，选择【开始】/【Ghost 11.5.1】命令，启动Ghost软件。

（2）进入Ghost主界面，其中显示了软件的基本信息，单击“OK”按钮，如图7-1所示。

（3）在Ghost主界面中选择【Local】/【Partition】/【To Image】命令，如图7-2所示。

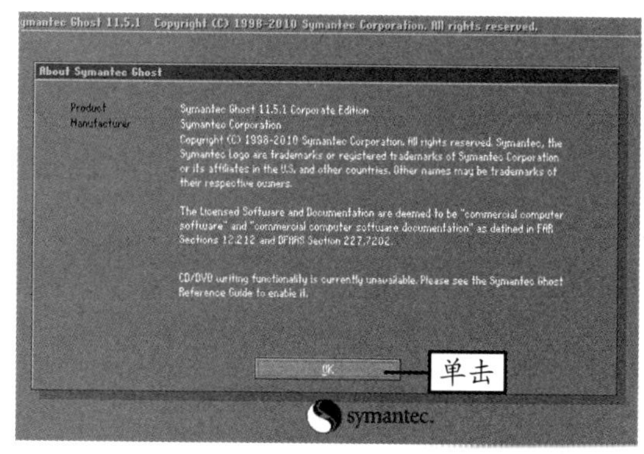

图7-1　Ghost主界面

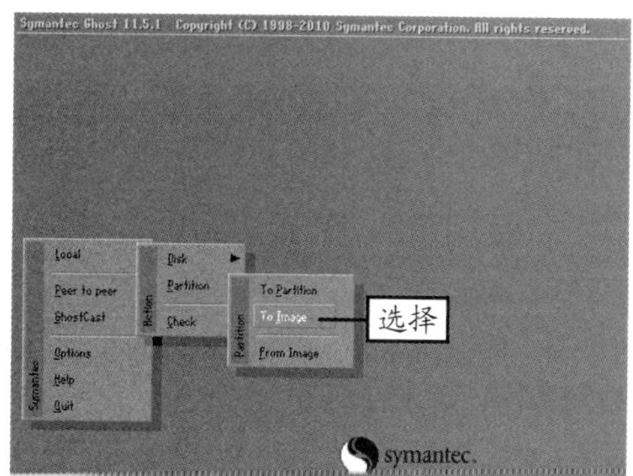

图7-2　选择“TO Image”命令

（4）在打开的对话框中选择硬盘（在有多个硬盘的情况下需慎重选择），这里选择第一个固态盘，单击“OK”按钮，如图7-3所示。

（5）在打开的对话框中选择要备份的分区，这里选择系统盘分区C，单击“OK”按钮，如图7-4所示。

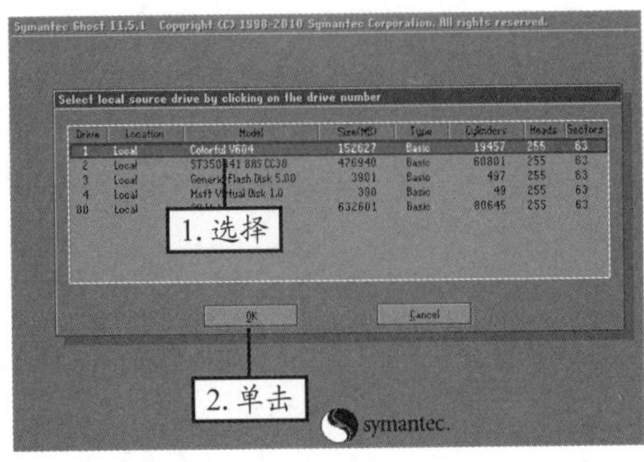

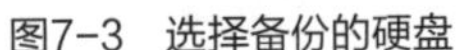
图7-3　选择备份的硬盘

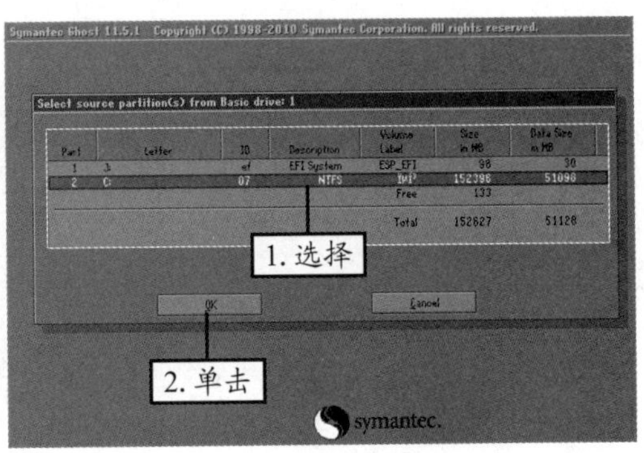

图7-4　选择系统盘分区

（6）在打开的对话框的“Look in”下拉列表中选择D盘，并在“File name”文本框中输入“Win11”作为备份文件的名称，然后单击“Save”按钮，如图7-5所示。

（7）在打开的对话框中选择压缩方式，这里单击“Fast”按钮，如图7-6所示。

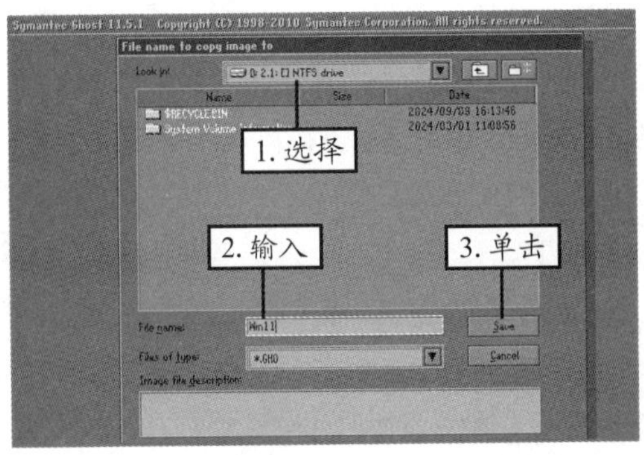

图7-5　设置备份的保存位置和文件名

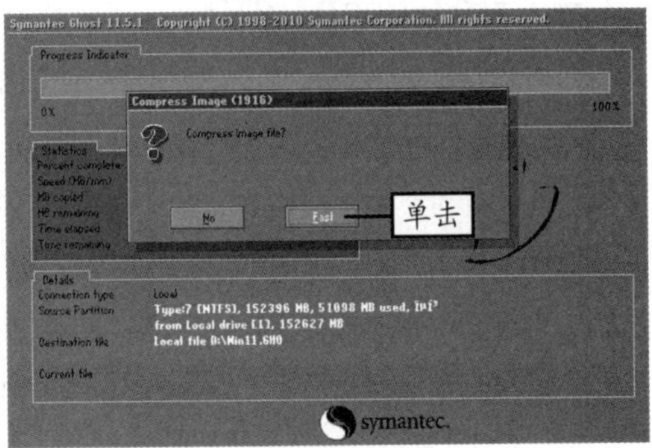

图7-6　选择压缩方式

（8）弹出对话框，询问是否确认要创建镜像文件，单击“Yes”按钮，如图7-7所示。

（9）Ghost开始备份，并显示备份进度等相关信息，备份完成后，弹出对话框，提示备份成功，单击“Continue”按钮，如图7-8所示。返回Ghost主界面，完成系统备份。

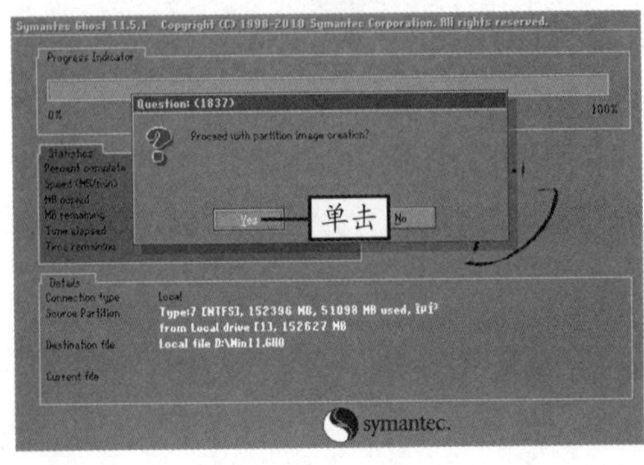

图 7-7　确认操作

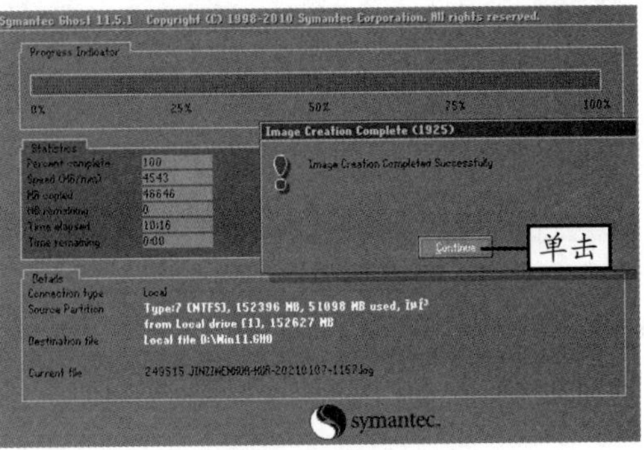

图 7-8　完成备份

操作提示

使用键盘操作 Ghost

在Ghost中，【Tab】键主要用于在界面的各个项目间切换，当用户按【Tab】键激活某个项目后，该项目呈高亮显示状态，按【Enter】键可确认该项目的操作。为了便于操作，在Ghost中还可以使用热键，如果界面中的某些命令或按钮名称的某个字母带有下画线，按【Alt】键和相应的字母键相当于选择该命令或单击该按钮。例如，“OK”按钮的热键为“O”，此时按【Alt+O】组合键就相当于单击“OK”按钮。

（二）还原操作系统

当操作系统无法正常工作时，用户可以使用Ghost通过备份的镜像文件快速恢复系统。下面使用任务实施（一）中备份的Ghost文件还原操作系统，具体操作如下。

微课视频

还原操作系统

（1）利用U盘启动Ghost，进入Ghost主界面，在其中单击“OK”按钮。

（2）在Ghost主界面中选择【Local】/【Partition】/【From Image】命令，如图7-9所示。

（3）在打开的对话框中选择备份的镜像文件“Win11.GHO”，单击“Open”按钮，如图7-10所示。

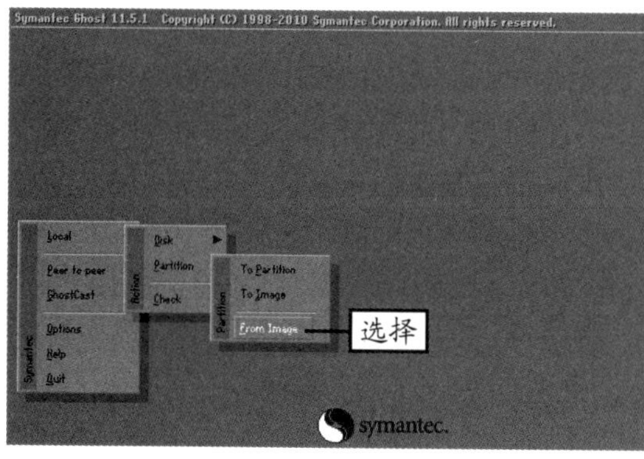

图7-9 选择“From Image”命令

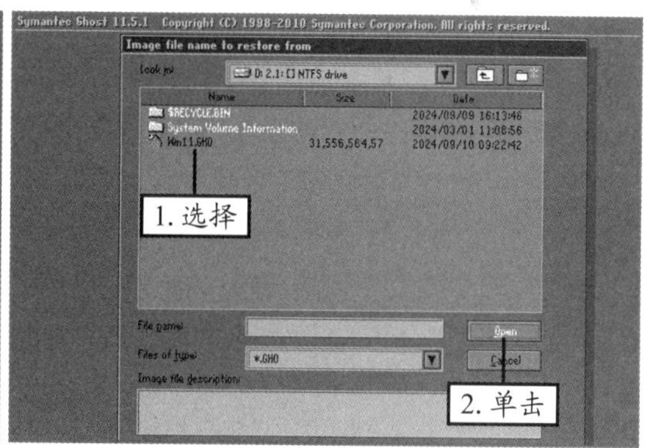

图7-10 选择要还原的备份文件

知识补充

Ghost 备份文件的保存

Ghost备份文件最好保存在计算机硬盘的最后一个分区或者移动存储器中，以降低数据覆盖风险并便于管理，确保备份的安全性和完整性。

（4）在打开的对话框中选择要还原系统的硬盘，这里选择作为系统盘的固态盘，然后单击“OK”按钮，如图7-11所示。

（5）在打开的对话框中选择需要恢复到的磁盘分区，单击“OK”按钮，如图7-12所示。

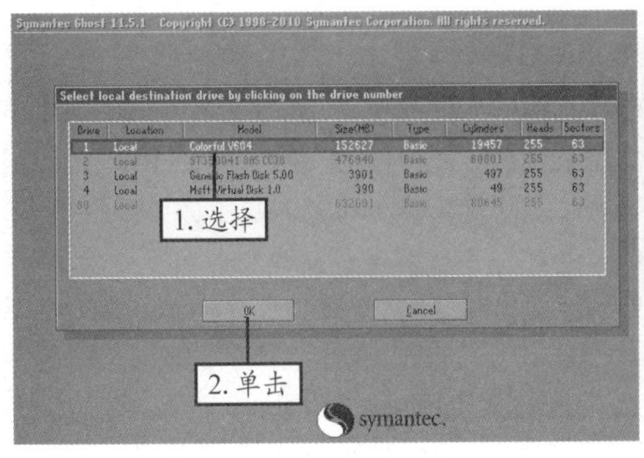

图7-11　选择还原的硬盘

图7-12　选择还原的分区

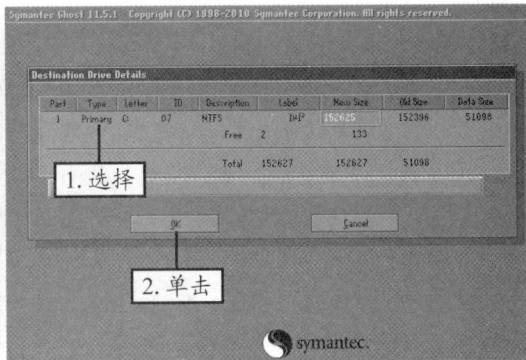

（6）弹出对话框，要求用户确认还原操作，单击“Yes”按钮，如图7-13所示。

（7）此时Ghost开始将镜像文件恢复到系统盘，并显示恢复速度、进度和时间等信息。一段时间后，弹出提示对话框，显示还原成功，单击“Reset Computer”按钮，如图7-14所示。

（8）将U盘取出，重新启动计算机，计算机成功恢复到备份时的状态。

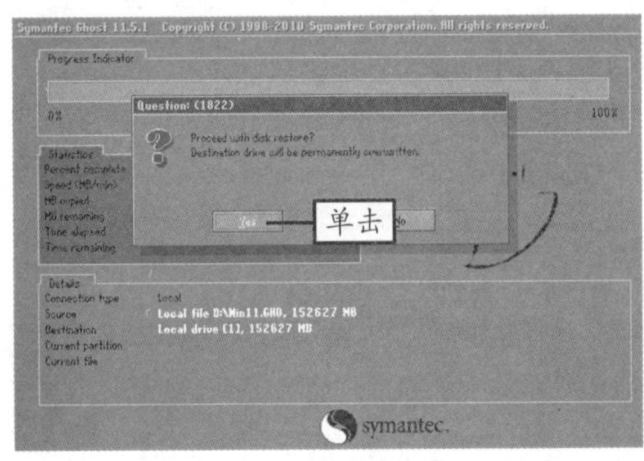

图7-13　确认操作

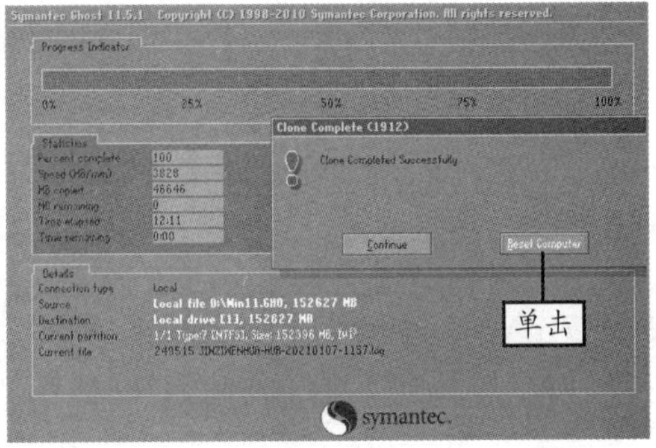

图7-14　单击“Reset Computer”按钮

任务二　备份与还原注册表

注册表是Windows操作系统的一个核心数据库，其中存放着直接控制系统启动、硬件驱动程序的装载、一些应用程序运行的参数。

一、任务目标

使用Windows操作系统的注册表编辑器regedit.exe对注册表进行备份和还原。通过本任务的学习，读者可以掌握注册表备份与还原的相关知识。

二、相关知识

注册表编辑器的主要功能是管理Windows操作系统的注册表。注册表本质上是一个庞大的数据库，存储着软硬件配置、应用程序与资源管理器初始条件等多方面数据，涵盖计算机系统设置、文件关联、硬件描述及性能记录等各类信息。此外，Windows优化大师等系统优化软件也具有注册表备份功能。

三、任务实施

（一）备份注册表

下面利用注册表编辑器备份注册表，具体操作如下。

（1）在Windows 11操作系统中按【Win+R】组合键，打开“运行”对话框，在“打开”下拉列表框中输入“regedit”文本，单击“确定”按钮，如图7-15所示。

（2）在打开的“注册表编辑器”窗口左侧的任务窗格中选择需要备份的注册表，这里选择“HKEY_CLASSES_ROOT”选项，如图7-16所示。

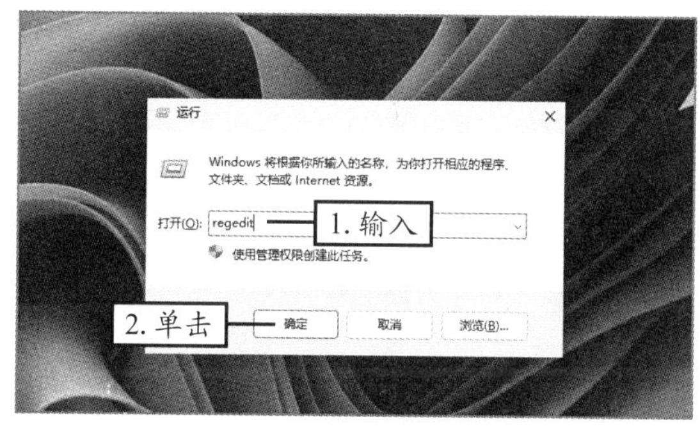

图7-15　打开注册表编辑器

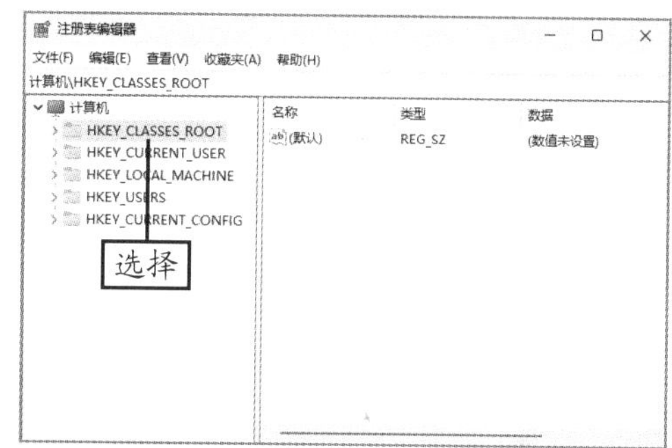

图7-16　选择备份的注册表

（3）选择【文件】/【导出】命令，如图7-17所示。

（4）在打开的“导出注册表文件”对话框中选择注册表备份文件的保存位置，这里选择操作系统的桌面，在“文件名”文本框中输入备份文件的名称，这里输入“root”文本，最后单击“保存”按钮，如图7-18所示。

图7-17　选择“导出”命令

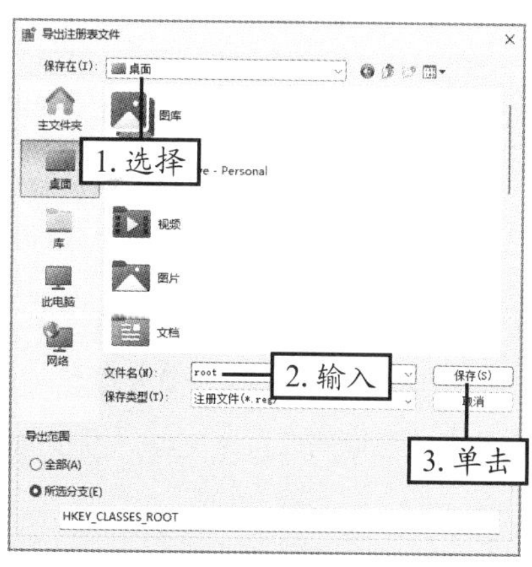

图7-18　设置备份的保存位置和文件名

（5）Windows 11操作系统将按照前面的设置对注册表的“HKEY_CLASSES_ROOT”选项进行备份，并将其保存为“.reg”文件，在设置的保存文件夹中可以看到该“root.reg”文件。

微课视频
还原注册表

（二）还原注册表

当需要还原注册表时，可以使用注册表编辑器，具体操作如下。

（1）打开“注册表编辑器”窗口，选择【文件】/【导入】命令，如图7-19所示。

（2）在打开的“导入注册表文件”对话框中选择注册表文件，这里选择“root”文件，单击“打开”按钮，如图7-20所示。

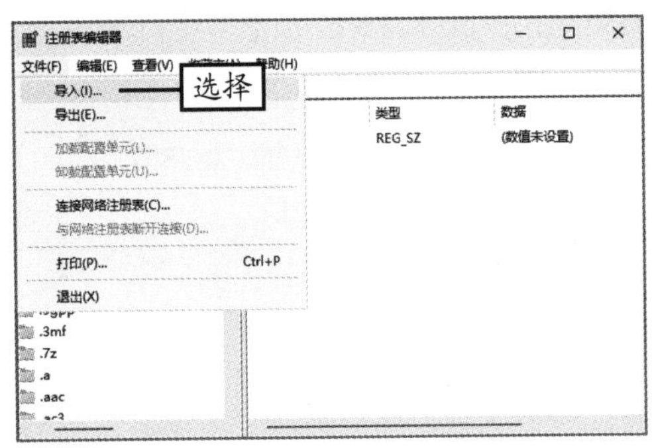

图7-19　选择“导入”命令

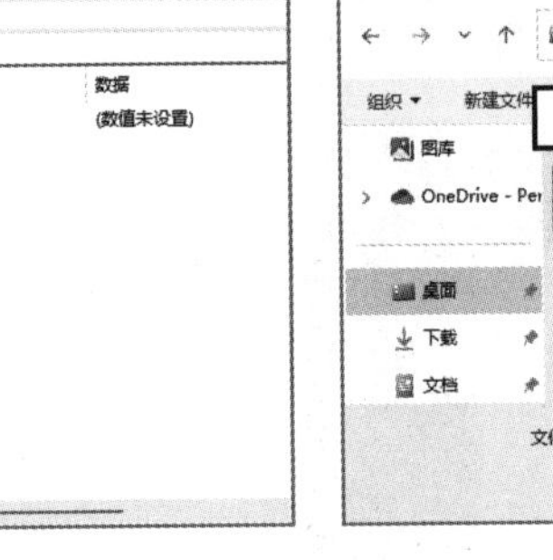

图7-20　选择注册表文件

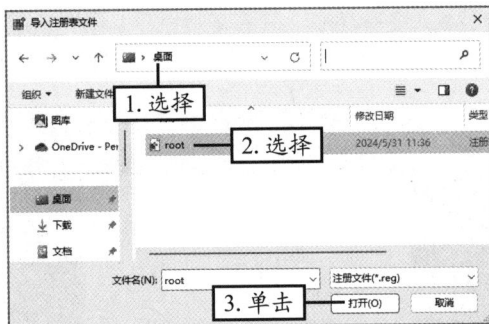

（3）Windows 11操作系统开始还原注册表文件，并显示还原进度。一段时间后，计算机恢复到备份注册表时的状态，完成注册表的还原。

任务三　优化操作系统

优化操作系统主要是对Windows设置不当的项目进行修改，以加快运行速度，包括清理垃圾文件、优化系统启动项等。

一、任务目标

学习对Windows 11操作系统进行优化的基本知识，包括清理垃圾文件和优化开机速度等。

二、相关知识

手动优化操作系统就是清理操作系统中的各种“垃圾”，并通过设置达到维护计算机的目的。主要的操作包括清理垃圾文件、设置内核、优化系统启动项、加快系统关机速度和优化系统服务等。

清理垃圾文件：计算机使用一段时间后，系统中会生成各种各样的垃圾文件，主要包括安装程序时产生的临时文件等，它们对计算机已经没有作用，只会影响计算机的运行效率。垃圾文件包括临时文件（如.tmp、._mp）、临时备份文件（如.bak、.old、.syd）、临时帮助文件（如.gid）、安装临时文件（如mscreate.dir）、磁盘检查数据文件（如.chk）以及其他文件（如.dir文件、.dmp文件、.nch文件）等。

设置内核：内核是操作系统的核心部分，通过合理设置内核参数可以优化系统性能。例如，调整内核的内存管理参数可以提高内存使用效率，修改内核处理器数量可以优化网络性能。

优化系统启动项：系统启动时会自动加载很多程序和服务，有些程序并非每次开机都需要启动，这些不必要的启动项会延长系统启动时间。优化系统启动项可以减少开机时系统资源的占用，加快系统启动速度。

加快系统关机速度：系统关机时需要关闭各种正在运行的程序和服务，如果某些程序或服务在关机时响应缓慢，会导致关机时间变长。加快系统关机速度可以节省用户等待时间，提高用户使用体验。

优化系统服务：系统服务是在后台运行的程序，用于支持系统的各种功能。有些服务对于普通用户来说可能并不需要一直开启，优化系统服务可以减少系统资源占用，提高系统性能。

三、任务实施

（一）清理垃圾文件

下面删除“C:\Windows\Temp”文件夹中的垃圾文件，具体操作如下。

（1）打开“C:\Windows\Temp”文件夹，选择全部文件，单击工具栏中的“删除”按钮，如图7-21所示。

图7-21　删除垃圾文件

（2）系统开始删除文件，并显示删除进度，删除完成后可看到“C:\Windows\Temp”文件夹中没有文件。

（二）设置内核

Windows 11操作系统默认使用一个处理器启动，现在市面上多数的计算机都是多核处理器，可以通过设置内核来加快操作系统的启动速度，具体操作如下。

（1）按【Win+R】组合键，打开“运行”对话框，在“打开”下拉列表框中输入“msconfig”文本，单击“确定”按钮。

（2）在打开的“系统配置”对话框的“引导”选项卡中单击“高级选项”按钮，如图7-22所示。

（3）在打开的“引导高级选项”对话框中选中“处理器个数”复选框，在其下的下拉列表框中设置最大的处理器数，这里选择“2”选项，然后选中“最大内存”复选框，单击“确定”按钮，如图7-23所示。

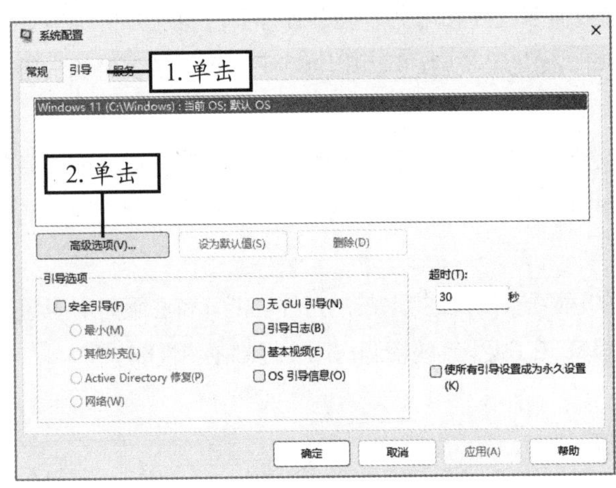

图7-22　“系统配置”对话框

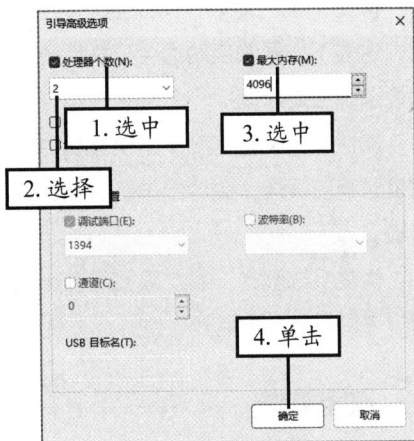

图7-23　设置内核

（4）返回“系统配置”对话框，单击“确定”按钮，打开提示对话框，要求重新启动计算机以应用设置，单击“重新启动”按钮，完成设置内核的操作。

（三）优化系统启动项

用户在使用计算机的过程中，会不断安装各种应用程序，而其中的一些程序会默认加入系统启动项中，从而造成计算机开机缓慢。在Windows 11操作系统中，用户可以通过设置相关选项阻止程序自动运行，从而加快操作系统的启动速度，具体操作如下。

（1）按【Ctrl+Shift+Esc】组合键，打开“任务管理器”窗口。

（2）单击“启动应用”按钮，列表框中列出了随系统启动自动运行的程序，选择不需要自动运行的程序，单击“禁用”按钮，如图7-24所示。

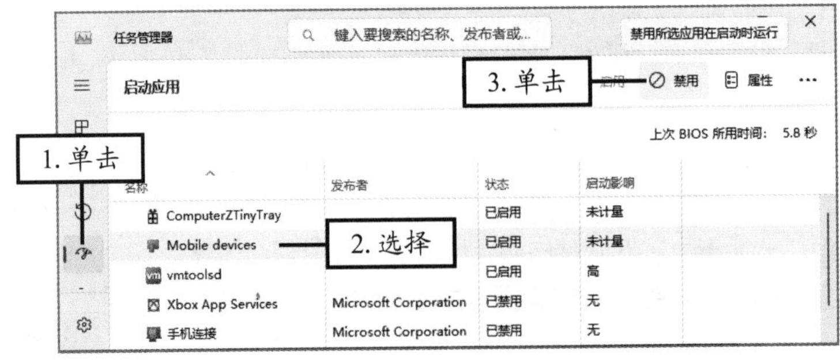

图7-24　优化系统启动项

（四）加快系统关机速度

修改注册表可以加快系统关机速度，具体操作如下。

（1）按【Win+R】组合键，打开“运行”对话框，在“打开”下拉列表框中输入“regedit”文本，单击“确定”按钮。

（2）在打开的“注册表编辑器”窗口左侧的任务窗格中展开HKEY_LOCAL_MACHINE\SYSTEM\CurrentControlSet\Control选项，在右侧列表框的“WaitToKillServiceTimeout”选项上单击鼠标右键，在弹出的快捷菜单中选择“修改”命令，如图7-25所示。

（3）在打开的“编辑字符串”对话框的“数值数据”文本框中输入“2000”，单击“确定”按钮，如图7-26所示。

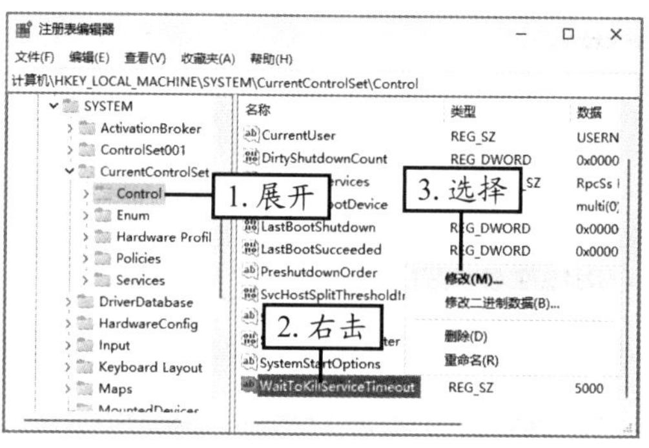

图7-25 选择“修改”命令

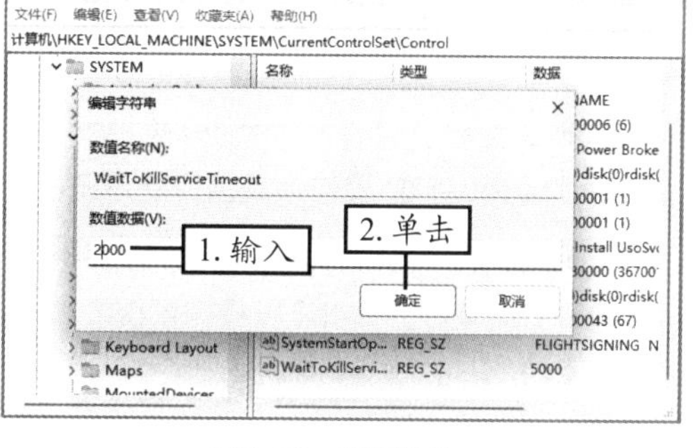

图7-26 设置数值

知识补充

Windows 11 关机速度

表示 Windows 11 操作系统默认关机速度的“WaitToKillServiceTimeout”字符串的数值是“12000”（表示 12 秒），可以将其设置为更小的值，以加快关机速度。

（五）优化系统服务

Windows操作系统在启动时会自动加载在系统和网络中发挥很大作用的服务，但其中的一些服务用户可能并不需要，因此有必要将不需要的服务关闭以节约内存资源，同时加快计算机的启动速度。用户应根据实际使用情况确定关闭哪些服务。下面关闭系统搜索索引服务（Windows Search），具体操作如下。

（1）按【Win+R】组合键，打开“运行”对话框，在“打开”下拉列表框中输入“regedit”文本，单击“确定”按钮。

（2）在打开的“服务”窗口右侧的“服务（本地）”列表框中选择“Windows Search”选项，然后单击“停止”超链接，如图7-27所示。

（3）Windows操作系统开始停止该项服务，并显示停止进度，如图7-28所示。

服务停止后，只有单击“重启动”超链接才能重新启动该项服务。

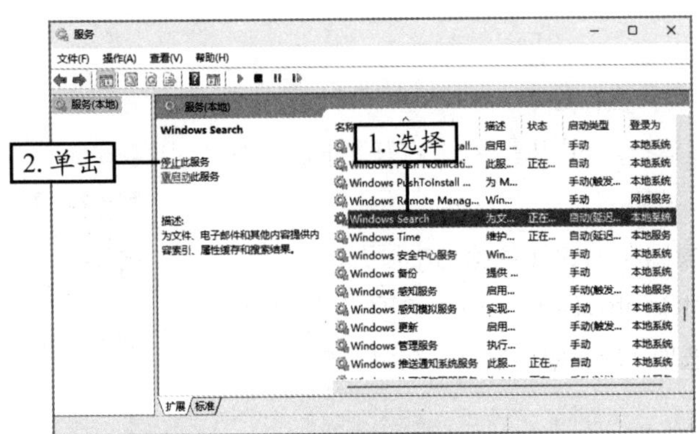

图7-27　停止服务

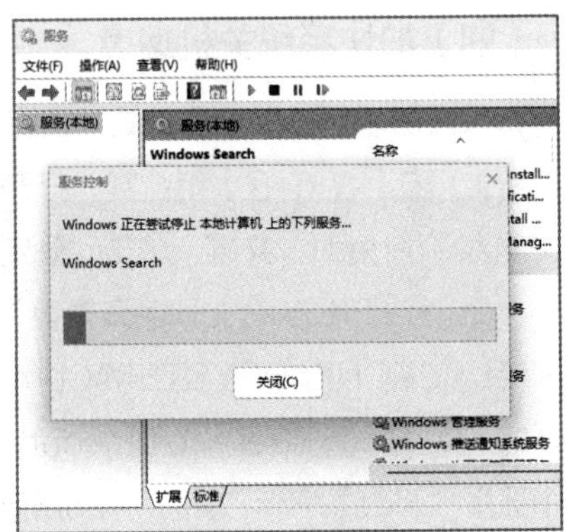

图7-28　停止进度

实训一　在操作系统中备份与还原

【实训要求】

利用Windows 11操作系统自带的系统备份与还原功能，对操作系统进行备份和还原，这样做既可以了解利用还原点备份和还原操作系统的相关操作，又可以进一步加深对备份和还原操作系统的认识。

【实训思路】

完成本实训主要包括创建备份和利用备份还原操作系统两大步骤，操作过程如图7-29所示。

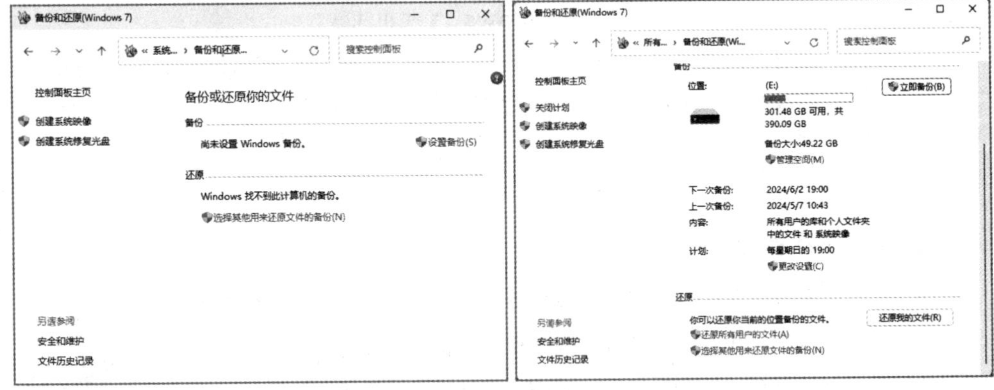

图7-29　备份和还原操作系统的操作过程

【步骤提示】

（1）打开“运行”对话框，输入“control”文本，单击“确定”按钮。

（2）在打开的“控制面板”窗口的“系统和安全”选项中单击“备份和还原”超链接。

（3）在打开的“备份和还原”窗口中单击“设置备份”超链接。

（4）在打开的对话框中设置备份的位置和内容，单击“下一步”按钮。

（5）在打开的对话框中确认备份信息，单击“保持设置并运行备份”按钮，开始进行系统备份。等待一段时间后即可完成系统备份。

（6）需要还原操作系统时，用同样的方法打开“备份和还原”窗口，在“还原”栏中单击“选择其他用来还原文件的备份”超链接。

（7）在打开的“还原文件”对话框中选择备份的文件，单击“下一步”按钮。

（8）在打开的对话框中选中“选择此备份中的所有文件”复选框，单击“下一步”按钮。

（9）在打开的对话框中设置还原文件的位置，保持默认设置，单击“还原”按钮即可还原操作系统。

实训二　通过360安全卫士优化操作系统

【实训要求】

在计算机中安装360安全卫士后，可以通过该软件优化操作系统。通过本实训进一步加深对优化操作系统的了解，学习优化操作系统的相关操作。

微课视频
通过360安全卫士优化操作系统

【实训思路】

完成本实训主要包括扫描和优化两大步骤，操作过程如图7-30所示。

图7-30　通过360安全卫士优化操作系统的操作过程

【步骤提示】

（1）启动360安全卫士，进入其主界面，切换到“优化加速”选项卡。

（2）单击“一键加速”按钮，360安全卫士开始对操作系统进行扫描。

（3）扫描完成后，主界面中会显示可以优化的项目，单击“立即优化”按钮。

（4）360安全卫士开始对操作系统进行优化，优化完成后关闭360安全卫士即可。

课后练习

（1）根据本项目所学的知识，在自己的计算机中优化系统启动项。

（2）在自己的计算机中关闭多余的系统服务。

（3）在自己的计算机中清理“C:\Documents and Settings\User\Local Settings\Temp”

文件夹中的垃圾文件。

（4）对计算机的注册表进行备份。

（5）使用Ghost对系统盘进行备份。

（6）使用360安全卫士优化操作系统。

技能提升

1. 关闭多余的服务

Windows 11操作系统提供的大量服务占用了许多系统内存，且其中的部分服务用户并不需要，但由于大多数用户并不明白每一项服务的含义，因此不敢随便停用某项服务。下面介绍Windows 11操作系统中常见的可关闭的服务项，以帮助用户优化操作系统。

- **Fax：**利用计算机或网络上的可用传真资源发送和接收传真。
- **Print Spooler：**打印机后台处理程序。
- **SSDP Discovery：**启动家庭网络上的upnp设备，自动发现具有upnp的设备。
- **Application LayerGateway Service：**为Internet连接共享和Internet连接防火墙提供第三方协议插件的支持。
- **Performance Logs & Alerts：**为计算机提供网络性能日志和警报。
- **Remote Registry：**使网络中的远程用户能够修改本地计算机中的注册表设置。
- **Smart Card：**管理计算机对智能卡的读取访问。

2. Windows 11操作系统创建自动还原点

Windows 11操作系统创建自动还原点主要有以下情况：Windows 11安装完成后的第一次启动；通过Windows Update安装软件；当Windows 11连续开机时间达到24小时，或关机时间超过24小时再开机时；软件的安装程序运用了Windows 11提供的系统还原技术；安装未经微软签署认可的驱动程序时；利用备份程序还原文件和设置时；当运行还原命令将系统还原到以前的某个还原点时。

3. 恢复计算机到出厂设置

可以通过恢复计算机到出厂设置改善操作系统的性能并解决其他问题，而不会丢失保存的文件和数据。其方法为：单击“开始”按钮，在打开的开始窗格中单击“设置”按钮，打开“设置”窗口；在右侧的窗格中选择“恢复”选项，单击“恢复选项”栏的“重置此电脑”选项右侧的“初始化电脑”按钮，如图7-31所示。

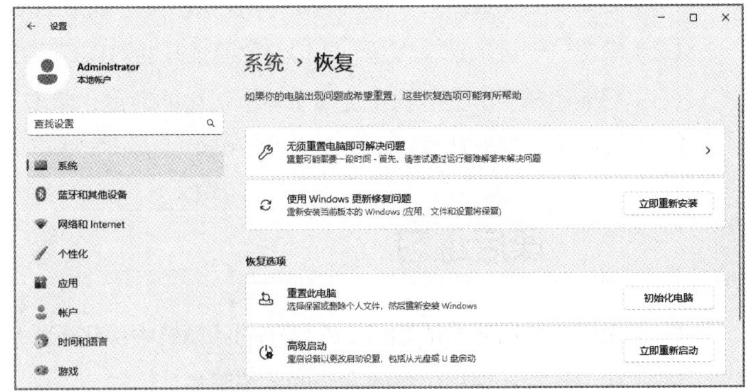

图7-31　恢复计算机到出厂设置

AI加油站

1. 利用AI备份操作系统

AI本身不能直接备份操作系统，但可以在一定程度上实现操作系统的自动备份，主要是借助以AI技术为核心的备份软件或系统自带的具有AI辅助功能的工具来实现，从而使备份过程更智能、高效和可靠。

（1）借助以AI技术为核心的备份软件

备份软件利用AI分析系统数据的访问频率、修改时间等信息，自动生成合理的备份策略，包括备份时间、备份频率和备份类型等，并按照设定好的策略自动执行备份任务。另外，AI能够帮助备份软件实时监测备份过程中的各种数据指标和系统状态，一旦检测到异常情况，如备份数据传输中断、存储设备空间不足等，会自动采取相应的处理措施。

（2）操作系统自带的AI辅助备份功能

以Windows操作系统为例，系统中的“备份和还原”功能虽然没有直接以AI命名，但在一定程度上体现了智能备份的理念。操作系统会根据用户对文件的操作频率等因素，自动推荐需要备份的文件和文件夹，并且用户可以设置定时备份任务，系统会按照设定的时间自动进行备份。此外，Windows系统的文件历史记录功能也能自动备份用户文档库、图片库等重要文件夹中的文件，当文件出现误删除或损坏时，可方便地进行恢复。

2. 利用AI技术优化操作系统

利用AI技术对操作系统的优化主要体现在以下两个方面。

（1）性能优化方面

AI能够更精准地预测系统负载和任务需求，不仅基于当前的系统状态，还能结合历史数据和用户行为模式，提前调整资源分配和任务调度。此外，AI可以帮助操作系统实现对系统资源的纳秒级甚至更精细的管理和分配。例如，对于不同优先级的任务，AI能根据其实时需求，在硬件层面精确到每一个计算核心、每一级缓存，进行资源的动态分配，提高资源利用率，减少资源浪费。

（2）智能交互方面

AI进一步提升操作系统的多模态交互能力，不仅能更精准地理解和处理语音、图像、文字等多种输入方式，还能实现跨模态的深度交互融合。另外，AI的嵌入将使操作系统具备情感感知和反馈能力，能够根据用户的情绪状态和语气等，调整交互方式和界面呈现。同时，AI能够根据用户的使用习惯、兴趣爱好等，提供高度个性化的交互体验和系统设置。

项目八
维护计算机

情景导入

近日，行政部陆续收到公司各部门同事对计算机的使用反馈，部分同事的计算机在使用一段时间后，出现了开机速度慢、使用卡顿等问题。于是，老洪安排米拉对部分计算机进行维护，主要包括对硬件和软件进行维护，从而使计算机恢复到正常工作状态。

学习目标

- 学习维护计算机的基本方法
- 了解计算机病毒和系统漏洞，掌握查杀病毒和修复漏洞的基本操作
- 了解黑客的相关知识以及防御黑客攻击的方法

能力目标

- 掌握计算机日常维护的各种操作
- 掌握利用软件维护计算机的基本操作
- 掌握计算机安全维护的相关操作

素养目标

- 培养沟通能力，以互利互惠、互相成就的心态面对社会，共建和谐社会

任务一　日常维护计算机

机器在使用过程中会有磨损，一旦磨损严重，就容易发生故障，所以需要对机器进行保养与维护。计算机也是一种机器，并且计算机的组成部件较多，出现故障的概率较高，因此更加需要进行日常维护。

一、任务目标

学习计算机维护的相关知识，掌握通过软件维护计算机和对计算机硬件进行维护的相关操作。通过本任务的学习，读者可以掌握日常维护计算机的相关操作。

二、相关知识

日常维护计算机主要包括软件维护和硬件维护两个方面，下面介绍计算机维护的相关知识。

（一）维护计算机的目的

现今计算机已成为不可或缺的工具，随着信息技术的发展，计算机在实际使用中面临越来越多的系统维护和管理问题，如硬件故障、软件故障、病毒防范和系统升级等，如果不及时、有效地处理这些问题，会给日常工作和生活带来不良的影响。为此，需要全面对计算机系统进行维护，以较低的成本换来较为稳定的系统性能。

（二）计算机对工作环境的要求

计算机对工作环境有较高的要求，长期工作在恶劣的环境中很容易使计算机出现故障。为了使计算机正常工作，需要注意以下事项。

- **做好防静电工作：**静电可能使计算机中的芯片损坏，因此，为了防止静电损坏芯片，用户在打开机箱前应用手接触暖气管或水管等物体，将身体的静电释放掉。另外，在安装计算机时，将机箱用导线接地，也可起到很好的防静电效果。
- **预防震动和噪声：**震动和噪声可能使计算机内部元件损坏，因此计算机不能工作在震动强烈和噪声很大的环境中。如果确实需要将其放置在震动强烈和噪声大的环境中，应考虑安装防震和隔音设备。
- **小心过高的工作温度：**计算机标准的工作环境温度为20℃～25℃，过高的温度会使计算机在工作时散热困难，轻则缩短计算机的使用寿命，重则烧毁芯片。因此，用户最好在放置计算机的房间内安装空调，以保证计算机正常运行。
- **小心过高的工作湿度：**放置计算机的房间应保持通风良好，以降低机箱内的湿度，否则可能使主机内的线路板腐蚀，进而导致板卡过早老化。
- **防止灰尘过多：**由于计算机的各部件非常精密，如果在灰尘较多的环境中工作，计算机的各种接口可能堵塞，从而使计算机不能正常工作。因此，不要将计算机置于灰尘过多的环境中，如果不能避免，应做好防尘工作。另外，最好定期清理机箱内部的灰尘，做好计算机的清洁工作，以保证计算机正常运行。
- **保证计算机的工作电压稳定：**电压不稳容易对计算机的电路和部件造成损害。由于市电供应存在高峰期和低谷期，电压可能会有波动，因此，用户最好配备稳压器，以保证计算机的工作电压稳定。另外，如果突然停电，则有可能使计算机内部数据丢失，严重时还可能造成系统不能启动，因此还要保护计算机的电源。

（三）计算机的摆放位置

计算机的摆放位置也比较重要，在计算机的日常维护中，用户应该注意以下4点。

- 主机的摆放应当平稳，并保留必要的工作空间，用于放置U盘、移动硬盘等扩展设备。
- 用户要通过调整显示器的高度来保证正确的坐姿，用户视线应保持与显示器上边基本平行，太高或太低都容易使用户产生疲劳感。图8-1所示为显示器的正确摆放位置和用户坐姿。
- 当计算机停止工作时，最好盖上防尘罩，以减少灰尘的侵袭。但在计算机正常使用的情况下，一定要取下防尘罩，以保证散热。
- 在北方较冷的地方，最好将计算机放在有暖气的房间；在南方较热的地方，最好将计算机放在有空调的房间。

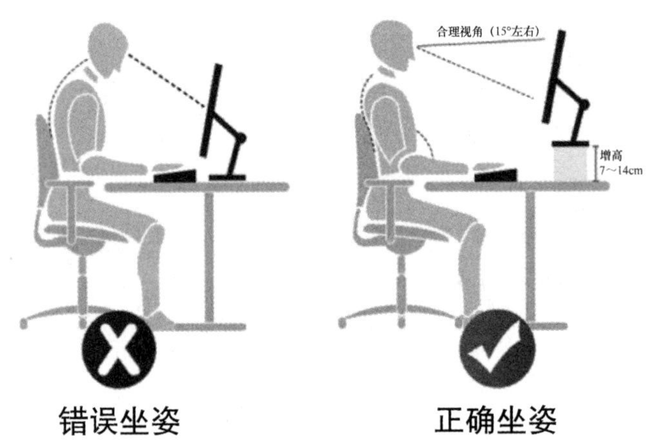

图8-1　显示器的正确摆放位置和用户坐姿

（四）维护软件的相关事项

频繁安装和卸载软件时，会产生大量的垃圾文件，降低计算机的运行速度，因此软件也需经常维护。操作系统的优化可以看作维护计算机软件的一个方面，软件维护还包括以下10个方面。

- **系统盘问题：**安装操作系统时，系统盘分区容量不要太小，否则需要经常对C盘进行清理。除了必要的程序以外，其他的软件尽量不要安装在系统盘内。系统盘的文件格式应尽可能选择NTFS格式。
- **注意杀毒软件和播放器：**计算机出现故障很可能是因为软件冲突，需要特别注意杀毒软件和播放器。一个系统安装两个以上的杀毒软件可能会使系统运行缓慢，甚至出现死机、蓝屏等现象。此外，大部分播放器安装好后会在后台形成加速进程，两个或两个以上播放器可能会互抢宽带，从而造成网速过慢等问题，计算机配置不好时，还有可能出现死机等。
- **设置好自动更新：**自动更新可以为计算机的许多漏洞打上补丁，也可以避免病毒利用系统漏洞攻击计算机，所以应该设置好系统的自动更新。
- **阅读说明书中关于维护的内容：**很多常见的问题和维护方法在硬件或软件的说明书中都有介绍，组装完计算机后应该仔细阅读说明书。
- **安装防病毒软件：**安装防病毒软件可有效预防病毒入侵。
- **辨别“流氓”软件：**网络共享软件很多都捆绑了一些插件（通常称为“流氓”软件），初学者在安装这类软件时应注意选择和辨别。

- **保存好驱动程序安装光盘：**目前，大多数主板都会配备驱动程序安装光盘，其中的原装驱动程序可能不是最好的，但通常是最适用的。最新的驱动程序不一定能更好地发挥老硬件的性能，因此不宜过分追求最新的驱动程序。
- **修改文档默认存放路径：**很多人（特别是初学者）习惯将文件保存在系统默认的文件夹里，这里建议将系统默认的文件夹转移到非系统盘中。具体方法为，在Windows 11操作系统的开始窗口中单击“文件资源管理器”按钮，打开“文件资源管理器”窗口；在列表框的“文档”文件夹上单击鼠标右键，在弹出的快捷菜单中选择“属性”命令，打开“文档 属性”对话框；切换到“位置”选项卡，再单击“移动”按钮，如图8-2所示，打开“选择一个目标”对话框，在其中设置新的存放路径，然后单击“选择文件夹”按钮，如图8-3所示。

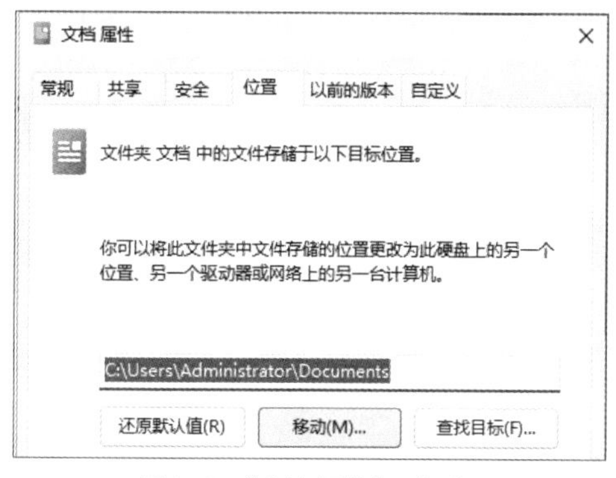

图8-2 “文档 属性”对话框

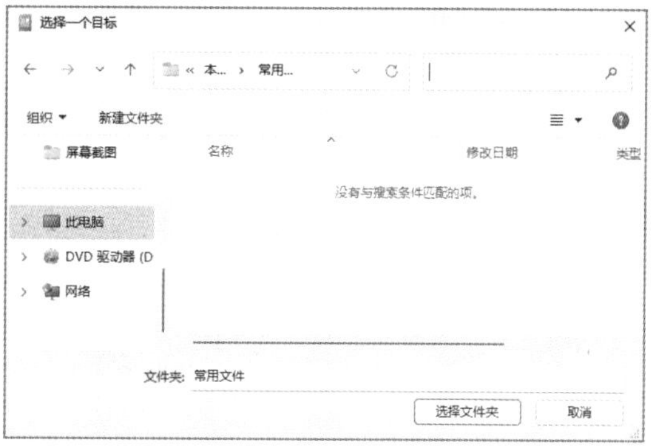

图8-3 设置文件的存放路径

- **清理回收站中的垃圾文件：**定期清理回收站以释放系统空间，可以直接按【Shift+Delete】组合键删除回收站中的文件。
- **注意清理系统桌面：**不宜在操作系统桌面上存放太多文件，以免影响计算机的正常运行。

三、任务实施

（一）维护CPU

CPU作为计算机的核心部件，其运行状态会直接影响计算机的稳定性和性能。其日常维护主要是保证计算机的散热，具体方法如下。

- **用好导热硅脂：**导热硅脂在使用一段时间后会干燥，影响CPU的散热效果。在维护过程中可以查看导热硅脂的干燥程度，硅脂太干不利于散热时，可以除净后再重新涂上新的硅脂。
- **定期清理灰尘：**灰尘会阻碍空气流动，降低散热效果。因此，需要定期清理CPU散热器及风扇上的灰尘。可以使用压缩空气或软毛刷进行清理，保持散热系统畅通无阻。
- **检查风扇运行情况：**经常检查CPU风扇的运行是否正常，包括转速和噪声等。如果发现风扇转速变慢或噪声增大，可能是风扇轴承润滑油失效或灰尘过多导致的，这时需要对风扇进行清理和加润滑油，或者更换新的风扇。图8-4所示为鲁大师软件监控计算机CPU的温度和风扇转速的情况。

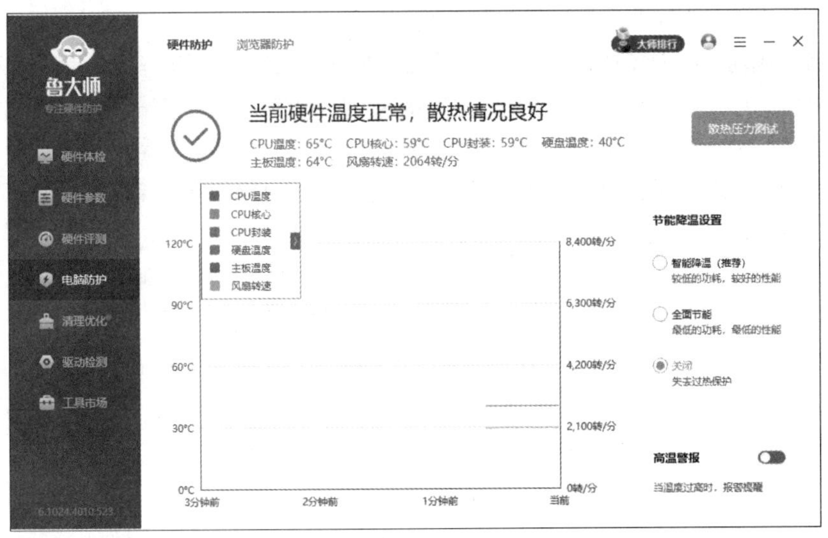

图8-4 硬件温度监测

（二）维护主板

主板几乎连接了计算机的所有硬件，因此做好主板的维护既可以保证计算机正常运行，又可以延长计算机的使用寿命。日常维护主板需要注意以下几点。

- **防范高压：**停电后，用户应立刻拔掉主机电源，避免突然来电时产生的瞬间高压烧毁主板。
- **清理灰尘：**清理灰尘是最为重要的主板维护工作，主板上有很多散热片，一旦灰尘过多，就很容易影响主板的散热性能。用户可以使用比较柔软的毛刷清除主板上的灰尘。使用计算机时，不要将机箱盖打开，以免造成灰尘积聚。
- **最好不要带电拔插：**除了支持即插即用的设备外（即使是这种设备，最好也要减少带电拔插的次数），在计算机运行时，禁止带电拔插各种控制板卡和连接电缆，以免由于拔插瞬间产生的静电放电和信号电压不匹配等损坏芯片。

（三）维护硬盘和固态盘

硬盘和固态盘存储了所有的计算机数据，进行日常维护时应该注意以下几点。

- **正确开关计算机电源：**硬盘处于工作状态时，尽量不要强行关闭主机电源，这是因为硬盘在读写过程中突然断电容易造成硬盘物理性损伤或数据丢失。
- **防震：**必须将计算机放置在平稳、无震动的工作平台上，在硬盘处于工作状态时，要尽量避免移动，在计算机启动或关闭过程中也不要随意移动计算机。
- **保证硬盘和固态盘的散热：**硬盘温度直接影响其工作的稳定性和使用寿命，硬盘的工作温度以20℃～25℃为宜。最好为固态盘安装散热片，并使用软件监控其工作温度。
- **固态盘不能长时间断电：**固态盘不要长时间断电，因为固态盘存储数据使用的是电荷信号，长时间不通电可能导致数据错乱或丢失。在数周不用的情况下，需要启动一次计算机。
- **刷新固态盘固件：**品牌固态盘通常会有固件升级服务，根据使用状态更新固件可以提升固态盘的性能、稳定性，并延长其使用寿命。

知识补充

内存的日常维护

内存也需要日常维护。内存是计算机中比较“娇贵”的部件，静电对其的伤害非常大，因此在插拔内存时，一定要先释放自身的静电。在使用计算机的过程中，绝对不能对内存进行插拔，否则可能烧毁内存甚至烧毁主板。另外，内存的金手指部分需要定期清洁，可以使用橡皮擦轻轻擦拭金手指部分，去除灰尘和氧化物。

（四）维护显卡和显示器

独立显卡的发热量较大，因此要注意散热风扇是否正常转动及散热片与显示芯片是否接触良好等。显卡温度过高可能导致系统运行不稳定，甚至出现蓝屏和死机等现象。还要注意显卡驱动程序版本过旧、不兼容和损坏的问题，重新安装正确的驱动程序一般可以解决这方面的问题。另外，还需要拆卸显卡的散热器，进行除尘、涂抹硅脂和添加风扇润滑油等操作。

显示器主要为液晶显示器，其日常维护应该注意以下两点。

- **保持工作环境干燥：**水分会腐蚀显示器的液晶电极，因此，用户最好准备一些干燥剂（药店有售）或干净的软布，以保持显示屏干燥。如果水分已经进入显示器，需要将其放置到干燥的地方，让水分慢慢蒸发。
- **避免挥发性化学药剂对显示器造成损害：**化学药剂，尤其是挥发性化学药剂会对液晶显示器造成损害。例如，发胶、灭蚊剂等液体会破坏液晶分子乃至整个显示器，从而导致显示器使用寿命缩短。

（五）维护机箱和电源

机箱应摆放平稳，同时需要保持其表面与内部的清洁。机箱和电源的维护主要包括以下3点。

- **保证机箱散热：**使用计算机时，不要在机箱附近堆放杂物，以保证空气畅通，使主机工作时产生的热量能够及时散出。
- **保证电源散热：**如发现电源的风扇停止工作，必须切断电源，以防止电源烧毁。另外，用户要定期检查电源风扇是否正常工作，一般3～6个月检查一次。
- **注意电源除尘：**长时间工作后电源会积累很多灰尘，从而导致散热效率降低。电源灰尘过多，在潮湿的环境中也容易导致电路短路。因此，为了使系统正常、稳定地工作，应定期为电源除尘。在计算机使用一年左右时，最好打开电源，用毛刷清除内部的灰尘。

（六）维护鼠标

内部沾上灰尘会使鼠标机械部件运作不灵，强光会干扰鼠标的光电管接收信号，因此，鼠标的日常维护主要从以下3个方面进行。

- **注意灰尘：**在使用鼠标的过程中，灰尘可能会积累在鼠标底部的光电发射器上，从而导致鼠标无法正常工作或者移动不流畅。使用鼠标垫不但能使鼠标移动更平滑，而且可降低灰尘进入鼠标的可能性。
- **保证感光性：**使用光电鼠标时要注意保持鼠标垫清洁，使鼠标处于良好的感光状态，避免污垢遮挡光线。切勿在强光条件下或在反光率较高的鼠标垫上使用光电鼠标。

- **正确操作：** 使用鼠标时不要过分用力，以防止鼠标按键的弹性减弱，操作失灵。

（七）维护键盘

键盘使用频率较高，按键用力过度、金属物掉入键盘内、液体溅入键盘内等，都可能对键盘造成损害。键盘的维护主要包括以下3点。

- **经常清洁：** 日常维护或更换键盘时，应切断计算机电源。另外，还应定期清洁键盘表面的污垢，可以用柔软、干净的湿布擦拭键盘，对于顽固的污渍，可用中性的清洁剂擦除，最后再用湿布擦拭一遍。
- **保证干燥：** 当有液体溅入键盘时，应尽快关机，将键盘接口拔下，打开键盘，用干净、吸水的软布或纸巾擦干内部的积水，最后在通风处将其自然晾干。
- **正确操作：** 用户在按键时要保持力度适中、动作轻柔，强烈的敲击会缩短键盘的使用寿命。

（八）维护家庭无线局域网

家庭无线局域网主要是由ADSL Modem、无线路由器以及计算机、手机等终端设备组成的。其中，ADSL Modem用于连接互联网，无线路由器的WAN接口通过网线连接ADSL Modem的LAN接口，无线路由器的LAN接口通过网线连接计算机的网卡接口，手机和笔记本计算机等设备通过无线网卡连接无线路由器。家庭无线局域网的基本结构如图8-5所示。

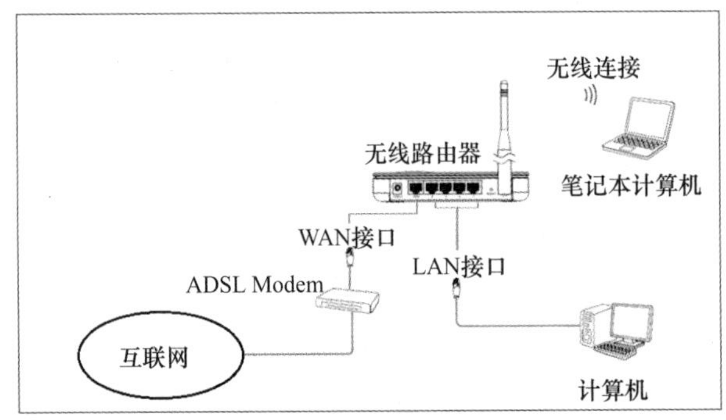

图8-5　家庭无线局域网的基本结构

1. 保养维护

家庭无线局域网的保养维护主要针对光猫（也称光调制解调器、光Modem）和无线路由器这两个设备，具体维护工作如下。

- **定期清理灰尘：** 灰尘会影响光猫和无线路由器的散热，因此需要经常性、有规律地清理灰尘。
- **保持通风：** 光猫和无线路由器通常会长时间使用，为了避免发热严重，最好将其放在通风良好的地方。
- **定时重启：** 长时间运行会增加无线路由器的负荷，影响其正常使用，最好定期重新启动无线路由器，以清理多余数据。现在的无线路由器大多具备自动重启功能，可以设置在某个时间段自动重启。
- **更新软件：** 更新软件后可提升无线路由器的工作效率。

2. 清洁维护

光猫和无线路由器的清洁维护工作主要如下。

- **清洁表面：** 可以使用干抹布清洁光猫和无线路由器表面的灰尘。
- **清洁插口：** 光猫除了LAN接口（通常有2~4个）外，还有USB、Phone等插口，长时间不用，里面可能会积攒污垢和灰尘，可以用棉签蘸适量酒精进行清洁。
- **密封插口：** 为了保护不用的插口，可以用创口贴或透明胶将其密封起来。

3. 日常使用维护

家庭无线局域网的日常使用维护主要包括安全和散热方面的维护。

- **密码：** 无线网络在一定范围内都可以搜索并连接，为了防止被蹭网，最好设置比较复杂的Wi-Fi密码，或定期更换密码。
- **散热：** 光猫和无线路由器表面及附近不要放置过多杂物，以免影响散热。
- **信号强度：** 为了保证无线路由器拥有较高的信号强度，最好将其放置在空旷处。

知识补充

LAN 接口

目前主流的家用光猫都有4个LAN接口，通常情况下，LAN1是千兆接口，LAN2是IPTV接口，LAN3和LAN4是百兆接口，每个接口都可以连接无线路由器，但只有对应的连接才能保证无线网络的速度，如千兆宽带网络使用网线连接LAN1和无线路由器。

（九）维护家庭NAS

NAS（Network Attached Storage，网络附接存储）是固定在公司、家庭无线局域网中的，用于数据备份的外置多硬盘集成计算机，图8-6所示为家庭NAS。只要把手机、笔记本计算机、计算机等设备连接到无线局域网，就可以在NAS中进行数据读写和备份，以同步多个设备的资料，甚至可以为不同的使用者开设账号和设置权限。这样，以无线路由器为中心，通过无线和有线方式连接各种设备包括NAS组成了家庭网络，如图8-7所示。

图8-6　家庭NAS

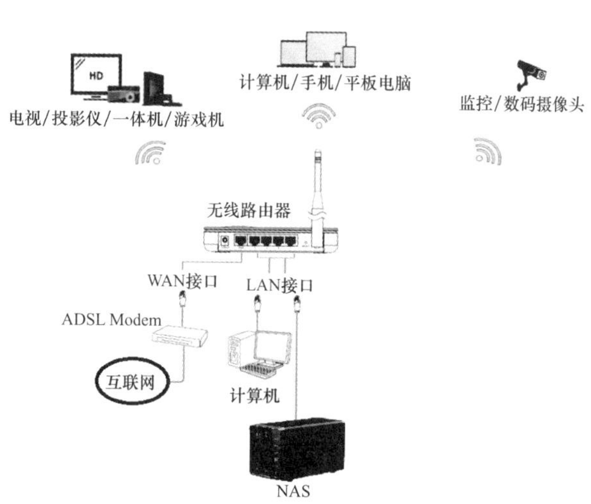

图8-7　包括NAS的家庭网络

由于NAS中的硬盘较多，发热量较大，为了让其长期、稳定地工作，用户需要注意其工作环境，并控制温度、湿度等，还需要注意以下3个方面的问题。

- **数据保护：**NAS中保存了大量非常重要的数据，因此数据的保护是其日常维护的重要内容。除了对重要数据资料进行定期自动备份外，最好3个月左右用大容量的移动硬盘离机备份重要的数据和文件。
- **供电安全：**硬盘的损坏和资料丢失往往是突然断电造成的，因此，用户还需要为NAS安装UPS（Uninterruptible Power Supply，不间断电源），以进行不间断供电，保证NAS在突然断电后，能在保存数据资料后正常关机。
- **散热问题：**这一点主要针对DIY产品，NAS中安装的硬盘越多，就越要注意散热；另外，用户需要定期清除硬盘间的灰尘，以保证散热。

任务二 维护计算机安全

由于计算机和网络的普及，计算机中保存的各种数据的价值越来越高，为了保护这些数据，需要维护计算机安全。

一、任务目标

维护计算机安全，主要包括查杀病毒、修复操作系统漏洞、防御黑客攻击和系统加密等。通过本任务的学习，读者可以基本保障计算机的安全运行。

二、相关知识

下面介绍计算机病毒、操作系统漏洞、黑客和计算机安全使用准则等相关知识。

（一）计算机病毒侵入的表现

计算机病毒是一种程序，由一组代码构成。其与普通程序的不同之处在于，计算机病毒会对计算机造成破坏。

1. 计算机病毒侵入的直接表现

当计算机出现异常现象时，应该使用杀毒软件扫描计算机，确认其是否感染病毒。异常现象主要如下。

- **系统资源消耗加剧：**硬盘中的存储空间急剧减少，系统中的基本内存发生变化，CPU的使用率保持在80%以上。
- **性能下降：**计算机运行速度明显变慢，运行程序时经常提示内存不足或出现错误；计算机经常在没有任何征兆的情况下死机；硬盘经常出现不明的读写操作，在未运行任何程序时，硬盘指示灯不断闪烁甚至长亮不熄。
- **文件丢失或被破坏：**计算机中的文件莫名丢失、文件图标被更换、文件的大小和名称被修改、文件内容变成“乱码”、原本可正常打开的文件无法打开等。
- **启动速度变慢：**计算机的启动速度变得异常缓慢，启动后在一段时间内，系统对用户的操作无响应或响应变慢。

- **其他异常现象：**系统的时间和日期无故发生变化、自动打开浏览器并链接到不明网站、突然播放不明的声音或音乐、经常收到来历不明的邮件、部分文档自动加密、计算机的输入输出端口不能正常使用等。

2. 计算机病毒侵入的间接表现

某些计算机病毒会以进程的形式出现在系统内部，这时用户可以打开系统进程列表，查看正在运行的进程，通过进程名称及路径判断是否有病毒入侵，如果有，则记下其进程名，结束该进程，然后删除病毒程序。

计算机的进程一般包括基本系统进程和附加进程，了解进程的含义有助于用户判断是否存在可疑进程，进而判断计算机是否感染病毒。基本系统进程对计算机的正常运行起着至关重要的作用，因此不能随意将其结束。基本系统进程主要包括explorer.exe、spoolsv.exe、lsass.exe、servi.exe、winlogon.exe、smss.exe、csrss.exe、svchost.exe和system Idle Process等。Wuauclt.exe、systray.exe、ctfmon.exe和mstask.exe等属于附加进程，用户可以根据实际情况结束附加进程，结束附加进程一般不会影响系统的正常运行。

（二）计算机病毒的防治方法

计算机病毒固然猖獗，但只要用户加强病毒防范意识和采取防范措施，就可以降低计算机被病毒感染的概率。计算机病毒的防治方法主要有以下几种。

- **安装杀毒软件：**计算机中应安装杀毒软件，开启软件的实时监控功能，并定期升级杀毒软件的病毒库。
- **及时获取病毒信息：**登录杀毒软件的官方网站，关注计算机相关新闻，获取最新的病毒预警信息，并学习最新病毒的防治和处理方法。
- **备份重要数据：**使用备份工具备份系统，以便在计算机感染病毒后及时恢复系统。重要数据应利用移动存储设备进行备份，以减少病毒造成的损失。
- **杜绝二次传播：**当计算机感染病毒后，应及时使用杀毒软件清除，注意不要将计算机中感染了病毒的文件复制到其他计算机中。若局域网中的某台计算机感染了病毒，应及时断开其网线，以免其他计算机被感染。
- **切断病毒传播渠道：**使用正版软件，拒绝使用盗版和来历不明的软件；从网上下载的文件要先杀毒再打开；使用移动存储设备时，也应先杀毒再使用；不要随便打开来历不明的电子邮件和网友传来的文件等。

（三）查杀计算机病毒

普通用户一般都是使用反病毒软件来查杀计算机病毒的，为了得到更好的杀毒效果，在使用反病毒软件时需注意以下3个方面。

- **不能频繁操作：**对计算机不可频繁进行查杀病毒操作，这样不但不能取得很好的杀毒效果，还有可能导致硬盘损坏。
- **在多种模式下杀毒：**发现病毒后，首先在操作系统的正常登录模式下杀毒，当杀毒操作完成后，启动安全模式再次查杀，以便彻底清除病毒。

- **选择全面的杀毒软件：** 全面的杀毒软件是指软件不仅应具有常见的查杀病毒功能，还应该具有实时防毒功能，能实时监测和跟踪对文件的各种操作，一旦发现病毒，立即报警，这样才能最大限度地降低计算机被病毒感染的概率。

（四）操作系统漏洞

操作系统漏洞是指操作系统本身在设计上的缺陷或在编写时产生的错误，这些缺陷或错误可以被不法者或计算机黑客利用，通过植入木马或病毒等方式来攻击或控制计算机，并窃取其中的重要资料和信息，甚至破坏计算机。操作系统漏洞产生的主要原因有以下3个。

- **原因一：** 受编程人员的能力、经验和当时的安全技术所限，程序中难免会有不足之处，轻则影响程序功能，重则导致非授权用户的权限提升。
- **原因二：** 编程人员无法修复硬件的漏洞，从而使硬件的问题通过软件表现出来。
- **原因三：** 编程人员在编写程序的过程中，为达到某些目的，在程序代码的隐蔽处保留了“后门”。

知识补充

通过安装补丁程序来修复操作系统漏洞

操作系统漏洞是不可避免的，新的操作系统上市后，生产商会不定时推出操作系统的补丁程序，用户可以安装补丁程序来修复操作系统漏洞。

（五）认识黑客

黑客（Hacker）是指非法入侵计算机系统的人，黑客攻击计算机的手段各式各样，如何防止黑客的攻击成为每个用户最关心的计算机安全问题。下面简单介绍黑客攻击计算机的常用手段。

- **网络嗅探器：** 使用专门的软件查看Internet的数据包，或使用侦听器程序对网络数据流进行监视，从中捕获口令或相关信息。
- **文件型病毒：** 通过网络不断向目标主机的内存缓冲器发送大量数据，以摧毁主机的控制系统或获得控制权限，并致使目标主机运行缓慢或死机。
- **电子邮件炸弹：** 电子邮件炸弹是匿名攻击之一，通过不断并大量地向同一地址发送电子邮件来耗尽接收方网络的带宽。
- **木马程序：** 木马的全称是特洛伊木马，它是一类特殊的程序，攻击手段一般为寻找“后门”并窃取密码。普通计算机用户需要重点防御木马程序。

（六）预防木马程序攻击的方法

木马程序攻击在黑客攻击中占据了相当重要的位置，在所有黑客攻击手段中占比高达4成以上，所以在日常生活和工作中，预防黑客攻击的主要方向就是预防木马程序攻击。预防木马程序攻击通常可以从以下9个方面进行。

- **不要运行来历不明的软件：** 木马程序可通过绑定在其他软件上传播，一旦计算机运行了被绑定的软件就会被感染，因此在下载软件时，最好在官网下载。另外，在安装软件前，应用反病毒软件进行检查，确定无毒后再安装。
- **不要随意打开邮件附件：** 木马程序可通过邮件附件的形式传播，因此在打开邮件附件时需要注意。

- **选择新的客户端软件：**木马程序主要感染的是邮箱客户端软件，因为这类软件全球使用量极大，黑客们对它们的漏洞已经研究得比较透彻。直接在官网中打开邮件，受到木马程序攻击的可能性会降低。
- **少用共享文件夹：**如因工作需要，必须将计算机设置成共享，最好把共享文件放置在单独的共享文件夹中。
- **运行反木马实时监控程序：**在上网时，最好运行反木马实时监控程序，以实时了解当前所有运行程序及其详细的描述信息，还可安装专业的杀毒软件或个人防火墙等进行监控。
- **经常升级操作系统：**许多木马都是通过系统漏洞进行攻击的，操作系统的开发者发现漏洞之后一般会在第一时间发布补丁，可以通过给系统"打补丁"来防止黑客攻击。
- **使用杀毒软件：**可以使用杀毒软件对木马进行查杀，常见的杀毒软件包括江民杀毒软件、360杀毒、金山毒霸等。
- **使用木马查杀软件：**使用专用的木马查杀软件（如The Cleaner、木马克星、木马终结者等）彻底清除木马程序。
- **使用网络防火墙：**常见的网络防火墙软件包括360防火墙和瑞星防火墙等。下载防火墙软件后，一旦有可疑的网络连接或木马程序对计算机进行控制，防火墙就会报警，同时显示攻击者的IP地址和接入端口等信息，用户手动设置之后即可使攻击者无法进行攻击。

（七）计算机安全使用准则

随着Internet的发展，各项涉及计算机信息安全的法律法规相继出台，例如《计算机信息网络国际联网安全保护管理办法》《中华人民共和国网络安全法》《中华人民共和国计算机信息系统安全保护条例》等。为维护计算机安全，计算机使用者应该遵循以下基本行为准则。

- 不应用计算机伤害他人。
- 不应用计算机干扰他人工作。
- 不应窥探他人的计算机。
- 不应用计算机进行偷窃。
- 不应用计算机作伪证。
- 不应使用或复制没有版权的软件。
- 不应未经许可使用他人的计算机资源。
- 不应盗用他人的成果。
- 慎重使用计算机技术，不做危害他人或社会的事，认真考虑所编写的程序可能造成的社会影响和后果。

三、任务实施

（一）查杀计算机病毒

微课视频

查杀计算机病毒

在使用杀毒软件查杀病毒前，最好升级软件的病毒库，再查杀病毒。下面使用360杀毒软件查杀病毒，具体操作如下。

（1）在桌面上双击“360杀毒实时防护”图标，进入360杀毒主界面，单击最下面的“检查更新”超链接，如图8-8所示。

（2）在打开的“360杀毒-升级”对话框中检查病毒库是否为最新，如果非最新状态，就开始下载并安装最新的病毒库。

（3）对话框中显示病毒库升级完成，单击“关闭”按钮，如图8-9所示，返回360杀毒主界面，单击“快速扫描”按钮。

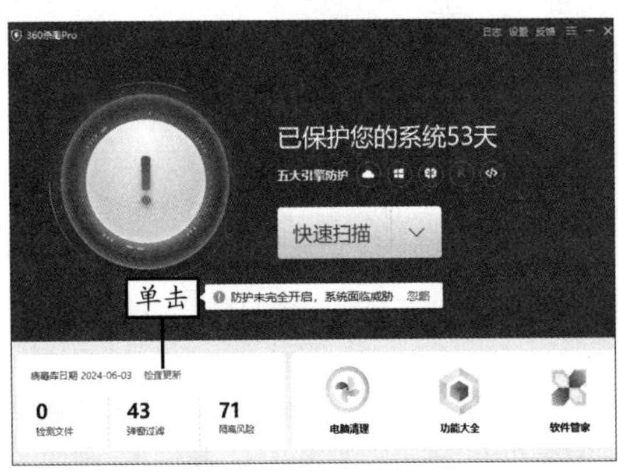

图8-8　360杀毒主界面

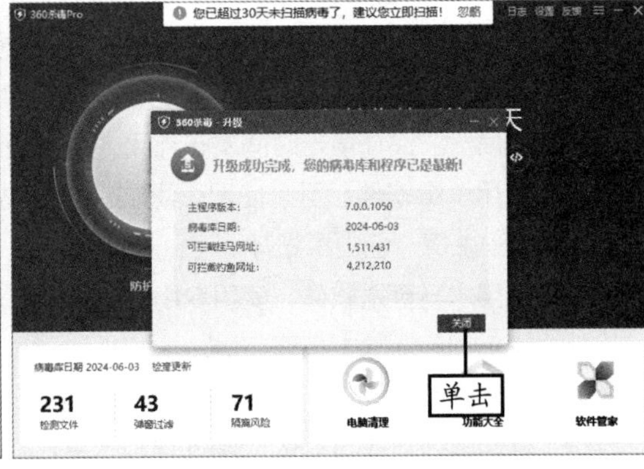

图8-9　完成升级

（4）360杀毒按照系统设置、常用软件、内存活跃程序、开机启动项和系统关键位置的顺序对计算机中的文件进行病毒扫描，如果在扫描过程中发现对计算机安全有威胁的项目，会将其显示在界面中，如图8-10所示。

知识补充

重新启动计算机

由于一些计算机病毒会严重威胁计算机系统的安全，因此从安全的角度出发，需针对一些威胁项进行处理，完成后需要重新启动计算机。

（5）扫描完成后，360杀毒将显示所有威胁项，单击“立即处理”按钮，如图8-11所示。

图8-10　病毒扫描

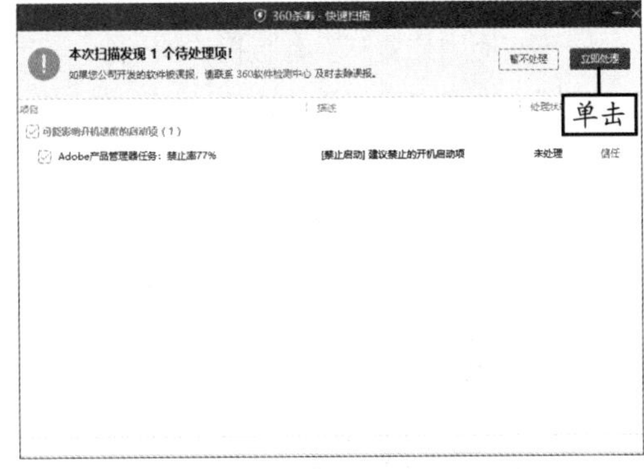

图8-11　单击“立即处理”按钮

（6）360杀毒对威胁项进行处理，并显示处理结果，单击“确认”按钮，完成病毒的查杀操作，如图8-12所示。

（7）360杀毒将显示查杀病毒的详细信息，如图8-13所示，单击“返回”按钮，返回360杀毒主界面。

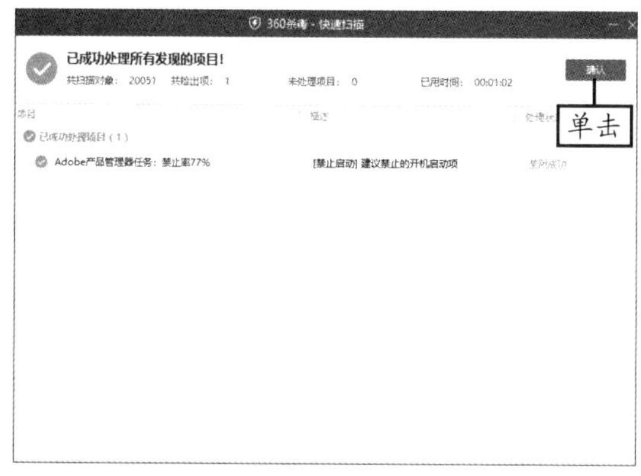

图 8-12　完成查杀

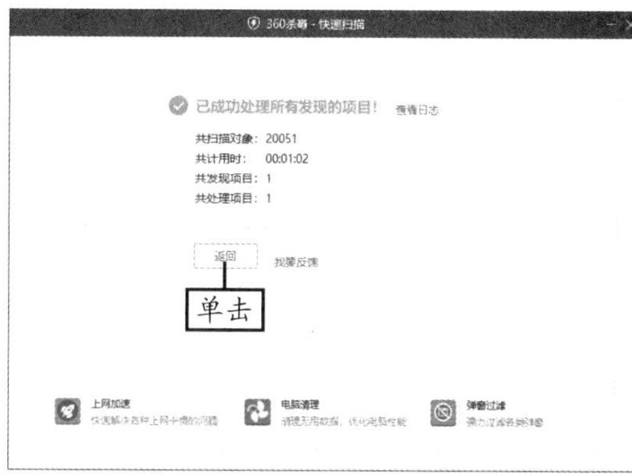

图 8-13　查杀病毒的详细信息

（二）使用软件修复系统漏洞

除了可以通过升级操作系统修复系统漏洞外，还可通过软件进行修复，下面使用360安全卫士修复操作系统漏洞，具体操作如下。

（1）启动360安全卫士，进入其主界面，切换到“系统修复”选项卡，单击“漏洞修复”按钮，如图8-14所示。

（2）360安全卫士将自动检测系统中存在的漏洞，并将漏洞按照不同的危险程度和功能分类，单击“一键修复”按钮，如图8-15所示。

（3）360安全卫士开始下载漏洞补丁程序，并显示下载进度，如图8-16所示。如果需要修复多个系统漏洞，360安全卫士将在下载完一个漏洞的补丁程序后，继续下载并安装下一个漏洞的补丁程序。如果安装补丁程序成功，则在相应漏洞的“状态”栏中显示“已修复”字样。

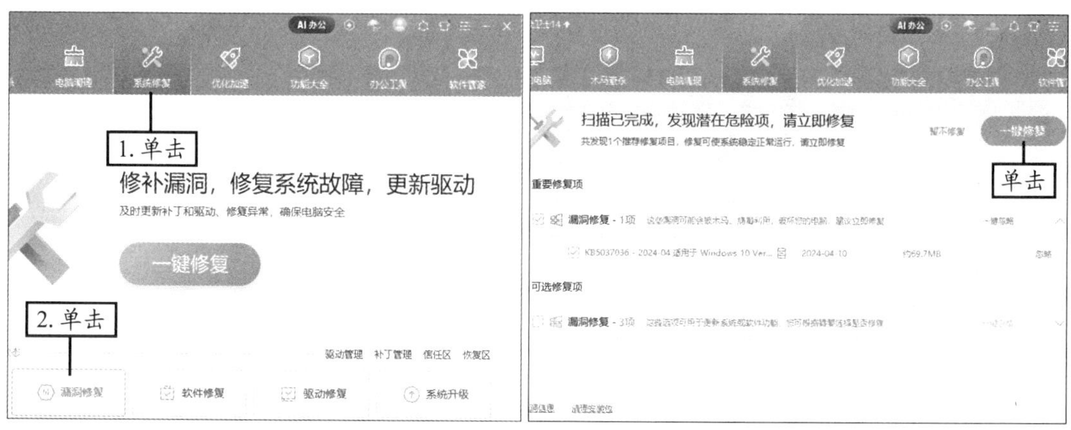

图8-14　单击“漏洞修复”按钮

图8-15　单击“一键修复”按钮

（4）全部漏洞修复完成后，将显示修复结果，单击“返回”按钮返回360安全卫士主界面，如图8-17所示。

图8-16　下载并安装漏洞补丁程序

图8-17　完成漏洞修复

（三）使用软件防御黑客攻击

防御黑客攻击的方法主要包括开启木马防火墙和查杀木马程序，下面使用360安全卫士设置木马防火墙和查杀木马，具体操作如下。

（1）在360安全卫士主界面左下角单击“安全防护中心”图标，进入安全防护中心主界面，单击“进入防护”按钮，如图8-18所示。

（2）进入“安全防护中心”界面，在其中设置防火墙，如图8-19所示。

（3）返回360安全卫士主界面，切换到“木马查杀”选项卡，单击“快速查杀”按钮，如图8-20所示。

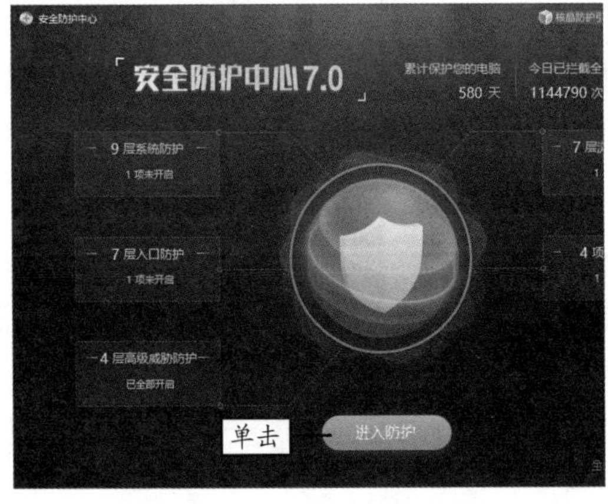

图8-18　安全防护中心主界面

图8-19　设置防火墙

知识补充　　**扫描到木马程序或危险项**

若360安全卫士扫描到木马程序或危险项，将提供处理方法；单击“立即处理”按钮，360安全卫士将自动处理木马程序或危险项，并提示用户重启计算机；单击“好的，立即重启”按钮重启计算机，完成查杀操作。

（4）360安全卫士开始扫描木马，并显示扫描进度和扫描结果，扫描完成后，界面如图8-21所示。

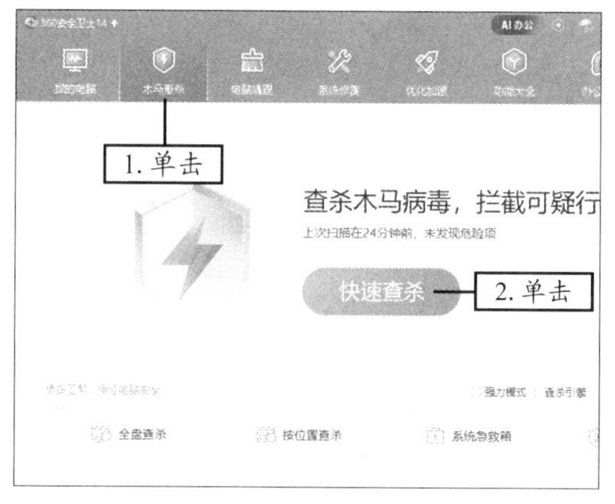

图8-20　查杀木马

图8-21　扫描完成

（四）操作系统登录加密

计算机中存储了大量的重要数据，对数据进行加密可以防止数据泄露，保证计算机的安全。除了可以在BIOS中设置操作系统的登录密码外，还可以在Windows 11操作系统的"控制面板"窗口中设置操作系统的登录密码（也可以在安装Windows 11操作系统的过程中设置）。下面在Windows 11操作系统中设置登录密码，具体操作如下。

（1）按【Win+R】组合键，在打开的对话框的文本框中输入"control"文本，单击"确定"按钮，打开"控制面板"窗口，单击"更改账户类型"超链接，如图8-22所示。

（2）在打开的"管理账户"窗口的"选择要更改的用户"列表框中选择需要设置登录密码的账户，如图8-23所示。

（3）在打开的"更改账户"窗口左侧单击"创建密码"超链接，如图8-24所示。

（4）在打开的"创建密码"窗口的文本框中输入密码，单击"创建密码"按钮，如图8-25所示。

（5）下次启动计算机进入操作系统时，将进入密码登录界面，只有输入正确的密码，才能登录操作系统。

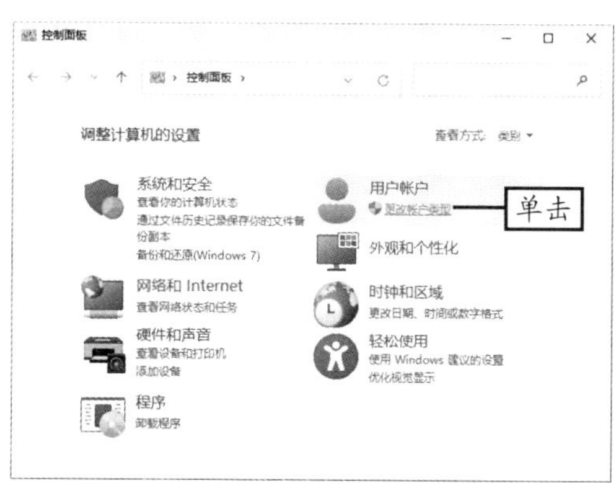

图8-22　单击"更改账户类型"超链接

图8-23　选择账户

图8-24　单击“创建密码”超链接

图8-25　创建密码

（五）文件加密

文件加密的方法很多，除了可以使用Windows系统的加密功能外，还可使用应用软件对文件进行加密。目前使用较多且操作较简单的文件加密方法是使用压缩软件加密。下面使用WinRAR加密文件，具体操作如下。

（1）在操作系统中找到需要加密的文件，在其上单击鼠标右键，在弹出的快捷菜单中选择【WinRAR】/【添加到压缩文件】命令，如图8-26所示。

（2）在打开的对话框中单击“设置密码”按钮，如图8-27所示。

（3）在打开的“输入密码”对话框的文本框中输入密码，单击“确定”按钮，如图8-28所示。

（4）返回压缩对话框，单击“确定”按钮，即可将设置了密码的文件添加到压缩文件，在保存的文件夹中可看到设置了密码的压缩文件。

知识补充

打开加密的文件

选择加密文件，单击鼠标右键，在弹出的快捷菜单中选择【WinRAR】/【解压文件】命令，打开“输入密码”对话框，如图 8-29 所示。只有输入正确的密码后，WinRAR 才会将加密的文件解压缩到指定位置。

图8-26　选择“添加到压缩文件”命令

图8-27　单击“设置密码”按钮

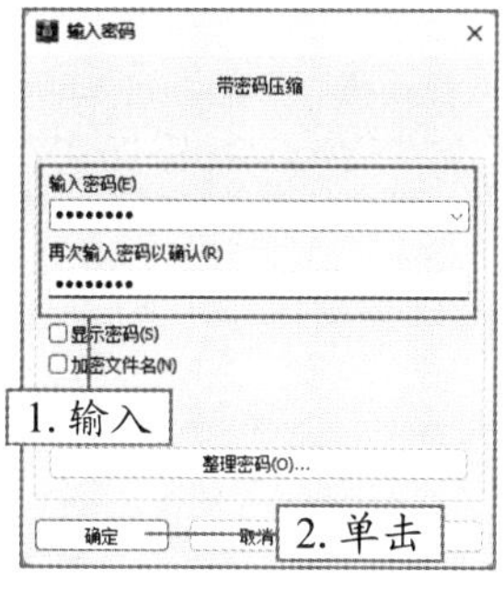

图8-28　设置密码

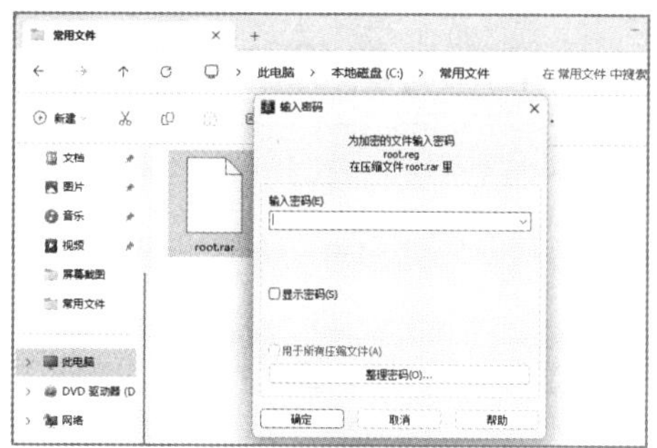

图8-29　打开加密文件

（六）隐藏硬盘驱动器

为了保护硬盘中的数据和文件夹，可以将硬盘驱动器隐藏。下面隐藏驱动器(E:)，具体操作如下。

微课视频

隐藏硬盘驱动器

（1）在操作系统桌面的“开始”按钮上单击鼠标右键，在弹出的快捷菜单中选择“磁盘管理”命令。

（2）在打开的“磁盘管理”窗口的“新加卷(E:)”选项上单击鼠标右键，在弹出的快捷菜单中选择“更改驱动器号和路径”命令，如图8-30所示。

（3）在打开的更改驱动器号和路径的对话框中单击“删除”按钮，如图8-31所示。

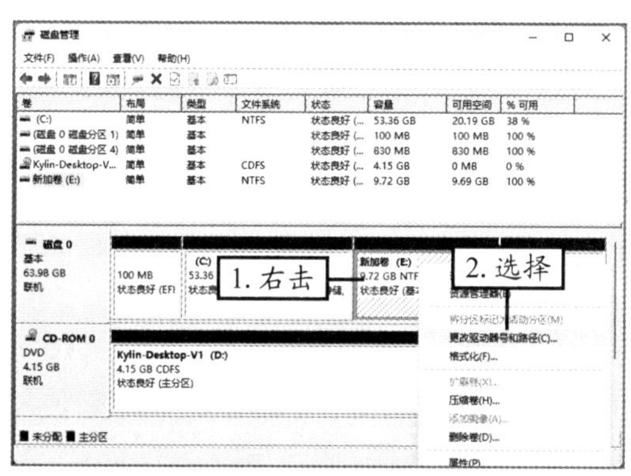

图8-30　选择“更改驱动器号和路径”命令

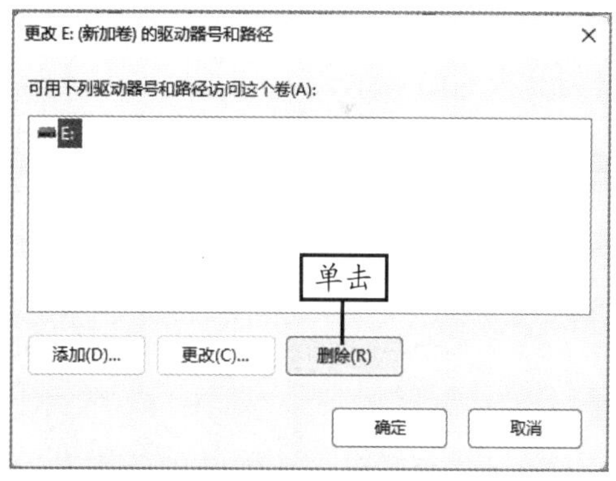

图8-31　单击“删除”按钮

（4）在打开的提示对话框中单击“是”按钮，确认删除驱动器号的操作，如图8-32所示。

（5）返回“此电脑”窗口，已经看不到驱动器(E:)，如图8-33所示。

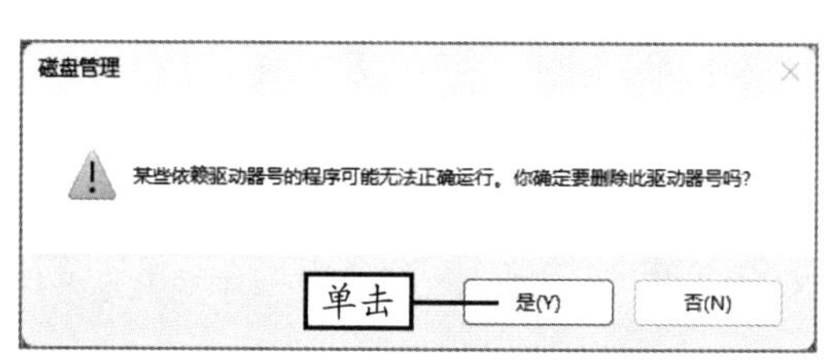

图 8-32　确认操作

图 8-33　驱动器已隐藏

实训一　清理计算机的灰尘

【实训要求】

对计算机进行灰尘清理工作，降低计算机出现故障的概率。

【实训思路】

完成本实训主要包括拆卸计算机的硬件和清理灰尘两大步骤，操作过程如图8-34所示。

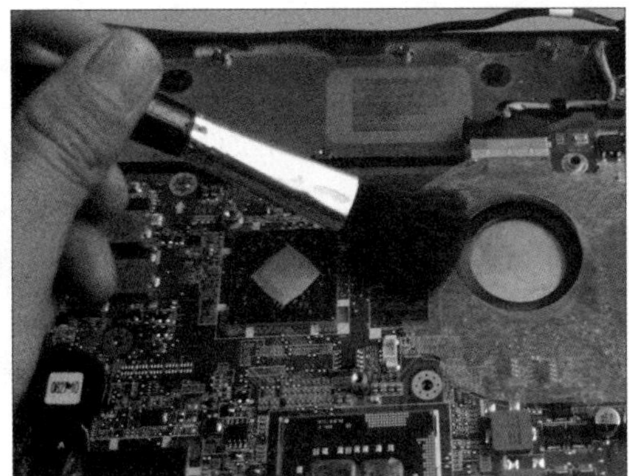

图8-34　清理计算机灰尘的操作过程

【步骤提示】

（1）清理灰尘前，需要准备一些必要的工具，如电吹风、小毛刷、十字螺丝刀、硬纸片、橡皮擦、干净布、风扇润滑油、清水和酒精等。另外，还可以准备一个吹气球。在进行灰尘清理前，必须将计算机所有电源插头拔下，清洗双手，并触摸金属水龙头以释放静电。另外，建议不要拆卸还没过保修期的硬件。

（2）用十字螺丝刀将机箱盖拆开（部分机箱的机箱盖可以直接用手拆开），然后拔掉所有的插头。

（3）将内存拆下，并用橡皮擦轻轻擦拭金手指，但要注意别碰到电子元件，电路板部分可以使用小毛刷轻轻将灰尘扫掉。

（4）将CPU散热器拆下，将散热片和风扇分离，将散热片置于水龙头下冲洗，冲洗干净后用电吹风吹干。风扇可用小毛刷加布或纸清理干净，然后将风扇的不干胶撕下，往小孔中滴适量润滑油（注意不要加太多），接着拨动风扇片使润滑油渗入，最后擦干净孔口四周的润滑油，使用一张新的不干胶将孔口封好。在清理机箱电源时，其风扇也要除尘加油。

（5）如果有独立显卡，也要清理其金手指并加滴润滑油（内存以及M.2接口和PCI-E接口的固态盘也可以在金手指处加润滑油）。

（6）对于主板，可以使用小毛刷将灰尘刷掉（不宜太过用力），再用电吹风吹（如果天气潮湿，最好用热风吹），最后用吹气球进行细节处的清理。对于插槽，可以在其中插入硬纸片，来回拖曳几下以达到除尘效果。

（7）对于固态盘和硬盘SATA接口，一般使用硬纸片清理。

（8）机箱表面、键盘、显示器的外壳可以用布蘸适量酒精擦拭。键盘的键缝可以使用布和棉签清理。

（9）显示器最好用专业的清洁剂清理，然后用布擦拭干净。对于计算机中的各种连线和插头，最好都用布擦拭一遍。

（10）为了获得更好的除尘效果，可以使用吸尘器清除各种硬件及机箱中的灰尘。

实训二　使用360安全卫士维护计算机

【实训要求】

使用360安全卫士提升计算机的运行速度，清理计算机中的木马，修复操作系统中的漏洞，并对计算机中的各种Cookie、垃圾、痕迹、插件进行清理，以维护计算机的安全。

【实训思路】

完成本实训主要包括优化加速、木马查杀、系统修复、垃圾清理4个步骤，操作过程如图8-35所示。

图 8-35　安全维护的操作过程

【步骤提示】

（1）启动360安全卫士，切换到“优化加速”选项卡，单击“一键加速”按钮，扫描计算机，然后根据扫描的结果对相关设置进行优化，提升计算机的运行速度。

（2）切换到“木马查杀”选项卡，进行全盘扫描，如果发现木马程序，则进行查杀。

（3）切换到“系统修复”选项卡，扫描操作系统中是否存在漏洞，如果发现漏洞，则选择对应的选项进行修复。另外，如果操作系统需要更新，可以进行升级。

（4）切换到“电脑清理”选项卡，设置需要清理的选项，然后进行清理，最后重新启动计算机。

课后练习

（1）打开机箱，重新拔插相关硬件。

（2）对自己的计算机进行灰尘清理。

（3）从网上下载最新的杀毒软件，安装到计算机中，并进行全盘扫描杀毒。

（4）对计算机中重要的文件进行加密。

（5）修复操作系统的漏洞。

（6）下载木马克星，对计算机进行木马查杀。

技能提升

1. 维护笔记本计算机

笔记本计算机能否保持良好的状态与使用环境和个人的使用习惯有很大的关系，好的使用环境和使用习惯能够降低维护的复杂程度，并且能最大限度地发挥计算机的性能。在使用笔记本计算机的过程中，需要注意以下3点。

- **注意环境湿度：**潮湿的环境会对笔记本计算机造成损伤，如腐蚀笔记本计算机内部的电子元件，加速其氧化等。不要将水杯和饮料放在笔记本计算机旁，以免液体流入导致笔记本计算机报废。
- **保持清洁：**尽可能在灰尘少的环境下使用笔记本计算机。灰尘过多容易堵塞笔记本计算机的散热系统，使内部零件短路，从而使笔记本计算机的性能下降甚至损坏笔记本计算机。
- **防止震动：**外界的震动可能会损坏计算机的硬盘、外壳和屏幕等。

2. 个人计算机安全防御注意事项

计算机受到的安全攻击多种多样，应该尽可能地提高计算机的安全防御水平。以下是主要的个人计算机安全防御注意事项。

- **杀毒软件不可少：**对于一般用户而言，首先要做的是为计算机安装正版的杀毒软件。用户应当安装杀毒软件的实时监控程序，定期升级所安装的杀毒软件，给操作系统打相应补丁，并升级杀毒引擎。
- **个人防火墙不可替代：**安装个人防火墙以抵御黑客攻击。防火墙能最大限度地阻止网络中的黑客访问自己的网络，防止他们更改、复制、毁坏自己的重要信息。安装防火墙后，一定要根据需求进行配置，合理设置防火墙能防范大部分的木马程序入侵。

- **分类设置密码并使密码尽可能复杂：**在不同的场合使用不同的密码，以免因一个密码泄露导致所有资料外泄。重要的密码一定要单独设置，并且不要与其他密码相同。可能的话，定期修改密码，至少一个月更改一次。
- **不下载来路不明的软件及程序：**选择信誉较好的下载网站下载软件，将下载的软件及程序集中放在非引导分区的某个目录下，在使用前最好用杀毒软件进行病毒查杀。
- **防范间谍软件：**把浏览器调到较高的安全等级，在计算机上安装防范间谍软件的应用程序，甄别将要在计算机上安装的共享软件。
- **不要随意浏览黑客网站和非法网站：**许多病毒和木马都来自黑客网站和非法网站，一旦连接到这些网站，就很容易受到安全攻击。
- **定期备份重要数据：**如果遭到致命的攻击，操作系统和应用软件可以重装，而重要的数据只能靠日常的备份进行恢复。

3. 常见的计算机维护问题

普通用户在对计算机进行维护时，可能遇到以下问题。

- **使用Windows 11，在每次关机或重新启动时，都会显示一段时间的“正在保存设置”画面，怎样才能快速关闭计算机？**

对于这种情况，可以按【Win+R】组合键，打开“运行”对话框，在“打开”下拉列表框中输入“gpedit.msc”文本，单击“确定”按钮，打开“本地组策略编辑器”窗口；在左侧窗格中展开“计算机配置”/“管理模板”/“系统”选项，在右侧的列表框中双击“关机选项”选项，在“关机选项”窗格中双击“关闭会阻止或取消关机的应用程序的自动终止功能”选项，打开“关闭会阻止或取消关机的应用程序的自动终止功能”对话框；选中“已启用”单选项，单击“确定”按钮。

- **在使用Windows 11操作系统一段时间后，计算机的运行速度变慢了许多，用了一些优化软件，也没有什么作用，有什么方法可以解决？**

在Windows 11操作系统中有预读的设置，它可以在一定程度上提高计算机的运行速度，但随着时间的增加，预读文件变多，运行速度就会变慢，当计算机的运行速度变慢时，可以删除预读文件。在“Windows\Prefetch”文件夹下将所有的预读文件删除，重启计算机即可。

- **为什么在整理碎片时，系统会提示整理无法继续？**

这可能是因为在进行碎片整理时运行了其他程序，使得程序在进行碎片整理的同时对硬盘进行写操作，从而造成整理失败。可试着关闭这些程序，再进行碎片整理。另外，如果硬盘上出现坏道，也可能出现整理失败的现象，最好使用能够检测坏道的软件对硬盘进行检测。

- **有一种引导型病毒位于硬盘引导区内，系统开始运行就会加载，怎么清除呢？**

引导型病毒主要寄生在硬盘或光盘的引导区内，当带有病毒的硬盘引导并启动系统时，引导型病毒被自动加载到内存中运行。要清除引导型病毒，可使用没有病毒的系统安装盘启动计算机，再使用杀毒软件对计算机进行杀毒。

- **使用杀毒软件时应该注意哪些问题？在一台计算机中安装多个杀毒软件是否能起到更好的杀毒作用？**

杀毒软件有自己的病毒库，病毒库中存放了已知病毒的特征码，杀毒软件根据这些特征码来查杀病毒。由于新的病毒会不断产生，因此用户应定期对杀毒软件的病毒库进行升级，提高其查杀病毒的能力。不同的杀毒软件会使用不同的模块来查杀病毒，而这些模块又直接影响系统的运行，在大多数情况下，在同一台计算机中安装多个杀毒软件，不仅不能起到杀毒的作用，还可能发生冲突。所以并不建议安装多个杀毒软件，选择一款适合的杀毒软件即可。

- **在Windows 11中如何关闭数据跨设备共享？**

在操作系统桌面上单击“开始”按钮，在展开的开始菜单中单击“设置”按钮，打开“设置”窗口；在左侧选择“应用”选项，在右侧选择“高级应用设置”选项，进入“高级应用设置”界面；展开“跨设备共享”选项，选中“关闭”单选项，即可关闭Windows 11操作系统中的数据跨设备共享功能。

- **在Windows 11中是否需要设置系统的自动更新？**

自动更新既可以为计算机的漏洞打上补丁，又可以避免病毒利用系统漏洞来攻击计算机，所以用户应设置好系统的自动更新。

AI加油站

AI维护计算机安全的新技术

AI维护计算机安全的新技术应用主要体现在以下几个方面。

（1）安全态势感知技术

AI 能够从全局视角分析网络安全态势，通过收集和整合来自不同安全设备、系统和网络区域的数据，利用图神经网络等技术，构建网络安全的全局视图，帮助安全团队了解网络的整体安全状况。另外，AI能够基于历史数据和实时数据，运用时间序列分析、机器学习预测算法等，预测未来可能发生的网络安全事件的时间、类型和影响范围，提前做好防范措施。

（2）身份认证技术

除了传统的人脸识别、指纹识别等生物特征认证方式，AI还可以分析用户的行为特征，如打字节奏、鼠标移动轨迹、操作习惯等，进行多因素的身份认证。

（3）数据保护技术

利用AI算法优化加密密钥的生成、管理和分配过程，提高数据加密的强度和效率。同时，AI可以根据数据的敏感度和使用场景，自动选择合适的加密算法和密钥长度。

（4）自动化响应与修复技术

当检测到恶意行为时，AI系统可以自动隔离受感染的设备或网络区域，阻断攻击路径，防止攻击扩散。另外，AI可以协助安全团队进行受损系统的修复和数据恢复工作。通过学习正常系统状态和数据模式，AI能够自动识别受损部分，并尝试进行修复和恢复操作。

项目九

诊断与排除计算机故障

情景导入

米拉对计算机进行全面维护后发现仍有两台计算机无法正常启动。面对这一情况，老洪分析指出，若硬件无故障，则问题可能源于软件。随后，老洪便向米拉介绍关于诊断和排除计算机故障的知识，以帮助她解决当前的技术难题。

学习目标

- 了解计算机故障产生的原因和确认方法
- 了解排除计算机故障的基本原则、步骤和注意事项
- 了解常见的计算机故障
- 熟练掌握计算机常见故障的排除方法

能力目标

- 加强对计算机故障的认识和理解，能够排除一些常见的计算机故障
- 掌握诊断计算机故障的通用步骤
- 掌握计算机系统故障和硬件故障的排除方法

素养目标

- 培养探索精神，能通过技术上的创新解决专业问题

任务一 了解计算机故障

计算机故障是指计算机在使用过程中不能正常运行或运行不稳定，以及硬件损坏或出错等现象。

一、任务目标

了解计算机故障排除的相关知识，主要包括计算机故障产生的原因和计算机故障的确认方法、处理方法、预防方法等。通过本任务的学习，读者可以对计算机故障有基本的了解，并学会如何诊断计算机故障。

二、相关知识

（一）计算机故障产生的原因

要排除计算机故障，应先找到故障产生的原因。计算机故障产生的原因多种多样，主要包括计算机硬件质量差、环境因素、兼容性问题、病毒破坏，以及使用和维护不当等。

1. 硬件质量差

硬件质量差的主要原因如下。

- **电子元件质量差：**生产厂商使用质量较差的电子元件，导致硬件达不到设计要求，质量低下。图9-1所示为劣质主板常用的液态电解电容，相对于稳定性好、低阻抗、环保的固态电容，这种液态电解电容价格较低，一旦产生故障，就容易发生爆炸。
- **电路设计缺陷：**硬件的电路设计有缺陷容易导致硬件产生故障。图9-2所示为静电放电电路设计缺陷，这种电路设计缺陷不容易被检测出来，但会导致电路板多处短路。

图9-1 劣质主板常用的液态电解电容

图9-2 静电放电电路设计缺陷

- **假货：**假货是不法商家为牟取暴利，用质量很差的元件制成的假冒产品。图9-3所示为真假U盘的内部对比，假货不但使用了质量很差的铝壳发生器和次品闪存芯片，而且走线杂乱、焊接手法简单、有大量焊渣。这种产品轻则引起计算机故障，重则直接损坏硬件。

知识补充

注意假冒产品

假冒产品有一个很显著的特点就是价格比正品低很多，因此用户在选购时，一定不要贪图便宜，应该多对比。选购时，应该注意产品的标码、防伪标记和制造工艺等。图 9-4 所示为具有防伪查询码的固态盘。

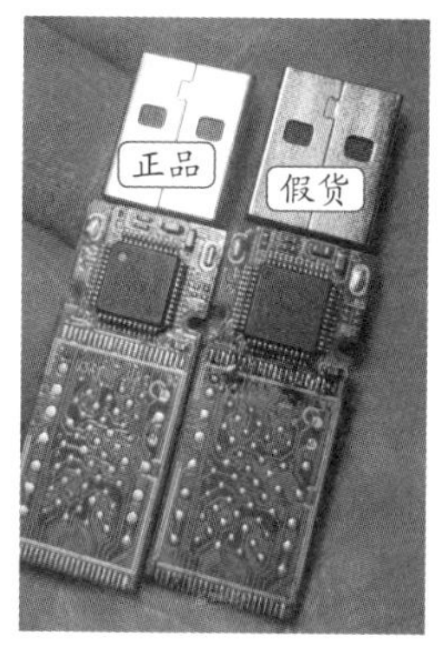

图9-3　真假U盘的内部对比

图9-4　正品固态盘的防伪查询码

2. 环境因素

计算机中各部件的集成度很高，因此对环境的要求也较高，当计算机所处的环境不符合硬件正常运行的标准时，容易引发故障。引发计算机故障的环境因素主要有以下5个。

- **温度：**如果计算机的工作环境温度过高，会影响其散热，甚至引起短路等故障。当环境温度太高时，一定要注意散热。另外，还要避免日光直射到计算机和显示屏上。图9-5所示为温度过高导致的耦合电容烧毁，主板彻底报废。
- **电源：**交流电的正常电压为220V（±22V），频率为50Hz（±2.5Hz），并且应具有良好的接地系统。电压过低不能供给足够的功率，数据可能被破坏；电压过高，设备的元件容易损坏。如果经常停电，应使用UPS保护计算机，使计算机在电源中断的情况下能从容关机。图9-6所示为电压过高导致的芯片烧毁。

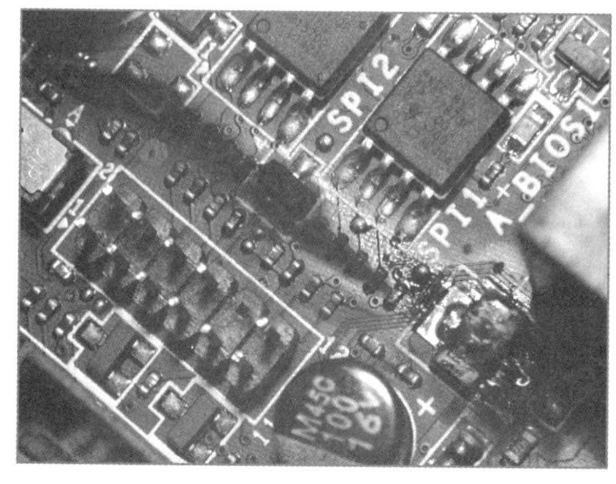

图9-5　温度过高导致的故障

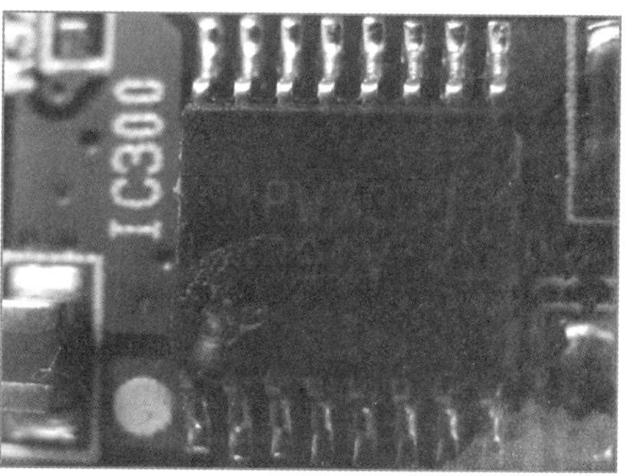

图9-6　电压过高导致的芯片烧毁

- **灰尘：**灰尘附着在计算机元件上会影响其散热，从而加速其磨损。电路板上芯片的故障很多都是由灰尘引起的。
- **电磁波：**计算机对电磁波较为敏感，较强的电磁波干扰可能会使硬盘数据丢失或显示屏抖动等。图9-7所示为电磁波干扰导致的显示器失真。
- **湿度：**计算机对环境湿度有一定的要求，湿度太高会影响计算机硬件的性能发挥，甚至引起硬件短路；湿度太低又易产生静电，从而损坏硬件。图9-8所示为湿度过低导致的电容烧鼓。

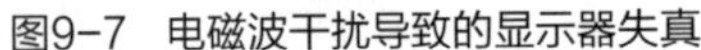

图9-7　电磁波干扰导致的显示器失真

图9-8　湿度过低导致的电容烧鼓

3. 兼容性问题

兼容性是指硬件与硬件、软件与软件、硬件与软件之间能够相互支持并充分发挥性能的特性。计算机中的软件和硬件通常不是由同一厂家生产的，这些厂家虽然按照统一的标准生产产品，但仍有不少产品存在兼容性问题。兼容性问题主要有以下两种。

- **硬件兼容性问题：**硬件之间出现兼容性问题会导致严重故障，通常这种故障在计算机组装完成后，第一次启动时就会出现，如出现蓝屏现象，解决的方法是更换硬件。
- **软件兼容性问题：**软件的兼容性问题是指操作系统无法与某些软件协同工作，通常是因为软件需要特定的系统环境或功能而当前操作系统无法满足造成的，解决的方法是下载并安装软件补丁程序。

4. 病毒破坏

病毒是引起软件故障的主要原因，它们利用软件或硬件的缺陷控制或破坏计算机，从而使系统运行缓慢、不断重启，甚至使硬件损坏。

5. 使用和维护不当

部分硬件故障是由操作和维护不当造成的，具体如下。

- **安装不当：**安装显卡或声卡等硬件时，需要用螺钉将其固定到适当位置。如果安装不当，可能导致板卡变形，从而因为接触不良而发生故障。
- **安装错误：**计算机硬件在主板中有固定的接口或插槽，安装错误可能会造成短路等故障。
- **板卡被划伤：**计算机中的板卡一般都是分层印制的电路板，如果将其划伤，可能将其中的电路或线路切断，导致断路故障，甚至烧毁板卡。
- **带电拔插：**除了SATA和USB接口的设备外，计算机的其他硬件都是不能在未断电时拔插的，否则很容易造成短路，从而将硬件烧毁。图9-9所示为带电拔插导致主板上的电路被烧毁。
- **带静电触摸硬件：**静电可能损坏计算机中的芯片，因此在维护硬件前，应释放自身的静电。另外，在安装计算机时，将机壳用导线接地，可起到很好的防静电作用。图9-10所示为静电导致的显卡供电电路被烧毁。

扫一扫

高清大图

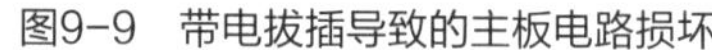
图9-9 带电拔插导致的主板电路损坏

图9-10 静电导致的供电电路被烧毁

（二）确认计算机故障

在发现计算机发生故障后，首先要确认计算机的故障类型，然后进行处理。

1. 通过观察确认故障

这种确认故障的方法又称为直接观察法，是指通过用眼睛看、用手指摸、用耳朵听、用鼻子闻等手段来判断产生故障的位置和原因。

- **看：**观察是否有杂物掉进电路板的元件之间，元件上是否有氧化或腐蚀的地方；观察各元件的电阻或电容引脚是否相碰、断裂、歪斜；观察板卡的电路板上是否有虚焊、元件短路、脱焊、断裂等现象；观察各板卡插头与插座的连接是否正常，是否歪斜；观察主板或其他板卡的表面是否有烧焦痕迹，印制电路板上的铜箔是否断裂，芯片表面是否开裂，电容是否爆开等。
- **摸：**通过用手触摸元件表面来判断元件是否正常工作，板卡是否安装到位，以及是否出现接触不良等现象。在设备安全运行的前提下，可以通过谨慎触摸或靠近有关电子部件（如CPU散热器外壳、主板上的非裸露元件等，注意避免直接接触显示器和电源内部等高压、高温区域）的外壳，根据温度感受来大致评估设备是否可能存在过热或工作异常的情况。摸板卡，看是否有松动或接触不良的情况，若有应将其固定。触摸芯片表面，若温度很高甚至烫手，说明该芯片可能已经损坏。
- **听：**当计算机出现故障时，往往会伴随有异常的声音。通过仔细聆听电源风扇、CPU风扇、硬盘以及显示器等设备在工作时产生的声音，我们可以初步判断是否存在故障，并可能推测出故障产生的原因。如果电路发生短路，也会发出异常的声音。
- **闻：**计算机出现故障时，可能会有烧焦的气味，这说明电子元件已被烧毁，应尽快确定故障区域并排除故障。

2. 通过软件确认故障

这种确认故障的方法又称为软件分析法，是指通过诊断测试卡、诊断测试软件等来确认计算机故障，使用这种方法能快速、准确判断计算机故障。

- **诊断测试卡：**诊断测试卡也叫POST卡，其工作原理是利用主板中BIOS内部程序的检测结果，通过主板诊断卡代码一一显示出来，结合诊断卡的代码含义速查表就能很快知道计算机故障所在。在计算机不能引导操作系统、黑屏、喇叭不响时，使用诊断测试卡能快速确认故障。诊断测试卡如图9-11所示。现在一些高性能主板直接集成了诊断测试功能。

- **诊断测试软件：**诊断测试软件很多，常用的有Windows优化大师、鲁大师、3DMark等。图9-12所示为使用鲁大师检测计算机硬件的结果。

图9-11　诊断测试卡

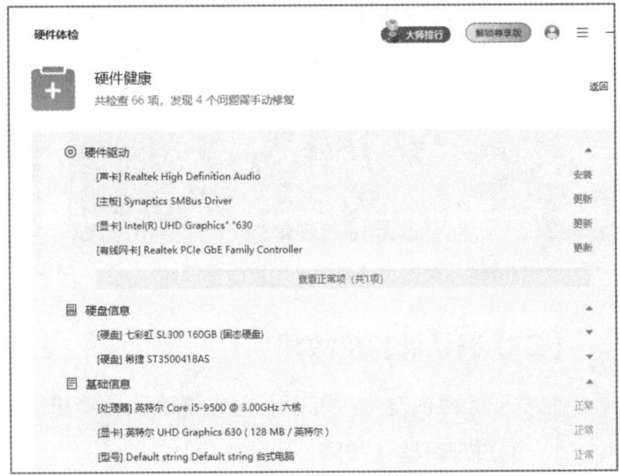

图9-12　使用鲁大师检测计算机硬件的结果

知识补充　　**其他可以确认计算机故障的软件**

各种安全防御软件，如病毒查杀软件和木马查杀软件也可用于确认计算机故障。

3. 通过清理灰尘确认故障

这种方法又称为清洁法，因为灰尘会影响主机部件的散热和正常运行，所以对机箱内部的灰尘进行清理也可确认并清除一些故障。

- **清洁灰尘：**清洁灰尘是一种简单而有效的排查方法。关闭电源并断开连接后，使用专业工具清除机箱内、风扇、散热片等部位的灰尘。若清洁后计算机性能提升或某些硬件的异常声音消失，则表明灰尘可能是故障诱因之一。
- **去除氧化：**用专业的清洁剂先擦去表面氧化层，如果没有清洁剂，也可以用橡皮擦。重新插接好后，开机检查故障是否排除，如果故障依旧，则证明是硬件本身出现了问题。这种方法可用于排除元件老化、接触不良、短路等故障。

4. 通过拔插硬件确认故障

拔插是一种比较常用的判断故障的方法，主要通过拔插板卡后观察计算机的运行状态来判断故障产生的位置和原因。如果拔出其他板卡，使用CPU、内存和显卡的最小化系统仍然不能正常工作，那么故障很有可能是由主板、CPU、内存或显卡引起的。通过拔插还能排除由板卡与插槽接触不良造成的故障。

5. 通过对比确认故障

通过对比确认故障是指同时运行两台配置相同或类似的计算机，通过比较正常计算机与故障计算机在执行相同操作时的不同表现来判断故障产生的原因。这种方法常用于企业或单位的计算机出现故障时，因为企业或单位的计算机很多，且通常是同批次购买的，所以配置类似。

6. 通过万用表确认故障

对电压和电阻进行测量也可以判断相应的部件是否存在故障。测量电压和电阻需要使用万用表，如果测量出某个元件的电压或电阻不正常，说明该元件可能存在故障。图9-13所示为使用万用表测量计算机主板中电子元件的电压。

图9-13 使用万用表测量

7. 通过替换硬件确认故障

通过替换硬件确认故障是指使用相同或相近型号的板卡、电源、硬盘、显示器以及外部设备等部件替换原来的部件以分析和排除故障。替换部件后，如果故障消失，说明被替换的部件存在问题。替换硬件主要有以下两种方法。

- **方法一：**将硬件替换到另一台运行正常的计算机上，如果计算机正常运行，则说明该硬件没有问题；如果不正常，则说明该硬件可能有问题。
- **方法二：**用同型号的无故障的部件替换计算机中可能存在故障的部件，如果计算机正常运行，说明被替换的部件有故障；如果故障依旧，说明问题不在被替换的部件上。

8. 通过最小化计算机确认故障

最小化计算机是指在计算机启动时，只安装最基本的部件，包括CPU、主板、显卡、内存，且只连接显示器和键盘。如果计算机能够正常启动，说明核心部件没有问题，然后逐步安装其他设备，这样可快速找出有故障的部件。使用这种方法如果不能启动，则可以留意是否发出特定的报警声，这些报警声通常能够指示出不同的硬件故障类型，从而帮助用户快速定位并排除故障。

（三）死机故障

死机是指无法启动操作系统、画面“定格”无反应、鼠标或键盘无法输入、软件运行非正常中断等情况。造成死机的原因一般包括硬件与软件两个方面。

1. 硬件原因造成的死机

造成死机的硬件原因主要如下。

- **内存故障：**内存松动、虚焊或内存芯片质量不佳等。
- **内存容量不够：**过小的内存容量会使计算机不能正常处理数据，从而导致死机。
- **软硬件不兼容：**三维设计软件和一些特殊软件可能在部分计算机中不能正常启动或安装，这可能是由于软硬件兼容方面的问题导致的，这种情况可能会导致死机。
- **散热不良：**显示器、电源和CPU在工作中的发热量非常大，因此保持良好的通风状态非常重要。计算机工作时间太长容易使电源或显示器散热不畅，从而造成计算机死机，另外，CPU散热不畅也容易导致计算机死机。

- **移动不当：**在移动计算机的过程中操作不当可能会使内部硬件松动，从而导致接触不良，使计算机死机。
- **硬盘故障：**硬盘老化或使用不当可能会使硬盘产生坏道、坏扇区，从而使计算机在运行时容易死机。
- **设备不匹配：**如主板主频和CPU主频不匹配等。
- **灰尘过多：**机箱内灰尘过多，如软驱磁头或光驱激光头沾染过多灰尘，也会引起死机故障。
- **劣质硬件：**少数不法商家在组装计算机时，会使用质量差的硬件，甚至使用假冒和返修过的硬件，配置这类硬件的计算机在运行时很不稳定，且容易死机。

2. 软件原因造成的死机

造成死机的软件原因主要如下。

- **病毒感染：**病毒感染会使计算机工作效率急剧下降，并造成频繁死机。
- **使用盗版软件：**从网上下载的软件可能隐藏着病毒，一旦运行，就可能会自动修改操作系统，使操作系统在运行中出现死机故障。
- **软件升级不当：**在升级软件的同时，通常会升级共享的一些组件，但是其他程序可能不支持升级后的组件，从而导致死机。
- **启动的程序过多：**启动的程序过多会使系统资源消耗殆尽，个别程序需要的数据在内存或虚拟内存中找不到时可能出现异常错误。
- **非正常关闭计算机：**不要直接使用机箱上的电源按钮关机，否则可能造成系统文件损坏或丢失，使计算机在自动启动或运行时死机。
- **误删系统文件：**如果系统文件被破坏或误删除，即使在BIOS中的各种硬件设置正确无误，也会使计算机死机或无法启动。
- **应用软件缺陷：**这种情况非常常见，如在Windows 11操作系统中运行在Windows XP中运行良好的32位应用软件（为32位操作系统设计的）。Windows 11是一个64位的操作系统，虽然它通常能够兼容32位软件，但在某些情况下，由于64位与32位操作系统架构的差异，Windows 11可能无法与某些32位软件完全协调，从而导致死机或运行不稳定。当操作系统升级到Windows 11后，在Windows 10中正常使用的外设驱动程序可能会出现问题，使系统死机或不能正常启动。

3. 预防出现死机故障的方法

可以通过以下方法预防出现死机故障。

- 在同一个硬盘中不要安装太多操作系统。
- 在更换计算机硬件时一定要插好，防止接触不良引起系统死机。
- 不要在大型应用软件运行时运行其他程序，否则可能引起系统死机。
- 在应用软件未正常退出时，不要关闭电源，否则可能造成系统文件损坏或丢失，使计算机自动启动或在运行过程中死机。
- 设置硬件设备时，最好检查有无保留中断请求（Interrupt Request，IRQ），不要让其他设备使用该中断号，否则可能引起中断冲突，从而造成系统死机。

- CPU和显卡等硬件不要超频过高，要注意散热和温度。
- 最好配备稳压电源，以免电压不稳引起死机。
- BIOS设置需谨慎，虽然通常建议采用优化设置（如“最优性能设定”或“Optimized Defaults”）以发挥硬件性能，但并非所有情况下这种设置都是最佳选择，因为有时优化设置可能会导致计算机系统启动或运行时出现不稳定甚至死机的情况。
- 不要轻易使用来历不明的移动存储设备；对于电子邮件中的附件，要用杀毒软件检查后再使用，以免感染病毒导致死机。
- 在安装应用软件的过程中，若出现对话框询问“是否覆盖文件”，最好选择不要覆盖，除非能确定新文件与现有的操作系统完全兼容且没有风险。因为系统文件的适用性并不总是由时间先后决定，而是取决于多个因素，如版本、完整性以及与系统的兼容性等。
- 在卸载软件时，不要删除共享文件，因为某些共享文件可能被系统或其他程序使用，删除这些文件可能会使其他应用软件无法启动，从而导致死机。
- 在加载某些软件时，要注意先后次序，由于有些软件编程不规范，因此要避免优先运行，建议放在最后运行，这样才不会引起系统管理混乱。

（四）蓝屏故障

计算机蓝屏又叫蓝屏死机（Blue Screen Of Death，BSOD），是指操作系统无法从系统错误中恢复过来时所显示的屏幕图像，是一种特殊的死机故障。

1. 蓝屏的处理方法

蓝屏故障产生的原因往往是硬件和驱动程序不兼容、软件出现问题和病毒入侵等，以下是常规的蓝屏的处理方法。

- **重新启动计算机：**出现蓝屏故障有时只是因为某个程序或驱动出错，重新启动计算机即可恢复。
- **检查病毒：**计算机病毒有时会导致Windows蓝屏死机，因此查杀病毒必不可少。另外，一些木马也会引发蓝屏，最好用相关工具软件进行扫描。
- **检查硬件和驱动：**检查硬件是否插牢。如果确认该硬件正常，则将其拔下，安装到其他插槽上，并安装最新的驱动程序，同时应对照微软官方网站的硬件兼容类别检查硬件是否与操作系统兼容。如果硬件不在兼容表中，那么应到硬件厂商网站查询，或拨打电话咨询。
- **新硬件和新驱动：**如果刚安装完某个硬件的新驱动，或安装了某个软件，而它又在系统服务中添加了相应项目（如杀毒软件、CPU降温软件和防火墙软件等），在重启或使用中出现了蓝屏故障，可到安全模式中卸载或禁用驱动或服务。
- **运行“sfc/scannow”：**运行“sfc /scannow”命令可以检查系统文件是否被损坏或替换，并在必要时使用Windows安装源文件来恢复这些被损坏或替换的文件。
- **安装最新的系统补丁：**出现蓝屏故障有时是因为Windows本身存在缺陷，可安装最新的系统补丁来解决。
- **查询停机码：**把蓝屏中的内容记录下来，进入微软的帮助与支持网站，输入停机码，找到有用的解决方案。另外，也可在百度等搜索引擎中搜索蓝屏的停机码，查找解决方案。

- **最后一次正确配置：**在安装硬件驱动或新加硬件并安装驱动后，如果出现蓝屏，可以重新启动操作系统，按【F8】或【Shift】键，直到出现Windows的相关徽标；出现高级启动选项对应的界面，选择“疑难解答”选项，然后在下一个界面中选择“高级选项”选项，选择“恢复环境”选项，选择当前使用的操作系统或输入管理员密码进入“选择一个选项”界面，选择“问题排查”选项，然后选择“高级选项”，最后选择“最后一次正确配置”选项，重新启动操作系统。

2. 预防出现蓝屏故障的方法

可以通过以下方法预防出现蓝屏故障。

- 定期升级操作系统、软件和驱动。
- 定期对重要的注册表文件进行备份。
- 定期用杀毒软件进行全盘扫描，清除病毒。
- 尽量避免非正常关机，从而避免丢失重要文件，如.dll文件等。
- 对于普通用户而言，如果系统能正常运行，不必升级显卡、主板的BIOS和驱动程序，以免造成故障。

（五）自动重启故障

计算机自动重启是指在用户没有进行任何启动计算机的操作下，计算机自动重新启动，这也是一种故障，其产生原因和排除方法如下。

1. 由软件引起的自动重启

由软件引起的自动重启比较少见，通常有以下两种。

- **病毒控制：**当计算机病毒运行时，有时可能会提示系统将在60秒后自动重启。这通常是因为计算机病毒已经控制了计算机，并设置了自动重启的功能，以此来干扰用户的正常使用或掩盖其恶意行为。排除方法为清除病毒、木马或重装系统。
- **系统文件损坏：**操作系统的系统文件（如Windows中的kernel32.dll）被破坏，导致系统在启动时无法完成初始化而被强制重新启动。排除方法为覆盖安装或重装操作系统。

2. 由硬件引起的自动重启

导致计算机自动重启的硬件原因主要有以下5个。

- **电源原因：**电源输出功率不足、直流输出不纯、动态反应迟钝和超额输出等可能导致计算机死机或自动重启。排除方法为更换大功率电源。
- **内存原因：**通常有两种情况，一种是芯片热稳定性不强，开机后芯片温度升高导致计算机死机或自动重启；另一种是芯片轻微损坏，当运行一些I/O吞吐量大的软件（如媒体播放软件、游戏软件、平面/3D绘图软件）时，计算机会自动重启或死机。排除方法为更换内存。
- **CPU原因：**通常有两种情况，一种是机箱或CPU散热不良；另一种是CPU内部的一、二级缓存损坏。排除方法为在BIOS中屏蔽二级缓存或一级缓存，或更换CPU。
- **外设原因：**通常有两种情况，一种是外部设备本身有故障或与计算机不兼容；另一种是热拔插外部设备时，抖动幅度过大，引起信号或电源瞬间短路。排除方法为更换设备，或找专业人员维修。
- **Reset开关原因：**通常有3种情况，第一种是内Reset开关损坏，开关始终处于闭合位置，系统无法加电自检；第二种是Reset开关弹性减弱，开关按下去不易弹起；第三种是机箱内的Reset开关引线短路，导致主机自动重启。排除方法为更换开关。

3. 由其他原因引起的自动重启

还有一些原因也会引起计算机自动重启，通常有以下两种。

- **市电电压不稳：**计算机的内部开关电源工作电压范围一般为170~240V，当市电电压低于170V时，计算机会自动重启或关机，排除方法为添加稳压器（不是UPS）；计算机和空调、冰箱等大功耗电器共用一个插线板时，供给计算机的电压会受到很大的影响，从而导致系统重启，排除方法为把供电线路分开。
- **强磁干扰：**强磁干扰既包括来自机箱内部各种风扇和其他硬件的干扰，又包括来自外部的动力线、变频空调甚至汽车等大型设备的干扰。如果主机的抗干扰性能差，可能出现主机意外重启的现象。排除方法为使计算机远离干扰源，或将机箱更换为防磁机箱。

三、任务实施——通过最小化计算机检测故障

使用最小化系统法检测计算机是否存在故障的具体操作如下。

（1）将计算机的硬盘、固态盘等部件取下，然后加电尝试启动计算机，如果计算机无法正常启动或运行，那么这通常表明故障可能出现在系统本身，即与主板、显卡、CPU、内存等核心硬件组件有关，如图9-14所示。反之，如果计算机能够正常启动（尽管可能无法加载操作系统或访问存储的数据），那么故障可能主要集中在硬盘或操作系统上。

（2）将计算机拆卸为只剩主板（见图9-15）、喇叭及开关电源，如果打开电源后有报警声，说明主板、喇叭及开关电源基本正常。

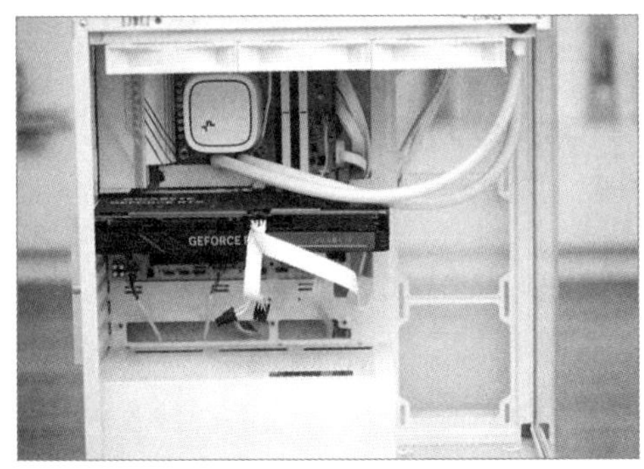

图9-14　用最小化系统法排除计算机故障

图9-15　拆卸后的主板

（3）逐步安装其他部件，在安装某部件后，若计算机运行不正常，说明刚刚安装的计算机部件有故障。找到故障源后，更换相应部件即可。

任务二　排除计算机故障

计算机出现故障会影响正常的工作和学习，所以学习如何排除计算机故障是非常重要的。

一、任务目标

了解排除计算机故障的基本原则、步骤、注意事项，并通过具体实例了解各种常见的计算机故障的排除方法。通过本任务的学习，读者可以掌握排除计算机故障的基本操作。

二、相关知识

（一）排除计算机故障的基本原则

排除计算机故障时，应遵循以下基本原则，切忌盲目动手，导致故障扩大。

- **仔细分析：**在处理故障之前，应根据故障的现象分析故障的类型，以及应选用哪种方法进行处理，切忌盲目动手。
- **先软后硬：**排除软件故障比排除硬件故障更容易，所以应先检测操作系统和软件是否存在故障（可以使用检测软件排除软件故障），然后检查硬件是否存在故障。
- **先外后内：**首先检查外部设备是否正常（如打印机、键盘、鼠标等是否存在故障），然后查看电源、信号线的连接是否正确，再排除其他故障，最后拆卸机箱，检查内部的硬件是否正常，尽可能不盲目拆卸部件。
- **多观察：**充分了解计算机所用的操作系统和应用软件的相关信息，以及产生故障的部件的工作环境、工作要求和近期发生的变化等。
- **先假后真：**有时候计算机并没有出现真正的故障，只是电源没打开或数据线没有连接等造成的“假象”。排除故障时，先确定硬件是否确实存在故障，检查各硬件之间的连线是否正确，安装是否正确。
- **先电源后部件：**主机电源是计算机运行的关键，遇到供电等故障时，应先检查电源连接是否松动、电压是否稳定、电源工作是否正常等，再检查主机电源功率，以及各硬件的供电及数据线连接是否正常。
- **先简单后复杂：**先排除简单、易修复的故障，再排除困难的、较难解决的故障。有时将简单故障排除之后，较难解决的故障也会变得容易排除。

（二）排除计算机故障的步骤

在计算机出现故障时，用户首先需要判断故障出在哪个方面，如果无法确定，则需要按照一定的顺序来排除故障。图9-16所示为排除计算机故障的步骤。

（三）排除计算机故障的注意事项

排除计算机故障时，还需要注意以下事项。

1. 保证良好的工作环境

在排除故障时，一定要保证良好的工作环境，否则可能导致故障排除不成功，甚至加大故障。在排除故障时应注意以下两个方面。

- **保持洁净明亮的环境：**保持环境洁净的目的是避免将拆卸下来的电子元件弄脏，从而影响对故障的判断；保持环境明亮有助于排除一些较小的电子元件的故障。

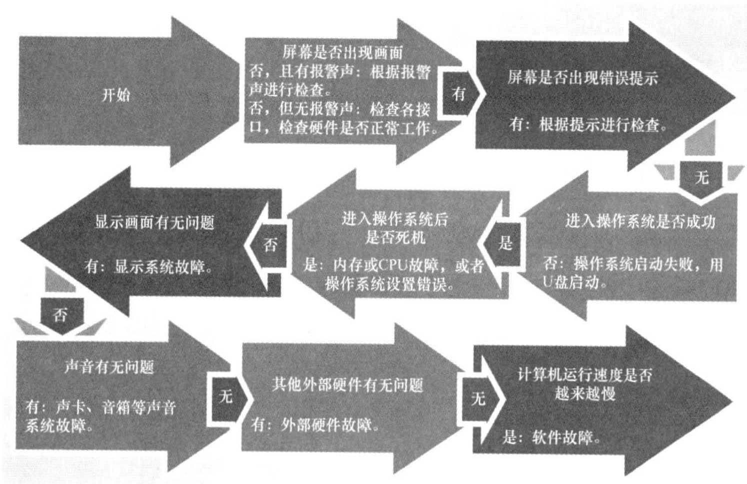

图 9-16　诊断计算机故障的步骤

- **远离电磁环境：** 计算机对电磁环境的要求较高，在排除故障时，要注意远离电磁场较强的大功率电器，如电视和冰箱等，以免这些电磁场对故障排除产生影响。

2. 安全操作

计算机所带的电压足以对人体造成伤害，为保障用户自身的安全和计算机的安全，在排除故障时应该注意以下事项。

- **不带电操作：** 在拆卸计算机进行检测和维修时，一定要先将主机电源拔掉，并做好相应的安全保护措施。除SATA接口和USB接口的硬件外，不要进行热拔插，以保证设备和用户自身的安全。
- **小心静电：** 为了保护用户自身和计算机部件的安全，在进行检测和维修之前，应将手上的静电释放，最好戴上防静电手套。

3. 小心“假”故障

计算机有时会出现“假”故障，造成这种现象的原因主要有以下4个。

- **电源开关未打开：** 计算机的许多部件都需要单独供电，如显示器等。如果启动计算机后这些设备无反应，则应先检查是否已打开相应的电源。
- **操作和设置不当：** 操作和设置不当很容易使计算机出现“假”故障。例如，不小心删除拨号连接导致不能上网等。
- **数据线接触不良：** 外设与计算机之间，以及主机中各硬件与主板之间都是通过数据线连接的，数据线接触不良或脱落会导致设备工作不正常。例如，如果系统提示“未发现鼠标”或“找不到键盘”，则应首先检查鼠标或键盘与计算机的接口是否有松动的情况。
- **对提示和报警信息不了解：** 操作系统的智能化水平逐步提高，如果某个硬件在使用过程中出现异常情况，系统会给出提示和报警信息。如果用户不了解系统提示和报警信息，可能会认为设备出现故障。

（四）测试网络故障的流程

网络故障通常是由硬件和连接设置造成的，测试网络故障的流程如下。

（1）检测硬件。检测网络中的各个硬件是否正常工作，网线接头等是否插牢。

（2）查看本地网络设置。使用“ipconfig/all”查看本地网络设置是否正确。

（3）检查网卡。使用“ping 127.0.0.1”检查网卡。

（4）检查本机IP设置。使用“ping 本机IP地址”检查本机IP地址是否设置错误。

（5）检查局域网。使用“ping 本网网关或局域网中的其他IP地址”检查硬件设备是否有问题，也可以检查本机与本地网络连接是否正常（非局域网用户可以忽略这一步）。

（6）测试远程网络连接。使用“ping 远程IP地址或网络地址”检查本地网络或计算机与外部的连接是否正常。

三、任务实施

（一）排除操作系统故障

1. 进入安全模式

Windows 11的很多系统故障都可以通过安全模式来排除，在Windows 11操作系统中进入安全模式的具体操作如下。

（1）启动Windows 11操作系统，进入登录界面后，按住【Shift】键，在右下角单击“电源”按钮，在弹出的菜单中选择“重启”命令，如图9-17所示。

（2）重启操作系统后进入“选择一个选项”界面，选择“疑难解答”选项，如图9-18所示。

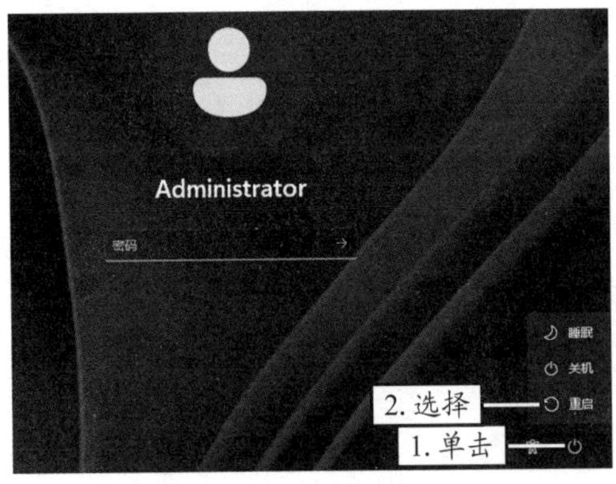

图9-17　重启计算机

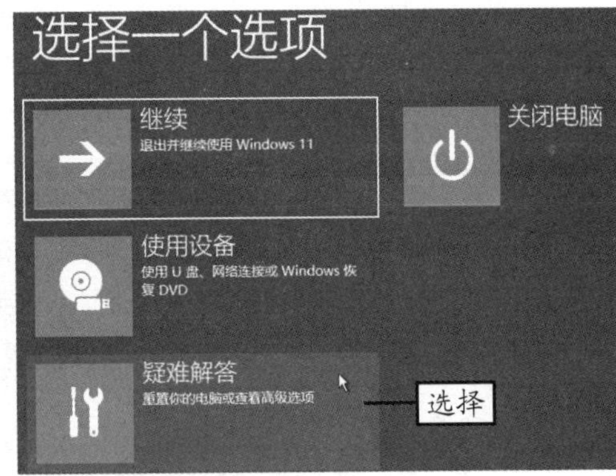

图9-18　选择“疑难解答”选项

（3）进入“疑难解答”界面，选择“高级选项”，如图9-19所示。

（4）进入“高级选项”界面，选择“启动设置”选项，如图9-20所示。

（5）进入“启动设置”界面，单击“重启”按钮，如图9-21所示。

（6）Windows 11将再次重启，重启后进入“启动设置”界面，如图9-22所示，按数字键【4】，进入Windows 11操作系统的安全模式。

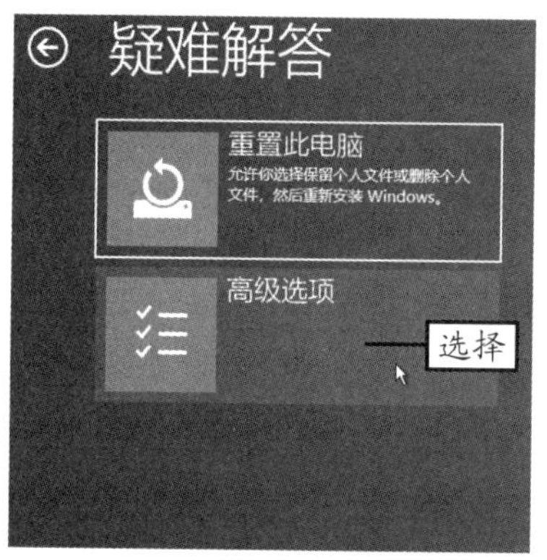

图9-19　选择“高能选项”

图9-20　选择“启动设置”选项

图9-21　重启操作系统

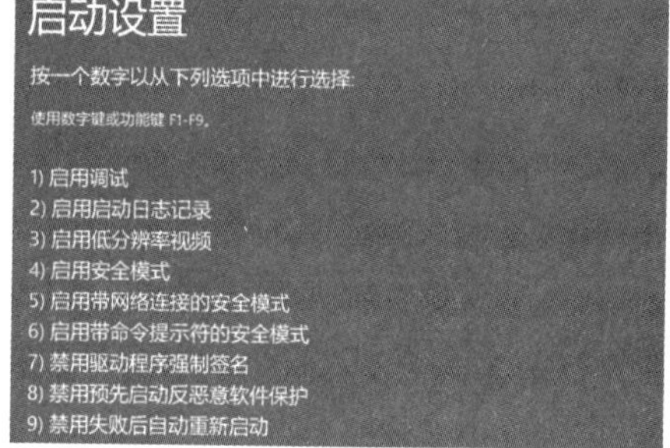

图9-22　“启动设置”界面

2. 使用Windows 11操作系统自带的故障处理功能

下面使用Windows 11操作系统自带的故障处理功能排除计算机软件故障，具体操作如下。

（1）按【Win+R】组合键打开“运行”对话框，在“打开”下拉列表框中输入“control”文本，单击“打开”按钮，打开“控制面板”窗口，单击“查看你的计算机状态”超链接，如图9-23所示。

（2）在打开的“安全和维护”窗口中单击“Windows程序兼容性疑难解答”超链接，如图9-24所示。

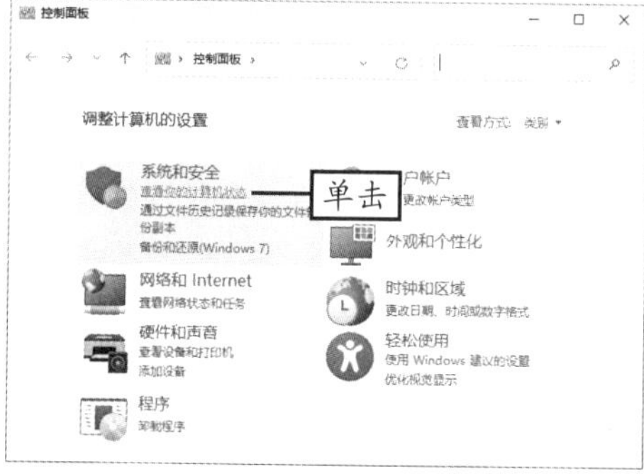

图9-23　“控制面板”窗口

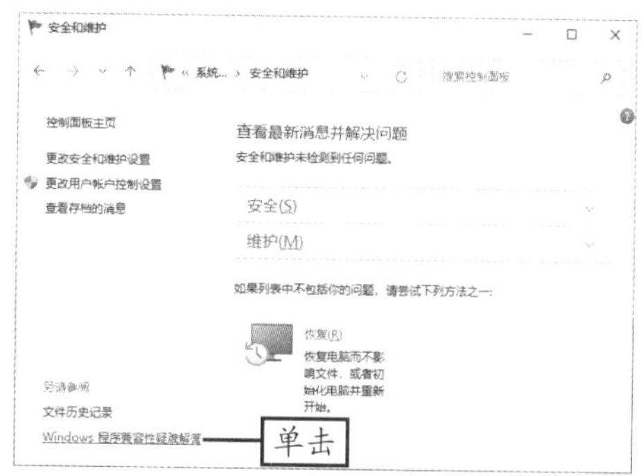

图9-24　“安全和维护”窗口

（3）进入“解决并帮助预防计算机问题”界面，单击“下一步”按钮，如图9-25所示。

（4）进入“选择有问题的程序”界面，选择有问题的程序，然后单击“下一步”按钮，如图9-26所示。

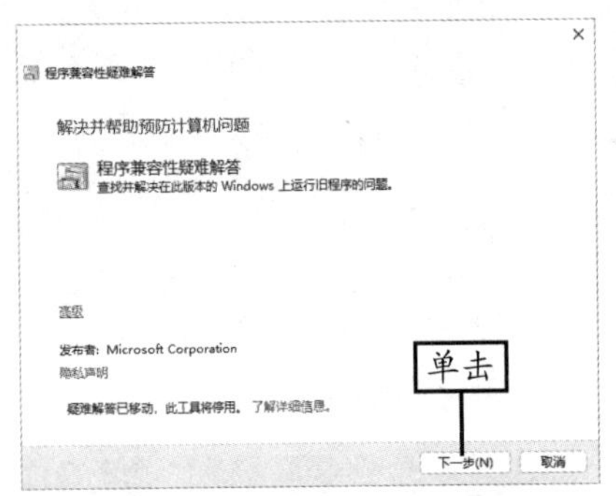

图9-25 “解决并帮助预防计算机问题”界面

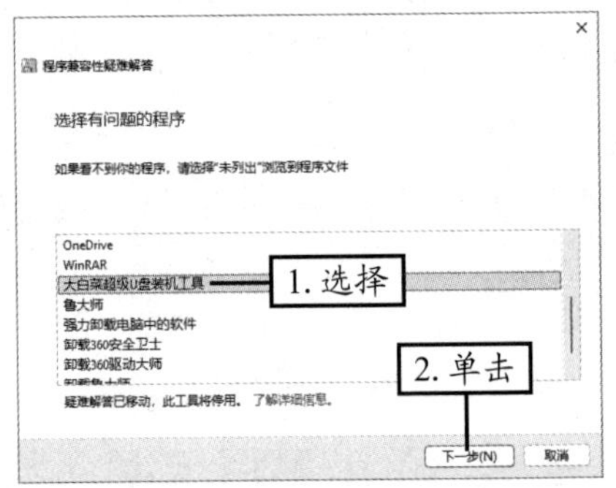

图9-26 选择有问题的程序

（5）进入“选择故障排除选项”界面，选择故障排除选项，如图9-27所示。

（6）Windows 11操作系统将通过一系列的对话框向用户搜集故障的相关信息，并根据这些信息对故障进行排除，排除后将进入图9-28所示的界面。用户可以根据故障的排除情况选择不同的选项，以最终解决程序兼容性问题。

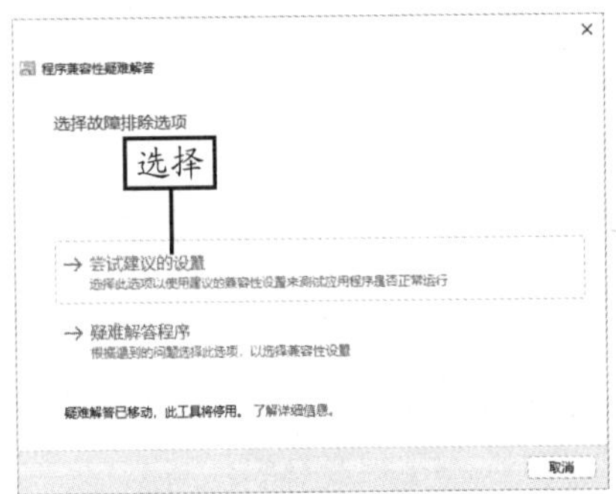

图9-27 选择故障排除选项

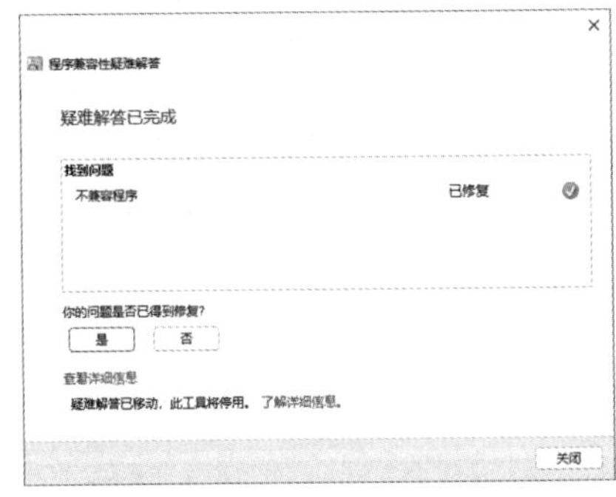

图9-28 完成故障修复

（二）排除CPU故障

1. 温度太高导致系统报警

故障表现：计算机新升级了主板，在开始格式化硬盘时，系统喇叭发出刺耳的报警声。

故障分析与排除：打开机箱，用手触摸CPU的散热片，发现温度不高，主板的主芯片也只是微微发烫。技术人员对计算机的各个部件进行了细致的排查，包括主板、CPU、散热系统、电源和连接线等，但并未发现任何明显的故障或异常。再次启动计算机后，在BIOS的硬件检测里看到CPU的温度为95℃，但是用手触摸CPU的散热片，温度却不高，说明CPU有问题。通常主板测量的是CPU的内核温度，而有些没有使用原装风扇的CPU的散热片和内核接触不好，造成内核的温度很高，而散热片却是正常的温度。拆下CPU的散热片，发现散热片和芯片之间贴着一片像塑料的东西，清除沾在芯片上的塑料，然后涂一层薄薄的导热硅脂，再安装好散热片，重新插到主板上后检查CPU的温度，一切正常。

2. CPU使用率高达100%

故障表现：在使用Windows 11操作系统时，系统运行变慢，查看“任务管理器”发现CPU占用率达到100%。

故障分析与排除：出现CPU占用率达100%的情况，主要可能原因如下。

- **杀毒软件造成故障：**很多杀毒软件都具有对网页、插件和邮件的随机监控功能，这无疑增加了操作系统的负担，使CPU占用率达到100%。解决方法为尽量减少使用实时监控服务，或升级硬件配置，如增加内存或使用更好的CPU。
- **驱动没有经过认证造成故障：**现在网络中有大量测试版驱动程序，安装后可能会引起难以发现的故障，尤其要注意显卡驱动程序。要排除这种故障，建议使用Microsoft认证的或由官方发布的驱动程序，并且严格核对其型号和版本。
- **病毒或木马的破坏造成故障：**如果大量的病毒在系统内部迅速复制，则很容易使CPU占用率居高不下。解决办法是用可靠的杀毒软件彻底清理系统内存和本地硬盘，并打开系统设置软件，查看有无异常启动的程序。
- **挂起的更新过多造成故障：**挂起的更新（通常指的是操作系统或软件中尚未完成安装的更新）可能会消耗越来越多的系统资源，导致CPU使用率升高。解决办法是下载并安装可用的更新。

（三）排除主板故障

1. 主板变形导致无法工作

故障表现：对主板进行维护清洗后，发现主板电源指示灯不亮，计算机无法启动。

故障分析与排除：由于进行了清洗，因此怀疑主板上有水，导致电源损坏，更换电源后，故障仍然存在。于是怀疑电源对主板供电不足，导致主板不能正常通电工作，换一个新的电源后，故障仍然没有排除。最后怀疑安装主板时，螺钉拧得过紧引起主板变形，将主板拆下，仔细观察后发现主板已经发生轻微变形。主板两端向上翘起，而中间相对下陷，这很可能是引起故障的原因。将变形的主板矫正后，再将其装入机箱，通电后故障排除。

2. 电容故障导致无法开机

故障表现：有一块主板使用两年多后突然点不亮了，具体表现为打开电源开关后，电源风扇和CPU风扇都正常运行，但是光驱和硬盘没有反应，等待几分钟后计算机才能加电启动，启动后一切正常。重新启动也没有问题，但是关闭电源再开机就需要等待几分钟才能加电启动。

故障分析与排除：开始以为是电源问题，替换电源后故障依旧，更换主板后一切正常，说明主板有问题。从故障现象分析，主板在加电后可以正常工作，说明主板芯片完好，问题可能出在主板的电源部分。但是电源风扇和CPU风扇运转正常，说明总供电正常。加电运行几分钟后断电，经闻无异味，用手摸电源部分的电子元件，发现CPU旁的几个电容和电感的温度极高。因为电解电容长期在高温下工作会造成电解质变质，从而使容量发生变化，所以判断是电容有问题。排除故障的方法是仔细将损坏的电容焊下，将新买回来的电容重新焊上去，焊好电容后，不要安装CPU，应该先加电测试，测试几分钟后，温度正常。装上CPU，加电，屏幕立刻亮起。多测试几次，并注意电容的温度，如果连续开机几个小时都没有出现问题，则故障排除。

（四）排除内存故障

1. 金手指氧化导致文件丢失

故障表现：启动安装了Windows 11操作系统的计算机时提示“pci.sys”文件损坏或丢失。

故障分析与排除：可按照以下步骤逐步解决。

（1）初步怀疑是操作系统文件损坏，利用Windows 11的安装文件启动系统故障恢复控制台进行修复。然而使用Windows 11的安装文件启动后，进入系统故障恢复控制台时系统死机，修复尝试失败。

（2）考虑到之前曾用Ghost为系统做过镜像备份，于是使用U盘启动进入DOS环境，运行Ghost，尝试恢复保存在D盘上的镜像。但重启后，系统仍然提示文件丢失，表明恢复镜像并未解决问题。

（3）格式化硬盘并重新安装Windows 11操作系统。然而，在安装过程中频繁出现文件不能正常复制的提示，导致安装无法继续。

（4）怀疑可能是硬件存在问题，于是进入BIOS将设置恢复为默认值，并启用完全内存测试（即每兆内存都要进行测试）。重启计算机后，在内存测试阶段发出报警声，表明内存测试未通过。

（5）将内存取下后，发现内存上的金手指已有氧化痕迹。使用橡皮擦将金手指上的氧化层擦除干净，将内存重新插入主板的内存插槽中。

（6）启动计算机后，自检通过，表明内存问题已解决。再次使用Ghost恢复之前的镜像文件，并重启计算机进行验证。重启后，计算机正常运行，故障排除。

2. 散热不良导致死机

故障表现：为了更好地散热，将CPU风扇更换为超大号的，但计算机使用一段时间后经常死机，格式化并重新安装操作系统后故障仍然存在。

故障分析与排除：由于重新安装过操作系统，因此可以确定不是软件方面的原因。打开机箱后发现，由于CPU风扇离内存太近，其吹出的热风直接吹向内存，内存工作环境温度过高，导致内存工作不稳定，以致计算机死机。将内存插在离CPU风扇较远的插槽上，重启计算机后不再出现死机现象。

（五）排除硬盘故障

1. 固态盘损坏导致计算机无法正常工作

故障表现：一块使用年限较长的固态盘，最近经常出现文件无法读取、文件系统需要修复蓝屏提示、启动系统时频繁死机崩溃，以及拒绝写入操作等故障。

故障分析与排除：有的固态盘的使用期限比硬盘短，在其发生重大故障之前，固态硬盘往往会先表现出一些微小且可能不明显的故障迹象，这些故障会逐渐累积，直到达到一个临界值，此时故障现象会变得更加明显和频繁。以上多种故障现象的出现说明该硬盘已经达到使用期限，用户需要及时做好数据备份，并尽快更换硬盘。

2. 开机时检测硬盘出错

故障表现：计算机在开机检测硬盘时有时失败，屏幕上显示“primary master hard disk fail”错误信息。

故障分析与排除步骤：可按照以下步骤逐步解决。

（1）关闭计算机并断开电源。打开机箱，检查连接硬盘的数据线是否松动或损坏。尝试重新插紧数据线，并更换一条新的数据线进行测试，以排除数据线故障的可能性。

（2）如果更换数据线后问题依旧，将硬盘从当前计算机中拆下，并连接到另一台工作正常的计算机上，测试其是否能被正确识别和工作。这一步可以确认硬盘的数据线和接口是否有问题。

（3）如果硬盘在其他计算机上工作正常，则可能是当前计算机的电源供应有问题。尝试更换一个质量可靠的电源进行测试，以排除电源故障的可能性。

（4）如果以上步骤均未能解决问题，则可能是硬盘本身的电路板出现故障。仔细检查硬盘的电路板，查看是否有烧焦、腐蚀或损坏的痕迹。如果发现电路板有问题，建议尽快将硬盘送修或更换新的硬盘。

（六）排除显卡故障

1. 显示器花屏

故障表现：显示器花屏，按任意按键显示器均无反应。

故障分析与排除：导致显示器花屏的原因主要有3种，一是显示器或显卡不支持高分辨率，显示器分辨率设置不当，解决办法为将启动模式切换为安全模式，重新设置显示器的显示模式；二是显卡的主控芯片散热效果不良，解决办法为改善显卡风扇的散热性能；三是显存损坏，解决办法为更换显存，或直接更换显卡。

2. 显示器无输出

故障表现：计算机安装独立显卡后，显示器无图像输出。

故障分析与排除：先排除显示器问题，然后将显示器数据线连接到主板上的显示接口，显示器正常显示，说明问题在独立显卡上，将显卡重新拔插，排除接触不良的问题。将显卡辅助电源重新拔插，排除电源供电问题。将显卡插到其他计算机中，发现显示器能正常显示，排除显卡数据接口问题。最后从软件上查找故障，发现在BIOS设置中，显示设置为内置核显优先，这可能导致独立显卡无输出。关闭内置核显优先功能，故障排除。

（七）排除鼠标故障

故障表现：在使用鼠标的过程中经常出现鼠标指针“僵死”的情况。

故障分析与排除：出现该故障可能是因为计算机死机、与主板USB接口接触不良、鼠标开关设置错误、在Windows中选择了错误的驱动程序、鼠标的硬件故障、驱动程序不兼容或与另一串行设备发生中断冲突等。在鼠标指针出现“僵死”现象时，一般可按以下步骤进行检查和处理。

（1）检查计算机是否死机，若死机则重新启动；如果没有死机，则将鼠标插头从主机的USB接口拔出，并重新插入，然后重新启动计算机。

（2）检查“设备管理器”中鼠标的驱动程序是否与使用的鼠标类型相符。

（3）检查鼠标底部是否有模式设置开关，如果有，则拨动开关，然后重新启动系统。如果还没有解决问题，则把开关拨回原来的位置。

（4）检查鼠标的接口是否有故障，如果没有，可拆开鼠标底盖，检查光电接收电路系统是否有问题，并采取相应的措施。

（5）检查“设备管理器”中是否存在与鼠标设置及中断请求冲突的资源，如果存在冲突，则重新设置中断地址。

（6）检查鼠标驱动程序与另一串行设备的驱动程序是否兼容，如不兼容，则需断开另一串行设备的连接，并删除驱动程序。

（7）将另一只正常的相同型号的鼠标与主机相连，重新启动系统查看鼠标的使用情况。

（8）如果使用以上方法仍不能解决鼠标指针“僵死”问题，则可能是主板接口电路有问题，可以更换主板或找专业维修人员维修。

（八）排除键盘故障

故障表现：系统不能识别键盘，开机自检后系统显示“键盘没有检测到”或“没有安装键盘”的提示。

故障分析与排除：这种故障可能是由主板USB接口接触不良、键盘模式设置错误、键盘的硬件故障、计算机感染病毒、主板故障等引起的，可按照以下步骤进行排除。

（1）用杀毒软件对系统进行杀毒，重新启动计算机，检查键盘驱动程序是否完好。

（2）将另一个正常的相同型号的键盘与主机连接，再开机，查看键盘的使用情况。

（3）检查键盘是否有模式设置开关，如果有，则拨动开关，重新启动系统。若没有解决问题，则把开关拨回原位。

（4）将键盘插头从主机的USB接口拔出，并重新插入，检查接触是否良好，然后重新启动查看。

（5）将键盘插头从主机的USB接口拔出，然后选择另外一个USB接口重新插入，并在CMOS中对接口的设置做相应的修改，重新开机，查看键盘的使用情况。

（6）如还不能使用键盘，则可能是由键盘的硬件故障引起的，检查键盘的接口和连线有无问题。

（7）检查键盘内部的按键或无线接收电路系统有无问题。

（8）重新检测或安装键盘及驱动程序后，看看系统能不能识别出键盘。

（9）检查BIOS是否被修改，如果被病毒修改应重新设置，然后重新启动计算机。

（10）若进行以上操作后故障仍存在，则可能是主板线路有问题，只能找专业人员维修。

（九）排除网络故障

1. 本地连接正常但无法上网

微课视频

本地连接正常但无法上网

本地连接正常但无法上网通常是由于IP地址出错，可重新设置计算机的IP地址来排除故障，具体操作如下。

（1）在操作系统桌面右下角的网络图标上单击鼠标右键，在弹出的快捷菜单中选择“网络和Internet设置”命令。

（2）进入“网络和Internet”界面，选择“高级网络设置”选项，进入“高级网络设置”界面，在“网络适配器”栏中展开现在使用的网络对应的选项，选择“查看其他属性”选项，如图9-29所示。

（3）进入该网络对应的属性设置界面，单击“IP分配”选项右侧的“编辑”按钮，如图9-30所示。

（4）在打开的“编辑IP设置”对话框的下拉列表中选择“自动(DHCP)”选项，单击“保存”按钮，如图9-31所示。

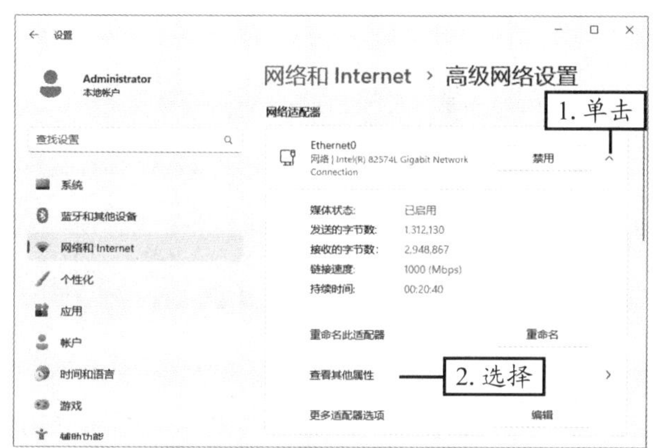

图9-29　选择设置的网络

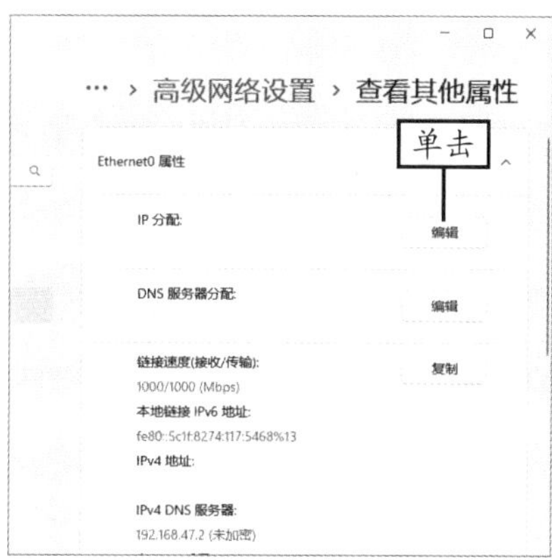

图9-30　编辑IP分配

（5）如果仍然不能上网，在“编辑IP设置”对话框的下拉列表中选择“手动”选项，在“IPv4”栏中拖动滑块，使其处于“开”状态；并在“IP地址”“子网掩码”“网关”“首选DNS”文本框中输入新的IP地址等内容，为计算机手动设置IP地址，如图9-32所示，然后将其连接到Internet中。

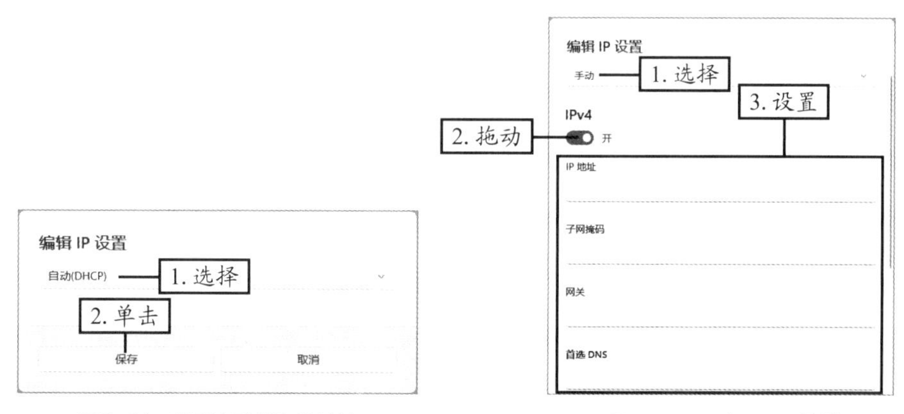

图9-31　设置自动获取IP地址

图9-32　手动设置IP地址

2. IP地址冲突

IP地址冲突的原因通常是局域网中有两台或两台以上的计算机设置了相同的IP地址，且子网掩码也一样。排除该故障的方法是手动为出现故障的计算机设置IP地址，具体操作如下。

（1）按【Win+R】组合键，打开“运行”对话框，在“打开”下拉列表框中输入“cmd”文本，然后单击“确定”按钮。

微课视频

IP地址冲突

（2）在打开的cmd工具的管理员窗口的命令提示符处输入“ipconfig”，按【Enter】键后，窗口中将显示本计算机的IP地址等信息，如图9-33所示。

（3）在命令提示符处输入“arp -a”，然后按【Enter】键，窗口中将显示局域网中的所有IP地址，如图9-34所示。

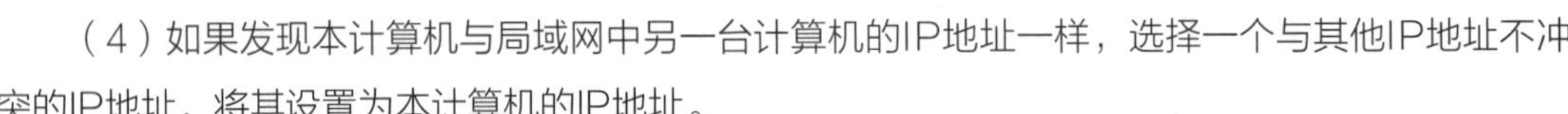

（4）如果发现本计算机与局域网中另一台计算机的IP地址一样，选择一个与其他IP地址不冲突的IP地址，将其设置为本计算机的IP地址。

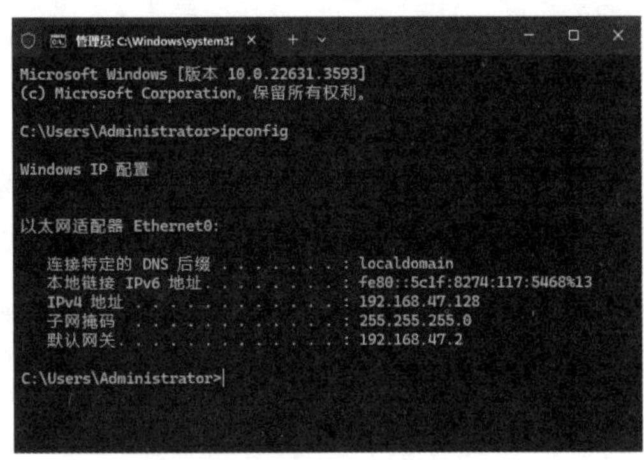

图9-33　查看本机IP地址等信息

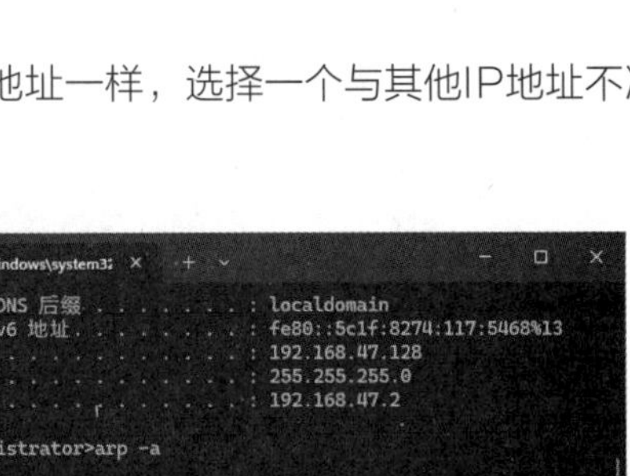

图9-34　查看局域网中其他计算机的IP地址

实训　检测计算机硬件设备

【实训要求】

利用鲁大师和Windows 11操作系统的设备管理器，检测计算机的各种硬件，查看是否存在问题。通过本实训，读者可进一步加深对各种计算机硬件的了解。

微课视频

检测计算机硬件设备

【实训思路】

完成本实训主要包括使用鲁大师检测并测试计算机中各硬件的性能，在设备管理器中查看各硬件的情况两大步骤，操作过程如图9-35所示。

【步骤提示】

（1）下载并安装鲁大师，启动软件，单击“开始体检”按钮，对计算机硬件进行检测。检测完成后，选择“硬件参数”选项，查看各个硬件的相关信息，包括型号、生产日期和生产厂家等。

（2）选择“硬件评测”选项，对处理器、显卡、内存、硬盘等进行性能测试，并查看测试得分和结果详情。

（3）按【Win+R】组合键，打开“运行”对话框，在“打开”下拉列表框中输入“devmgmt.msc”文本，按【Enter】键。

（4）在打开的“设备管理器”窗口中单击各硬件对应的选项，查看硬件信息，与鲁大师中的检测结果进行对比。

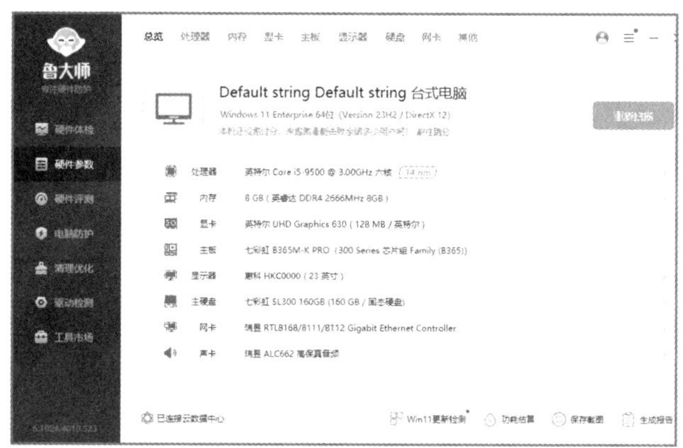

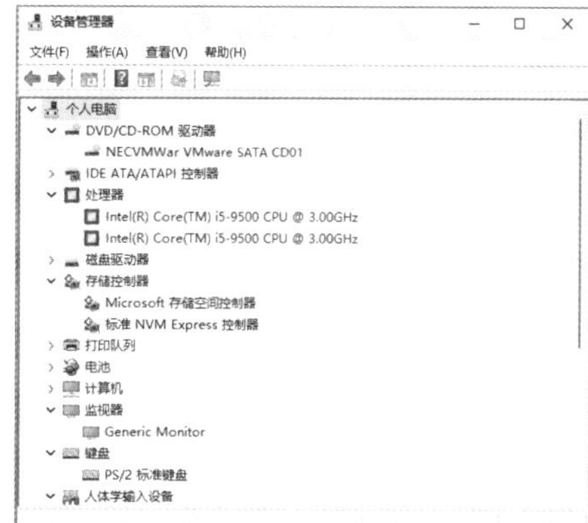

图9-35　检测计算机硬件的操作过程

课后练习

（1）按照本项目讲解的故障排除方法，对计算机进行全面的故障排除。

（2）找到一台出现故障的计算机，根据本项目所学知识，判断故障出现的原因并排除故障。

（3）下载测试软件，并用其测试计算机硬件。

技能提升

1. 国产操作系统故障的处理步骤

国产操作系统的故障处理通常包括以下几个步骤。

（1）了解故障。详细了解故障的具体表现，包括错误消息、系统表现等。

（2）软件更新。确保系统和所有软件包都是最新的，以修复已知的错误和安全漏洞。

（3）驱动程序兼容性。检查硬件驱动程序是否与当前操作系统兼容，必要时需更新或重新安装驱动程序。

（4）系统恢复。如果系统出现故障，可以尝试使用系统恢复功能将系统恢复到正常状态。

（5）硬件检查。检查硬件（如内存、硬盘等）是否有故障。

（6）网络检查。如果故障与网络相关，则检查网络配置和连接。

（7）技术支持。国产操作系统通常有活跃的社区，可以在社区论坛中搜索类似的问题或寻求帮助，也可以联系操作系统的官方技术支持以获取帮助。

（8）重装操作系统。如果仍无法排除故障，可能需要考虑重装操作系统。

如果使用的是银河麒麟操作系统，可以通过麒麟操作系统官网下载试用版本，并查看硬件配置需求，或通过麒麟软件商店下载驱动程序。

如果使用的是统信UOS，可以查找相关的故障维护文档和系统崩溃的解决方案，例如，在阿里云开发者社区中搜索相关文章和教程。

2. 处理硬件故障的注意事项

在拆装零部件的过程中，一定要先将电源拔去，最好不要带电插拔硬件设备，以免损坏计算机。维修时要注意静电对计算机的损坏，尤其是在干燥的冬天，手上通常带有静电，在接触计算机部件前要消除静电。在开始维修前，准备各种常见的硬件工具和软件工具，避免因缺少某个必备的工具而无法进行维修。

3. 如何成为排除故障的高手

要成为排除故障的高手，首先必须掌握一定的硬件知识，关心计算机硬件的发展方向和趋势，可以通过各种计算机杂志或上网来获得这方面的知识。在排除计算机故障时，应熟悉故障计算机的配置，仔细观察故障发生时的现象。应善于归纳演绎，能够运用已有的知识和经验将计算机故障分类，并寻找相应的对策和方法。还要善于总结经验，多实践，从而不断提高维修水平。

AI加油站

AI在诊断与排除计算机故障中的应用

AI能够通过数据分析、模式识别和智能决策等功能，快速、准确定位和解决问题。

（1）硬件故障诊断

AI算法可以为计算机建立正常状态模型，并根据模型对CPU温度、硬盘读写速度、内存使用率等数据进行实时分析，一旦发现参数偏离正常范围，立即发出预警。另外，在计算机硬件出现故障时，AI可以通过深度学习算法对大量硬件故障案例进行学习，并根据故障表现和收集到的数据进行推理和分析，定位故障部件。

（2）软件故障诊断

计算机系统和软件会产生大量的日志文件，记录了系统运行过程中的各种事件和错误信息。AI可以对这些日志进行自动分析，提取关键信息，快速定位软件故障的原因。同样，AI可以学习软件的正常行为模式，通过监测软件的运行状态和用户操作，识别出异常行为，并可以根据行为模式的变化判断故障的原因。

（3）自动化修复

对于一些由于系统配置不当引起的故障，AI可以自动进行调整。例如，当网络连接出现问题时，AI可以自动检测网络设置，尝试修复IP地址、DNS配置等问题。另外，AI可以监测软件的版本信息，及时发现可用的更新和修复补丁，并自动下载和安装。同时，对于一些简单的软件故障，AI可以通过自动修复工具进行修复，如修复注册表错误、清理系统垃圾等。

（4）智能辅助决策

当遇到复杂的故障时，AI可以根据故障诊断结果，结合知识库和案例库，为技术人员提供解决方案和建议。这些方案可以包括故障排除步骤、所需工具和资源等，帮助技术人员快速解决问题。另外，AI可以通过网络连接实现远程故障排除。技术人员可以在远程通过AI系统获取故障计算机的详细信息，进行实时诊断和指导，提高故障排除的效率。

项目十
综合实训

实训一　模拟设计不同用途的计算机配置

微课视频

模拟设计不同用途的计算机配置

【实训要求】

通过实训掌握选购计算机硬件的相关知识，实训要求如下。

- 了解计算机各种硬件的性能参数。
- 熟练掌握选购各种硬件的方法。
- 熟练掌握各种硬件搭配，并为特定用户提供组装计算机的方案。

【实训步骤】

（1）选择硬件。通过中关村在线的“模拟攒机”频道选择相应的硬件。

（2）生成报价单。拟定4套不同的装机配置方案（分别为办公方案、学生方案、网吧方案和视频编辑方案），并生成报价单。

（3）参考网上方案。在中关村在线网站中参考各种模拟装机方案。

【实训参考效果】

在本次实训中，选择硬件是最主要的步骤，如图10-1所示。

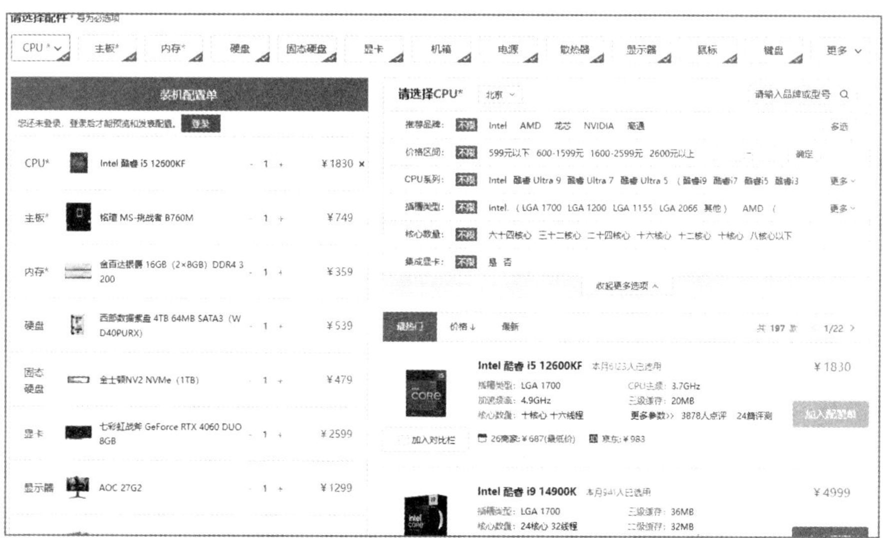

图 10-1　选择硬件

实训二 拆卸并组装计算机

微课视频

拆卸并组装计算机

【实训要求】

通过实训掌握组装计算机的操作，具体要求如下。

- 熟练掌握拆卸和组装外部设备的顺序和操作。
- 熟练掌握拆卸和组装计算机主机中各设备的顺序和操作。
- 了解组装计算机操作过程中的各种注意事项。

【实训步骤】

（1）断开外部连接。分别断开显示器和主机的电源开关，并拔掉显示器的电源线和数据线，拔掉连接主机的电源线、鼠标线、键盘线、音频线及网线等。

（2）拆卸计算机主机硬件。打开机箱的侧面板，拆卸显卡、硬盘的数据线及电源线，拆卸内存、固态盘（M.2接口）和CPU，拔掉主板上的各种信号线（注意记忆各种信号线的连接位置），最后拆卸主板，并为这些硬件清理灰尘。

（3）组装计算机主机。将CPU、CPU散热器和内存安装到主板上，再安装主板，将显卡安装到主板上，接着安装固态盘和硬盘，为硬盘连接数据线和电源线，为主板连接信号线，检查机箱内的所有连线，确认无误后安装机箱侧面板。

（4）连接计算机外部设备。将鼠标线、键盘线、音频线及网线连接到主机，连接主机的电源线，连接显示器的电源线和数据线，然后进行开机测试。

【实训参考效果】

拆卸和组装计算机主机硬件的参考效果如图10-2所示。

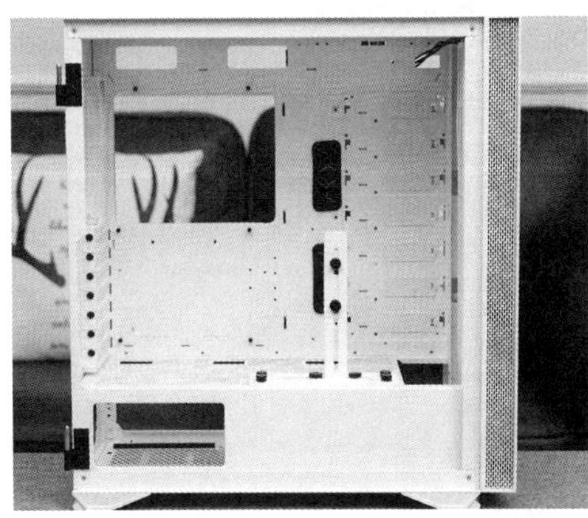

图10-2 拆卸和组装计算机主机硬件的效果

实训三 配置计算机

【实训目的】

通过实训掌握组装好计算机后的一系列操作，具体要求如下。

- 熟练掌握BIOS设置的相关操作。
- 熟练掌握对硬盘进行分区和格式化的操作。
- 熟练掌握安装操作系统的操作。
- 熟练掌握安装驱动程序的操作。
- 熟练掌握安装应用软件的操作。

【实训步骤】

（1）设置BIOS。进入BIOS，设置系统日期和时间、系统的启动顺序（首先是USB设备，然后是固态盘，最后是硬盘）、CPU的报警温度和保护温度，以及BIOS用户密码等，设置完成后保存所有设置并退出。

（2）对硬盘进行分区。使用U盘启动计算机，通过U盘启动DiskGenius，对硬盘进行分区（分为3个区，其中一个是主分区，另外两个是逻辑分区）。

（3）格式化硬盘。使用DiskGenius格式化硬盘分区。

（4）安装操作系统。从网上下载国产统信UOS到移动硬盘或U盘中，然后使用U盘启动计算机，并将下载的国产操作系统安装到主分区中。

（5）安装驱动程序。安装主板驱动程序、显卡驱动程序、声卡驱动程序、网卡驱动程序、打印机驱动程序。

（6）安装各种软件。安装WPS Office办公软件、360杀毒软件和360安全卫士软件、WinRAR压缩软件、QQ实时通信软件。

【实训参考效果】

本实训的操作较多，主要步骤的参考效果如图10-3所示。

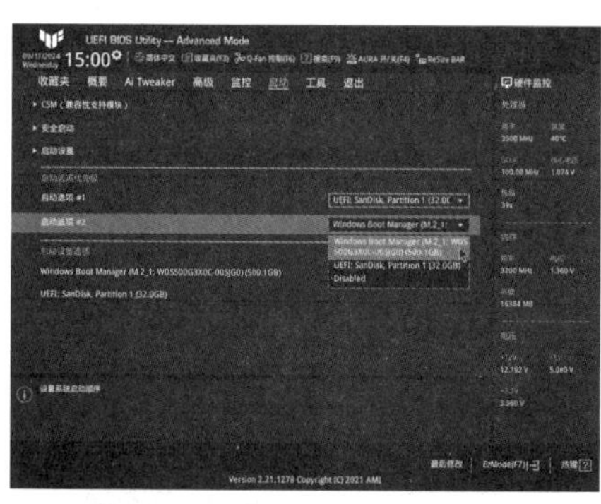

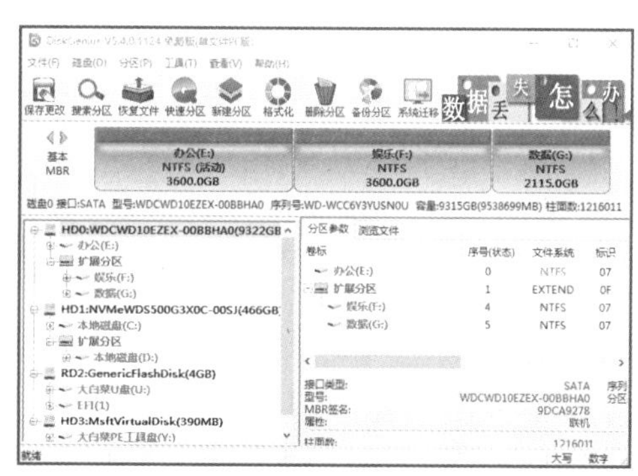

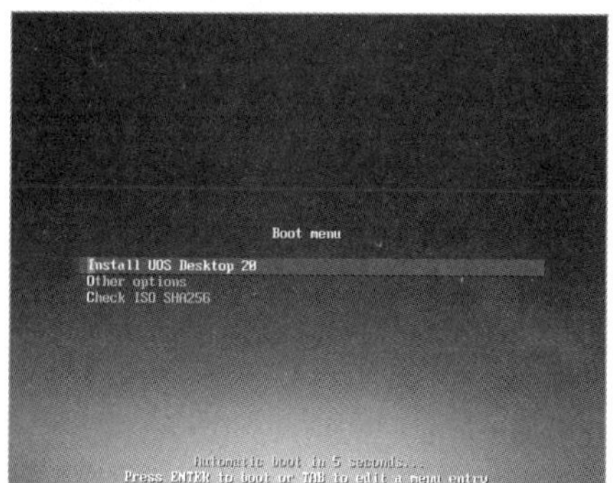

图10-3　配置计算机的参考效果

实训四　安全维护计算机

微课视频

安全维护计算机

【实训要求】

通过实训掌握使用软件对计算机进行安全维护的操作，具体要求如下。

- 了解对计算机进行安全维护的相关知识。
- 熟练掌握计算机优化与备份的相关操作。
- 熟练掌握利用360安全卫士和360杀毒维护计算机的操作。

【实训步骤】

（1）优化操作系统。优化Windows 11操作系统，包括优化系统启动项、清理垃圾文件和优化系统服务等。

（2）使用Ghost备份操作系统。使用U盘启动计算机，使用其中的Ghost软件对系统盘进行备份。

（3）使用Ghost还原操作系统。使用Ghost软件及步骤（2）创建的镜像文件还原操作系统。

（4）使用360安全卫士维护操作系统。使用360安全卫士设置木马防火墙和查杀计算机中的木马，然后修复操作系统的漏洞，接着修复系统和清理垃圾文件，最后使用360安全卫士的计算机体检功能对计算机进行全面的安全维护。

（5）使用360杀毒维护操作系统。升级病毒库，然后对计算机进行一次全面的病毒查杀。

【实训参考效果】

本实训的操作较多，主要步骤的参考效果如图10-4所示。

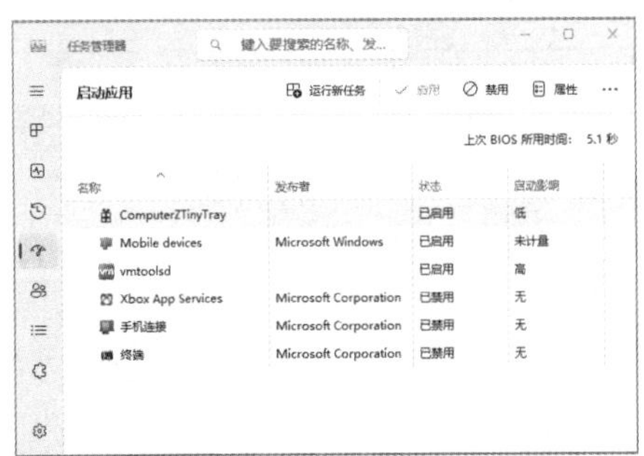

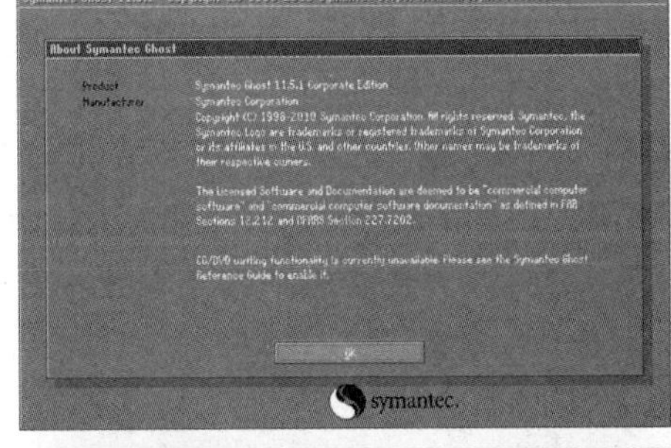

图10-4　安全维护计算机的参考效果